第7版

计量管理

洪生伟◎著

中国质检出版社
中国标准出版社
北京

图书在版编目（CIP）数据

计量管理(第七版)/洪生伟著. —7 版．
—北京：中国质检出版社,2018.11(2020.10 重印)
ISBN 978 - 7 - 5026 - 4670 - 7

Ⅰ.①计⋯ Ⅱ.①洪⋯ Ⅲ.①标准化管理 Ⅳ.①TB9

中国版本图书馆 CIP 数据核字(2018)第 203198 号

中国质检出版社
　　　　　　　　　　　　　出版发行
中国标准出版社
北京市朝阳区和平里西街甲 2 号(100029)
北京市西城区三里河北街 16 号(100045)
网址：www. spc. net. cn
总编室：(010)68533533　发行中心：(010)51780238
读者服务部：(010)68523946
中国标准出版社秦皇岛印刷厂印刷
各地新华书店经销

*

开本 787×1092　1/16　印张 18　字数 443 千字
2018 年 11 月第 7 版　2020 年 10 月第 28 次印刷

*

定价　72.00　元

前　言

随着科学技术的不断发展，人们对产品质量要求越来越高，完美的产品质量给人类带来文明、舒适和幸福。但是产品质量失效或失控，会导致锅炉爆炸、房屋倒塌、火车倾覆、飞机坠毁……，给人类带来痛苦和灾难。于是，以控制质量、预防和消除质量隐患为主要内容的技术监督很快发展起来。

1862年，英国首先设立蒸汽锅炉监督局，对蒸汽锅炉与受压容器实行技术监督。尔后，技术监督又逐步扩展到超重提升机械、电气设备、机动车辆、船舶、计量仪表、化工设备、航空航天器械、核电站等领域。

质量不仅是一个企业发展的基础，更是一个国家技术水平和管理水平的综合反映。为此，世界各国都把质量视为"生命"，十分重视。

21世纪是质量世纪。"在21世纪的经济大战中，质量好坏决定了国家竞争力的高低，质量已成为和平地占领市场最有力的武器，成为社会发展的强大驱动力。"（朱兰）

高质量，首先要有高标准。标准是衡量质量高低的基本依据，而各项标准的实施，又要以相应的计量检测和科学的计量管理为技术手段和管理基础。因此，标准化管理和计量管理又成为质量管理必不可少的基石和支柱。三者互为依存，相互促进，成为当代技术监督工作中三个主要的部分。实际上，技术监督就是依据国家法律、法规、规章、技术法规和标准，运用计量测试仪器和检测技术，对产品、过程、体系、人和组织的质量进行检测、审核或评价，从而作出是否合格的评定、认证、认可/注册活动过程。

但是，质量管理、标准化管理和计量管理又是各有其特定工作对象、研究领域和活动规律的学科。

《计量管理》成书于1986年9月，原为中国标准化管理班干部学院内部教材。1989年6月，交中国计量出版社正式出版，重印6次。1992年12月，修订为第二版，重印5次。1998年10月修订为第三版，重印4次。2003年7月修订为第四版，重印4次。自2001年12月11日，我国正式加入世界贸易组织（WTO）之后，我国经济面临着严峻的挑战，也得到了发展的机遇，并发生深刻的变革和变化。《计量管理》也不例外。本书于2007年5月再修订为第五版，重印4次。2012年2月删减企业计量管理方面的内容（相关内容已独立成书），增加了能源计量监督管理一章，再次修订为第六版，重印3次。

由于本书内容科学、系统、简明、通俗，既有理论，又有实践，既阐述了科学计量管理，也叙述了法制计量管理，因此深受广大读者欢迎，不仅被各级计量部门和各类企业事业单位定为计量管理教材，而且还被上海、浙江、广西、内蒙古、四川、安徽等省、市、自治区的一些大中专院校选为教材。至2017年年底，已先后印刷26次，总发行量近十二万册。

六年来，我国计量管理又发生了一些较大的变化，如4次修改《计量法》，一些计量法规、

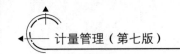

规章相应修改,发布《计量发展规划(2013—2020 年)》等。为了进一步总结近年来国内外计量管理的先进经验,以适应社会主义市场经济条件下计量管理的客观需要,又再次修订为第七版,进行全面修改、调整和补充,以符合目前强化计量管理、实现节能降耗、实现可持续发展的目标等。

在《计量管理》第一版到第七版的出版过程中,我衷心感谢董述山、文松山等良师益友的支持、指导和帮助,也衷心感谢中国计量/质检出版社陈宽基社长的大力支持,以及王晓莹、刘宝兰、杨庚生、李素琴等编辑细致、周到的编辑,还有妻儿、学生、朋友的大力支持和帮助。

尽管我主观上努力想把《计量管理》(第七版)修改得更完善些,但由于水平有限,书中仍会有一些不足之处,继续恳请广大读者提出宝贵意见。

联系方式

邮编:310013

地址:杭州市西湖区西溪路 374 号　中国计量大学公寓 3—2—103 室

电话:13758228206

E-Mail:hzhsw@.sina.com

洪生伟

2018 年 8 月

目 录

第一章

计量学概述

计量学（metrology）是有关测量及其应用的科学。它包括测量的理论和实践的所有方面，不论其测量不确定度大小和应用领域。本章仅介绍有关计量学基本概念、计量专业分类及计量的作用。

第一节　计量学的基本概念

1984年，国际计量局（BIPM）、国际标准化组织（ISO）、国际电工委员会（IEC）和国际法制计量组织（OIML）联合制定的《国际通用计量学基本名词》，确定了计量学中一些常用的基本术语及其含义，1987年做了修订，以改正一些因语言与含义方面的矛盾、含糊和迂回之处。

1993年初，《国际通用计量学基本术语》（第二版）由上述4个组织会同国际临床化学联合会（IFCC）、国际理论和应用化学联合会（IUPAC）、国际理论和应用物理学联合会（IU-PAP）共同发布，2007年修改补充为《国际计量词汇——基础通用的概念和相关术语》[VIM（第三版）]，还被发布为 ISO/IEC Guide 99：2007《国际计量学词汇——基本通用的概念和相关术语》。我国依据VIM，也制定了JJF 1001《通用计量术语及定义》。现介绍其中与计量管理有关的一些主要术语如下。

一、测量、测试和计量

为了弄清这三个术语概念，首先应了解量与量值等概念。

1. 量

一般又称之为可测的量。它是"现象、物体或物质的特性，其大小可用一个数和一个参照对象表示"。

量有一般概念的量和特定量之分。前者如长度、时间、质量、温度、电阻等；后者则是指具体一根竹竿的长度、一根导线的电阻等。

2. 量值

"用数和参照对象一起表示的量的大小"。例如5.3m，12kg，−40℃等。

3. 测量

"通过实验获得并可合理赋予某量一个或多个量值的过程"叫测量。测量在生产实践和社会生活中随时可见到,如金属切削加工要用卡尺、百分表测量几何尺寸,热处理时要测温度,买菜要用秤称重量……,测量已是认识世界和改造世界不可缺少的一种重要方法。正如汤姆逊说的"每一件事物只有当可以测量时才能认识"。

4. 测试

测试又称"检测",是"对给定产品,按照规定程序确定某一种或多种特性、进行处理或提供服务所组成的技术操作"(JJF1001)。也可以理解为"试验和测量的综合"。一般认为它与测量的不同含义主要是它具有探索、分析、研究和试验特征。但应该承认,测试的本质特征也是测量,因此也属于测量范畴,是测量的扩展和外延。

5. 计量

计量是"实现单位统一、量值准确可靠的活动"。这就是说,计量是为了保证计量单位统一和量值准确可靠这一特定目的的测量,即以公认的计量基准、标准为基础,依据计量法规和法定的计量检定系统(表)进行量值传递来保证测量准确的测量。它虽然只是测量中的一种特定形式,却是具有重大现实意义的测量,成为计量管理的主要领域。测量、计量和测试的相互关系如图 1-1 所示。

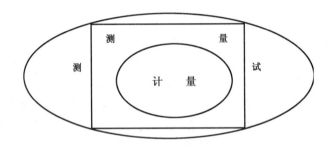

图 1-1　测量、计量和测试的相互关系示意图

而"计量"与"测试"则是含义完全不同的两个名词,使用时应该有所区分。

二、计量器具及其分类

在计量管理工作中,我们经常要接触到各种各样的计量器具。这些计量器具按计量学用途可分为计量基准、计量标准和工作计量器具,现分别简介如下。

1. 计量器具

"单独或与一个或多个辅助设备组合,用于进行测量的装置"称为计量器具。在国外又被称为"测量仪器"。

计量器具一般可分为实物量具、计量仪器(仪表)与计量装置。

实物量具是"使用时以固定形态复现或提供一个或多个量值的测量仪器"。如砝码、量块、标准电阻等。它们一般没有指示器,在测量过程中没有附带运动的测量元件。实物量具又可分为单值量具(如砝码、量块、标准电池、固定电容器等)和多值量具(如毫米分度的线纹米尺及成套量具,如砝码组、量块组等)。

如果量具具有独立复现的功能,不需用其他计量装置帮助,则称这类量具为"独立量具",如尺子。如果必须与其他计量器具一起才能进行量的测量,如砝码与天平一起测定质量,则把砝码这类量具称为从属量具。

而游标卡尺、百分表和千分尺虽然是属于简单的计量仪器,但我国却习惯称为"通用量具"。

计量仪器(仪表)是将被测量值转换成可直接观察的示值或等效信息的计量器具。它是可单独地或连同其他设备一起用以进行计量的装置。例如,电流表、压力表、水表、温度计等都是常用计量仪器。计量仪器一般按其计量功能可分为显示式仪器(能显示量值)、记录式仪器(可记录示值)、累计式仪器、积分式仪器、模拟式仪器和数字式仪器等。

显示式仪器有千分尺、模拟电压表、数字频率计等。

记录式仪器有铁路轨道衡、总加式电功率表等。

积分式仪器有电能表等。

模拟式测量仪器是其输出或显示为被测量或输入信号连续函数的测量仪器,而数字式测量仪器是提供数字式输出或显示的测量仪器,均与仪器的工作原理无关。

"一套组装的并适用于特定量在规定区间内给出测得值信息的一台或多台测量仪器,通常还包括其他装置,诸如试剂和电源"称为测量系统,又称为计(测)量装置。如光学高温计检定装置、晶体管图示仪校准装置、测量半导体材料电导率的装置等。

测量设备的定义为"为实现测量过程所必需的测量仪器、软件、测量标准、标准物质、辅助设备或其组合"(JJF 1001)。ISO 9000《质量管理体系　基础和术语》中定义为"为实现测量过程所必需的测量仪器、软件、测量标准、标准物质或辅助设备或它们的组合"。从某种意义上来说,也是测量装置。

当然,从上述测量设备的定义中可以看到:测量设备除了计量器具本身之外,还包括有关测量设备的使用说明书、检定或校准规程、规范以及相关的计算机应用软件等资料。这是完全符合现代计量器具智能化的客观要求的。

2. 计量基准、标准

计量器具按其在检定系统表中的位置可分为计量基准、计量标准和工作计量器具。

计量基准、标准都是测量标准,它是"具有确定的量值和相关联的测量不确定度,实现给定量定义的参照对象"(JJF 1001)。如 1kg 质量标准、100Ω 标准电阻等。

而国际测量标准是"由国际协议签约方承认的并旨在全世界范围使用的测量标准"(JJF 1001)。

国家测量标准是"经国家权威机构承认,在一个国家或经济体内作为同类量的其他测量标准定值依据的测量标准"(JJF 1001)。

我国计量基准分为国家基准、副基准和工作基准三类。

(1) 国家基准

这是"在特定计量领域内复现和保存计量单位并具有最高计量学特性,经国家鉴定/批准作为统一全国量值最高依据的计量器具"。截至 2017 年 8 月,我国已建立国家计量基准 177 项。如:几何量国家基准有长度、角度、表面粗糙度、平面度、螺旋线、圆锥量规锥度等国家基准共十多项。

（2）副基准

通过与国家基准比对或校准来确定其量值，并经国家鉴定、批准的计量器具叫副基准。它在全国作为复现计量单位的地位仅次于国家基准。

（3）工作基准

工作基准是"用于日常校准或检定测量仪器或测量系统的测量标准"（JJF 1001）。它在国家计量检定系统表中的位置仅在国家基准和副基准之下。设立工作基准的目的是为了不使国家基准、副基准由于使用频繁而丧失其应有的准确度或遭受损坏。

在国外，副基准、工作基准亦称次级标准，它们是"通过用同类量的原级标准对其进行校准而建立的测量标准"（JJF 1001）。

计量标准是"具有确定的量值和相关联的测量不确定度，实现给定量定义的参照对象"（JJF 1033）。

可见，计量标准是量值传递中的重要环节，由于计量基准的准确度与工作计量器具的准确度相差很大，所以多数计量标准都根据客观需要分成若干等级。如量块分为六等、砝码分为五等、天平分为十级等。

这种"用于日常校准或核查实物量具、测量仪器或参与物质的测量标准"又称工作标准（JJF 1001）。

计量标准是一定范围内统一量值的依据。依据其统一量值范围，又分为社会公用计量标准、行业计量标准和企（事）业单位计量标准。

3. 有证标准物质（CRM）

有证标准物质（CRM）是"附有由权威机构发布的证书，并使用有效程序提供一个或多个指定的特性值及其测量不确定度和溯源性的标准物质"（JJF 1001）。

有证标准物质是计量标准中的一类。它是在规定条件下，具有高稳定的物理、化学或计量学特性，并经正式批准作为标准使用的物质或材料。标准物质的用途是标定仪器、验证测量方法或鉴定其他物质。

标准物质可以是纯的或混合的气体、液体或固体。例如，校准黏度计用的水、化学分析校准用的溶液等。

截至 2017 年，我国计量部门已审批发布有证标准物质 1500 多种。

三、检定、校准和比对

在计量管理中，经常要用检定、校准等计量专业术语，因此应该对它们的涵义有一个明确的认识。

1.（计量）检定

检定是"查明和确认测量仪器符合法定要求的活动，它包括检查、加标记和/或出具检定证书"（JJF 1001）。这种为评定计量器具的计量特性，确定其是否符合法定要求（即合格）所进行的全部工作称为计量器具检定，简称计量检定或检定。

依据检定的强制性程度，可分为强制检定和非强制检定两种。

强制检定是由政府计量行政主管部门所属的法定计量检定机构或授权的计量检定机

构,对社会公用计量标准,行业和企业、事业单位使用的最高计量标准,用于贸易结算、安全防护、医疗卫生、环境监测4个方面列入国家强检目录的工作计量器具,实行定点定期的一种检定。

非强制检定则是由计量器具使用单位自己或委托具有社会公用计量标准或授权的计量检定机构,依法进行的一种检定。

检定还可依照其对象、状态和目的等分为首次检定、后续检定、周期检定、抽样检定等。

首次检定是"对未被检定过的测量仪器进行的检定"(JJF 1001)。

后续检定是"测量仪器在首次检定后的一种检定,包括强制周期检定和修理后检定"(JJF 1001)。

强制周期检定是"根据规程规定的周期和程序对测量仪器进行的一种后续检定"(JJF 1001)。

抽样检定是"以同一批次测量仪器中按统计方法随机选取适当数量样品检定的结果,作为该批次仪器检定结果的检定"(JJF 1001)。

仲裁检定是"用计量基准或社会公用计量标准进行的以裁决为目的的检定活动"(JJF 1001)。

2. 校准

校准是"在规定条件下的一组操作,其第一步是在规定条件下确定由测量标准提供的量值与相应示值之间的关系,第二步则是用此信息确定由示值获得测量结果的关系,这里测量标准提供的量值与相应示值都具有测量不确定度。"

注1:校准可以用文字说明、校准函数、校准图、校准曲线或校准表格的形式表示。某些情况下,可以包含示值的具有测量不确定度的修正值或修正因子。

注2:校准不应与测量系统的调整(常被错误称作"自校准")相混淆,也不应与校准的验证相混淆。

注3:通常,只把上述定义中的第一步认为是校准(JJF 1001)。

上述"校准"的定义和注释清晰地说明了它与检定的联系与区别。此外,还有两个相似的术语定义应弄清楚。

"在规定条件下,为确定计量器具的实际值或其指示装置所表示量值的一组操作"称为定度。如硬度块硬度值的确定,测微器分划板刻线示值的确定等。

"在规定条件下,为确定计量器具的标尺所表示量值的刻线位置或确定计量仪器被测量与示值之间关系的一组操作"则称为分度。例如,热电偶热电特性的确定;计量仪器生产中表盘示值刻线的刻划等。

3. 比对

比对是"在规定条件下,对相同准确度等级或指定不确定度范围的同种测量仪器复现的量值之间比较的过程"(JJF 1001)。

目前,计量器具或测量设备的比对已成为国内外实验室比对的主要内容。

期间核查是"根据规定程序,为了确定计量标准、标准物质或其他测量仪器是否保持其原有状态而进行的操作"(JJF 1001)。

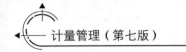

四、测量准确度和不确定度

1. 测量准确度

测量准确度又称准确度，是测量误差方面的一个重要术语。它是表示"被测量的测得值与其真值间的一致程度"（JJF 1001）。它反映了测量结果中系统误差与随机误差的综合。即：测量结果既不偏离真值或测得值之间，又不分散的程度。它是一个定性的概念。准确度的高低或以表示测量的品质或质量。就是指准确度高，意味着其不确定度小；准确度低，则意味着其不确定度大。在我国，准确度又称为"精确度"，有时称"精度"。但不可称"精密度""正确度"。

测量精密度是"在规定条件下，对同一或类似被测对象重复测量所得示值或测得值间的一致程度"（JJF 1001）。

测量正确度是"无穷多次重复测量所得量值的平均值与一个参考量值间的一致程度"（JJF 1001）。

2. 测量不确定度

测量不确定度简称不确定度，是指"根据所用到的信息，表征赋予被测量量值分散性的非负参数"（JJF 1001）。

由于被测量的"真值"是不可能准确知道的，任何测量即使是最精密的测量，也只能趋近于"真值"。因此，不确定度是对测量结果与"真值"趋近程度的评定结果。

"不确定度"意指"可疑"。因此，又是指"对测量结果的正确性或准确度的可疑程度"。"不确定度"这个参数可以是用标准偏差或其倍数表示，也可用包含区间的半宽度或包含概率表示。这种"以标准偏差表示的测量不确定度"（JJF 1001）又称为"标准不确定度"。通过统计分析观察系列测量值，对标准不确定度进行估算，称为 A 类估算，其不确定度又称为"A类不确定度"分量；用其他方法估算的不确定度则为"B 类不确定度"分量。这两类不确定度分量的区分只是因其数值估算方法不同，并不意味着它们在本质上有不同。

五、量值传递和溯源性

1. 量值传递

量值传递是"通过对测量仪器的校准或检定，将国家测量标准所实现的单位量值通过各等级的测量标准传递到工作测量仪器的活动，以保证测量所得的量值准确一致"（JJF 1001）。

量值传递是计量技术管理的中心环节，要保证量值在全国范围内准确一致，都能溯源到国家基准，就必须建立一个全国统一的科学的量值传递体系，这就要一方面确定量值传递管理体制；另一方面要制定各种国家计量检定系统表。

2. （计量）溯源性

计量溯源性是"通过文件规定的不间断的校准链，测量结果与参照对象联系起来的特性，校准链中的每项校准均会引入测量不确定度"（JJF 1001）。

上述那条不间断的比较链称之为计量溯源链,即"用于将测量结果与参照对象联系起来的测量标准和校准的次序"(JJF 1001)。

溯源性就是指量值溯源的特性,这是对计量器具最基本的要求。利用计量器具进行测量必须是能与国家计量基准乃至国际计量基准建立量值溯源关系,如不能溯源到国家或国际计量基准,不管计量器具如何精密,测量的重复性如何好,这种测量就不可能准确,测量数据也缺乏可比性,量值也无法统一。因此,任何计量器具或测量设备都必须通过检定、校准或其他溯源方式确定准确的量值,即具有"可追溯""可溯源"时才会使用有效。

作为其溯源性的证据的是溯源等级图,它是"一种代表等级顺序的框图,用以表明测量仪器的计量特性与给定量的测量标准之间的关系"(JJF 1001),也是对给定量或给定类别的计量器具所用比较链的一种说明。

"在一个国家内,对给定量的测量仪器有效的一种溯源等级图,包括推荐(或允许)的比较方法或手段"(JJF 1001)为国家溯源等级图,又称为国家计量检定系统表。

"量值传递"和"量值溯源"在本质上没有多少差别,量值传递是从国家计量基准开始,按检定系统表和检定规程,逐级检定,把量值自上而下传递到工作计量器具。而量值溯源则是从下至上追溯计量标准直至国家和国际基准。它可不按计量器具的严格的等级,打破等级或地区的界限,中间环节少,可能使准确度损失少。

六、法制计量和计量管理

法制计量是"为满足法定要求,由有资格的机构进行的涉及测量、测量单位、测量仪器、测量方法和测量结果的计量活动,它是计量学的一部分"(JJF 1001)。而法定计量机构就是"负责在法制计量领域实施法律或法规的机构"(JJF 1001)。它们可以是政府机构,也可以是国家授权的其他机构,其主要任务是执行法制计量控制。

计量管理在不同国家有不同的名称和定义。如:在日本,称为"计测管理",它是"为了科学、合理地进行企业的各项活动,有效而切实地采用计量手段,并将计量测试手段形成系统"。在俄罗斯,称为计量保证,其定义为:"是指为达到测试统一和要求精度所必需的科学和组织基础、技术手段、规则与定额的规定和应用。"在美国,又称计量管理为"计量保证方案服务(MAPS)。"而国际法制计量组织(OIML)对计量管理的定义是:"计量工作负责部门对所用测量方法和手段以及获得表示和使用测量结果的条件进行的管理"。在我国,计量确认、计量保证、计量控制、计量评审、计量监督、计量鉴定、型式评价和型式批准都是计量管理。现分别介绍如下。

1. 计量确认

"为确保测量设备处于满足预期使用要求的状态所需要的一组操作(JJF 1001)"称为计量确认。

计量确认是包含校准、调整、修理、封印、标记等一组动作的概念,在这一组操作动作中,校准是首要的,是核心动作,只有校准,进行量值溯源,确定示值误差,才能有效使用。

2. (法制)计量控制

(法制)计量控制是"用于计量保证的全部法制计量活动"(JJF 1001)。我国原来把计量控制作为计量管理,即为在国民经济各个领域中提供计量保证开展的各项管理工作。这就是说，计量管理是为了保证计量单位制的统一，保证测量准确一致，所采用科学的、技术的以及法制的措施之总体工程，目的是充分发挥计量系统的整体功能，从而保证和促进国民经济，实现最佳经济效益和社会效益。

计量器具控制即测量仪器的法制控制是针对测量仪器所规定的法定操作的总称，如型式批准、检定等。

3. 型式评价和型式批准

型式评价是"根据文件要求对测量仪器指定型式的一个或多个样品性能所进行的系统检查和试验，并将其结果写入型式评价报告中，以确定是否可对该型式予以批准"（JJF 1001）。

型式评价中对代表一种型式的一个或多个样本进行检测结果的报告，为型式评价报告，该报告根据规定的格式编写并给出是否符合规定要求的结论。

型式批准是"根据型式评价报告所做出的符合法律规定的决定，确定该测量仪器的型式符合相关的法定要求并适用于规定领域，以期它能在规定的期间内提供可靠的测量结果"（JJF 1001）。

证明型式批准已获通过的文件为型式批准证书。施加于测量仪器上用于证明该仪器已通过型式批准的标记为型式批准标记。

4. 计量鉴定

计量鉴定是"以举证为目的的所有操作，如参照相应的法定要求，为法庭证实测量仪器的状态，并确定其计量性能，或者评价公证用的检测数据的正确性"（JJF 1001）。

5. 计量保证

计量保证是"法制计量中用于保证测量结果可信性的所有法规、技术手段和必要的活动（JJF 1001）"。

任何一个计量或测量过程，其计量或测量准确度，除了计量器具因素外，还受到操作者、环境和方法等因素的影响。为了保证计量或测量的质量，美国、俄罗斯、日本等国在 20 世纪 70 年代初都开展了计量保证活动。

美国国家标准技术研究院（NIST）还专门编制计量保证方案（MAP），它改进了传统的量值传递方法，有效地保证了计量或测量过程的质量。

6. 计量监督

监督是察看并督促的意思，它也是一种管理。我国历来重视计量监督，并把它作为计量管理的主要内容。在 JJF 1001 中，把"计量监督"定义为"为检查测量仪器是否遵守计量法律、法规要求并对测量仪器的制造、进口、安装、使用、维护和维修所实施的控制。"计量监督还包括对商品量和向社会提供公证数据的检测实验室能力的监督。

在我国，计量监督的法律、法规依据就是以《中华人民共和国计量法》为核心的计量法律体系。计量监督的对象（即客体）应是中华人民共和国境内（即适用范围）所有与建立计量基准、标准，进行计量检定，制造、修理、销售和使用计量器具以及定量预包装等有关的国家机关、团体、企事业单位、个人和计量器具。

七、实验室认可和评审

实验室认可是"对校准和检测实验室有能力进行特定类型校准和检测所做的一种正式承认"(JJF 1001)。

实验室是从事校准和(或)检测工作的机构,在我国校准实验室是指各级计量技术机构或其中一个从事量值检定或校准的部门。检测实验室是指各级各类从事检测业务的质量检验机构。如果它们依据实验室认可准则,即 GB/T 27025/ISO/IEC 17025《校准和检测实验室能力的通用要求》通过实验室评审,则颁发实验室认可证书,以承认其校准或检测能力。

实验室评审是由评审员"为评价校准和检测实验室是否符合规定的实验室认可准则而进行的一种检查。"

检验机构是从事检验活动的机构;而检测是"对给定产品,按照规定程序确定某一种或多种特性、进行处理或提供服务所组成的技术操作(JJF 1001)"。实验认可是对校准和检测实验室有能力进行特定类型校准和检测所做的一种正式承认,包括对其技术和管理能力及其公正性方面的承认。

检验机构评审是由评审员为评价检验机构是否符合规定的检验机构认可准则(即 ISO/IEC 17020《各类检验机构能力的通用要求》)而进行的一种检查。

"利用实验室间比对确定实验室的检定、校准和检测的技术能力"(JJF 1001)为能力验证。

八、测量管理体系

测量管理体系是"为实现计量确认和测量过程的连续控制而必需的一组相关的相互作用的要素。"(JJF 1001)

计量确认是"为确保测量设备处于满足预期使用要求的状态所需要的一组操作。

注1:计量确认通常包括:校准和验证、各种必要的调整或维修及随后的再校准、与设备预期使用的计量要求相比较以及所要求的封印和标签。

注2:只有测量设备已被证实适合于预期使用并形成文件,计量确认才算完成。

注3:预期使用要求包括:测量范围、分辨力、最大允许误差等。"

测量过程是"确定量值的一组操作。"(GB/T 19022/ISO 10012)

而依据 GB/T 19022/ISO 10012,一组相互关联或相互作用的要素就是管理职责、资源管理、计量确认和测量过程的实现、测量管理体系分析和改进等要素。

这就是说:测量管理体系应确保满足顾客和计量法律规定的计量要求。它由测量设备的计量确认、测量过程的控制及必要的支持过程要素所组成。GB/T 19022/ISO 10012《测量管理体系　测量过程和测量设备的要求》明确地提出了测量管理体系模式及其管理职责、资源管理、计量确认和测量过程的实现、测量管理体系分析和改进等过程要素的内容和要求。

上述定义明确告诉我们,现代计量管理是一项系统工程。计量系统工程的科学理论基础是计量技术学。计量管理的直接目的是为了"保证计量单位制的统一,保证测量的准确一致",根本目的是"保证和促进国民经济实现最佳经济效益"。

除了上述常用的计量学基本概念外，JJF 1001《通用计量术语及定义》还规定了其他有关量与单位，测量、计量器具及其特性和测量误差等方面的基本术语和定义。此外，JJF 1004《流量计量名词术语及定义》、JJF 1005《标准物质常用术语和定义》、JJF 1007《温度计量名词术语及定义》，以及 JJF 1008～JJF 1013 等又分别统一规定了压力、容量、长度、力值与硬度、湿度、磁学等专业计量名词及标准物质方面的专用名词的定义，使我国计量工作有了共同语言。

第二节　计量的专业分类

计量的专业种类是随着工农业生产和科学技术的发展，根据计量管理工作的需要和被测"量"的性质而逐步细分的。目前，人们常常把计量分成法制计量、科学计量和工程计量3个部分。

法制计量，是为了保证公众安全、国民经济和社会发展，根据法制、技术和行政管理的需要，由政府授权进行强制管理的计量。

科学计量，主要指基础性、探索性、先行性的计量科学研究工作。如计量单位与单位制、计量基准与标准、物理常数、测量误差、测量不确定度与数据处理等。

工程计量，又称为工业计量，系指应用在各种工程、工业企业中的计量。

但是，依据计量技术的专业领域和属性，一般分成以下十大类。

一、长度计量

长度计量就是对物体的几何量的测量。其内容包括端度、线纹、角度和表面粗糙度、直度、平度、坡度、圆柱度、表面形状、表面位置、表面几何尺寸的精密测量，还包括万能量具的检定、光学仪器检定及生产中特殊零件的测量。长度计量的基本单位是"米"，它是国际单位制7个基本单位之一。符号为"m"。

（1）端度计量：是指某一物体两个端面（如一根棒的两端面）之间的长度的测量。严格说来，应是对任意两点之间或一点到一个平面的距离的长度的测量，如对各种机械零部件尺寸的测量等。端面计量传递量值的标准器是量块（或叫块规）。首先用量块检验游标卡尺、千分尺等各种万能量具的示值准确度，检定合格后的量具方能用来检测产品零部件的尺寸。此外，量块还可作其他精密测量用。

（2）线纹计量：以任意两条刻线之间的距离来表示长度的叫线纹计量。线纹尺的种类很多，日常用的竹木尺是其中之一，但准确度较低；在精密机床上作为标尺的线纹尺，准确度较高，要用显微镜来观察和读数；安装在仪器上的标准刻线尺，其准确度就更高了，要用光电显微镜来读数；进行"长距离"测量时，如大地测绘用的24m殷钢尺，其误差不超过十分之几或百分之几毫米。

（3）角度计量：测量任意两条直线或两个平面相交组成的角。安装重型机械要求其零部件水平或垂直，就需要角度计量。为满足角度计量的各种需要，检验不同角度的量值，计量部门建有角度块、多面棱体、标准圆度盘、圆光栅等角度计量基准、标准。角度计量的单位是"弧度"，符号"rad"。所用的计量器具有精密测角仪、光学分度仪、高精度分度台等。

（4）表面粗糙度计量：表面粗糙度是指加工的零件，在表面上留下来的加工痕迹的形态和深浅程度。检测粗糙度的标准计量器具有标准粗糙度样板、双管显微镜、干涉显微镜和电动轮廓仪或表面粗糙度检查仪。

（5）平面度计量：指实际平面对理想平面的偏差。它包容实际平面且距离最小的两平行平面间的距离。在生产中，根据不同需要，各种工件表面的不平度有不同的要求。检定平板如果不平，就会使被测零件尺寸测得不准；机床的工作台不平，就会影响加工零件的质量；光学仪器中的反射不平，就会影响仪器的精度。所用的计量代仪器有平直度检查仪、标准平晶等。

（6）不直度计量：不直度误差分 3 种情况：①在给定平面内，包容实际线的距离为最小的两平行线之间的距离；②在给定方向上，包容实际线（或轴心线）的距离为最小的两平行平面之间的距离；③若未给定方向，则为包容实际线（或轴心线）的最小圆柱面的直径。检查方法有直接测量读出误差值的（平晶）光波干涉法、千分尺测量等；还有作图计算法，如水平仪、准直光管、平晶干涉法等。

（7）精密测量：即各种几何量的精密测量，简称"精测"。由于它测量的参数多，技术复杂，又称它为综合的长度计量。在机械加工中，公差配合与互换性计量占很大比重，如加工齿轮要测量齿厚、齿距、周节、基节、齿形，其他如螺纹参数的测量，工件孔或轴的形状误差和位置误差的测量，薄膜厚度和镀层厚度的测量等。除了一般通用量具外，常用的光学计量仪器有：立卧式光学计，立卧式测长仪，测长机，大型、小型万能工具显微镜，齿轮测量仪器坐标测量机，投影仪等。

2001 年，中国计量科学研究院与中国航空工业总公司 301 所合作研制成功新一代接触式量块激光测长仪，其测量分辨力达 1.25nm，量块长度的测量不确定度优于（$0.02\mu m +$ $0.2 \times 10^{-6}L$）。"米"的国际比对结果表明，我国的基准激光波长与国际波长基准之差仅为国际计量局规定的允许误差（小于一千亿分之三）的一半，处于国际领先地位。2017 年，中国科技大学设计并实现了一种全新的量子弱测量方法，实现了海森堡极限精度的单光子克尔效应测量；可利用光子数达到 10 万个。

二、温度计量

温度计量就是利用各种物质的热效应来计量物体的冷热程度，内容包括：超低温、低温、中温、高温、超高温、热量等项。温度计量的单位为"开（尔文）"，符号为"K"。

（1）超低温计量：用于科研工作、国防科技对超低温测量。一般为 $-270^\circ C$ 以下的温度，如用于物体的超导性能的研究、卫星上的测温元件等。

（2）低温计量：$-27^\circ C \sim 0^\circ C$ 都是属于低温计量范围。如应用于冷藏食品的冰库、冷库的温度计量。

（3）中温计量：$0^\circ C \sim 630^\circ C$ 为中温计量。应用于日常生活和一般工业生产中。如体温计、一般玻璃水银温度计、铂电阻温度计、压力温度计等。

（4）高温计量：$630^\circ C \sim 6000^\circ C$ 属于高温计量。应用于炼焦、炼铁、炼钢、轧钢、铸造、水泥、陶瓷、玻璃、炼油等高温材料生产等方面。常用的有热电偶、光学温度计等。

（5）超高温计量：超过 6000℃ 的为超高温计量。用于测定原子弹爆炸、发射火箭等方面的温度。研究氢同位素等离子体产生聚变时，温度至少在几千万摄氏度甚至高达 1 亿摄氏度以上。

三、力学计量

力学计量包括质量、容量、密度、压力、真空、测力、力矩、黏度、硬度、冲击、速度、流量、振动、加速度等项。

（1）质量计量：质量计量就是对物体质量进行的一种计量。质量就是物体所含物质的多少，它不受地球引力变化的影响，对同一物体，质量是恒定的，这是和重量不同的地方。它的基本单位是"千克"，符号用"kg"表示。

质量计量可划分为：大质量（20kg 以上）、中质量（1g 至 20kg）、小质量（1g 以下）。所用的计量器具有秤、天平和各种砝码。为了满足某些特殊部门的需要，现已制出远控天平，它可以远距离测量放射性物质和密度。随着工农业、科研的发展，电子自动天平也在大力推广和应用，对生产自动化、改善劳动条件有着重要作用。

（2）容量计量：容量计量单位是"升"，符号为"L"或"l"，它所用的计量器具有量提、量杯、量筒、滴管、吸管和相对密度瓶等。

（3）密度计量：是指物体单位体积所有的质量。密度计量的单位为"千克每立方米"，符号为"kg/m^3"。所用的计量器具有酒精计、糖量计、密度计、海水密度计等。这些计量器具又由各种标准密度计、标准酒精计等进行检定。

（4）黏度计量：黏度是指液体内摩擦，就是当液体在层流时，这种内摩擦表现为流体内部对运动的阻力。黏度计量的单位是"帕斯卡秒"，符号为"$Pa \cdot s$"。所用的计量器具有黏度计等。

（5）压力计量：压力又称压强。它是垂直地、均匀地作用在单位面积上的力。其单位是"帕斯卡"，符号为"Pa"。压力计量仪器有：①负荷活塞式压力计。作压力基准器和标准器使用。②液柱式压力计。如水银气压计、U 形压力计、环形压力计、风量计、风压计、气压、血压计、真空计、倾斜式微压计、补偿式微压计等。③弹簧压力表。如单圈弹簧管压力表、真空表、压力真空表、多圈弹簧管压力计、波纹管压力计和膜片膜盒式压力计等。④电器压力计。如电阻压力计、电容压力计、压电式压力计、压力变送器等。⑤综合式压力仪表。

（6）真空计量：对低于一个大气压的绝对压力测量，通称为真空计量。真空计量分为：①粗真空（1×10^5 Pa～1333Pa）；②低真空（1333Pa～0.133Pa）；③高真空（0.133Pa～1.33×10^{-4} Pa）；④超高真空（133μPa 以下）。

（7）测力计量：对各种材料，如水泥、钢材、木材和其他的半成品、成品的机械性能的测量以及坦克、拖拉机等牵引力的测量，都属测力计量。其计量单位是"牛［顿］"，符号为"N"。所用的计量器具有各种材料试验机、拉力计等。检定测力计量器具的基准是标准测力计。

（8）硬度计量：硬度是金属对于其表面塑性变形的阻止能力。它取决于金属本身的成分和结构。测量硬度的方法很多，大体可分三大类：压入法、弹跳法和划痕法。现在最常用的测量布氏硬度（代号 HB）、洛氏硬度（代号 R，RB，RC）、维氏硬度（代号 HV）等所用的计量器具有布氏硬度计、洛氏硬度计和维氏硬度计。基准器是标准硬度块。

（9）转速计量：转速计量是测量如船舰轮机的转速、泵机等各种马达的转速以及纺织中锭子和布机的转速等。单位是"弧度每秒",符号为"rad/s"。所用的计量器具有转速表等。

（10）流量计量:它是测定流体通过输送管道的数量,包括对流速和流量的测量。这部分计量对化工、石油、冶金等部门的生产流程的管理和自动化的控制极其重要。单位是"立方米每秒",符号为"m^3/s"。所用的计量器具有各种流量计。

（11）振动计量:振动计量就是测量物体沿着直线或弧线经过某一中心位置（或平衡位置）来回运动的频率。计量单位是"赫［兹］",符号为"Hz"。

四、电磁计量

电磁计量是根据电磁原理,应用各种电磁标准器和电磁仪器、仪表,对各种电磁物理量进行测量。

（1）电流计量:电荷有规则的移动称为电流。在单位时间内流过导体横截面积的电量称为电流强度。单位是"安培",符号为"A"。常用计量仪表有电流表。

（2）电动势计量:电动势习惯上叫电压。迫使电荷做有规律流动的一种势力称为电压。单位是"伏（特）",符号"V"。常用的计量仪表有电压表、电位差计等,标准器是标准电池。

（3）电阻计量:电流流过物体中遇到的阻力叫电阻。单位是"欧［姆］",符号为"Ω"。常用的计量器具有电阻表、电阻箱、电桥等,标准器是标准电阻。

我国的量子化霍尔电阻标准准确度达到了 10^{-10} 量级,这标志着我国在该领域的计量技术水平已走在世界前列。

（4）电感计量:阻止电流变化的惯性叫电感。单位是"亨［利］",符号为"H"。常用的计量仪器有电流互感器、电压互感器等,电感计量标准是标准电感线圈等。

（5）电容计量:一种贮藏电量的能力叫电容。电容的单位是"法［拉］",符号为"F"。常用计量器具有电容箱,标准器是基准电容器。

（6）磁场强度计量:衡量磁场强弱程度的。磁场强度的单位是"安培每米",符号为"A/m"。其计量标准器是标准互感线圈。

（7）磁通计量:通过某一面积的磁力线数（这面积与磁力线相垂直）叫做磁通。它的单位是"韦［伯］",符号为"Wb"。磁通计量标准器是磁通基准器。

（8）软磁材料参数计量:是软磁材料的特征磁参数的计量。如起始磁导率 μ、最大磁导率 μ_m、最大磁感应强度 B_m、剩余磁感应强度 B_r、矫顽力 H_c、磁化曲线、磁滞回线等。

（9）硬磁参数计量:是硬磁材料的特征磁参数的计量。如剩余磁感应强度 B_r、矫顽力 H_c、退磁曲线、最大磁能积 $(B.H)_{max}$ 等。

五、无线电计量

无线电计量是指无线电技术所用全部频率范围内从超低到微波的一切电气特性的测量。

无线电计量中需要建立标准、开展量值传递和测试的参数是很多的。目前,我们国家建立的标准有:高频电压、功率、相位、驻波系数、脉冲、阻抗、噪声、Q 值、失真等。

（1）高频电压计量:它是无线电计量中最通用和基本的参数之一。大多数电子设备的计量与它有关,如各种高频电压表、发射机和接收机等。

（2）功率计量：功率测量的原理是基于将高频和微波的能量转换成热、电、力等其他量来测量的，其中最通用的是利用微波能量转换成热量来测量，如量热式功率计、测辐射热功率计等。在诸如波导等很高频率的分布参数电路中，功率计量也显得非常重要。在电子技术中，测量发射机的输出功率，也要测量接收机的灵敏度，因此需要测量大、中、小功率以至微小功率。功率是无线电计量中重要的参数之一。

（3）噪声计量：无线电计量中的噪声叫做电噪声，它是指存在于器件、电路、电子设备和信号通道中不带有观察者所需要信息的无规则信号。噪声计量是决定一个接收系统（从最普通的收音机、电视机到各种雷达和卫星通信的大型地面站）的灵敏度和测试分辨力的重要因素。目前，我们国家已建立的噪声标准有：1.3cm，2.5cm 波导高温噪声标准；同轴热噪声标准；5cm，7.5cm 低温噪声标准。

（4）衰减计量：它是表征无线电波在传输或传播过程中由于能量的损耗和反射，传输功率或电压减弱程度的一种量度。由于雷达、导航、卫星通信、射电天文等近代技术的迅速发展，要求发射机的功率越来越大，接收机的灵敏度越来越高，对衰减计量从准确度到动态范围都提出了越来越高的要求。如衰减量程已要求大到 150dB～170dB，小到 0.01dB～0.0001dB，频率范围则要求布满整个无线电频段。衰减计量标准器具有极高准确度。我国用于衰减计量的标准器主要有 3 种：截止衰减器、电感标准衰减器（即感应分压器）和回转衰减器。

（5）微波阻抗计量：阻抗计量是对物体或电路电特性的物理量的测量。所谓微波阻抗，可以由阻抗参量、反射参量和驻波参量这 3 套参量来表示。实际上，在微波频段，微波阻抗计量中，常常直接测量驻波参量或反射参量。常见的计量仪器有：测量线反射计、时域反射计、驻波比电桥等。

（6）相移计量：相移计量一般是测量两个振荡之间的相位差或相移。相移计量具有十分重要的意义，在无线电电子学领域，从早期的长途电话系统到现代的电视、雷达、导航、制导、反射控制系统和电子计算机等均要应用相移测量。在各种定量控制中，诸如轧钢板厚度自动控制、发动机的湍动等，也常常把非电量转换成两个电振荡之间的相位关系来测量。此外，在高能加速器、激光测距以及油田油水岩层结构的研究等领域也要用到相移测量。测量相移的仪器称为相位计。通常相位计的校准或检定是使用移相器。我国已建立的相移标准有：微波宽带相位标准测量装置和同轴射频相移标准测量装置。

（7）失真度计量：任何振荡器产生的正弦波信号都不会是纯的单一频率的正弦信号，任何放大器、网络和显示屏在放大、传输和显示信息时也都会发生不同程度地偏离原始输入信息，这些现象统称为失真。而常用的非线性谐波失真，定义为信号中全部谐波电压（或电流）的有效值与基波电压（或电流）有效值之比值的百分数。

失真度是无线电参数中的一项常用的参数，它在无线电工程技术（广播、通信、电视、录音、电声和传输等）、国防、无线电测量和电测量等领域中都有广泛的应用。失真度计量主要包括：低失真和超低失真信号的产生和测量；放大器、网络的谐波失真、互调失真等的测量；失真度测量仪和"失真仪检定装置"的检定等。

六、时间频率计量

时间和空间是描述各种客观事物的发展运动变化的基本参量。时间的计量单位是"秒",符号为"s"。时间和频率是描述周期现象的两个不同侧面。

周期现象在单位时间内重复变化的次数称为频率;单位为"赫[兹]",符号为"Hz"。时间和频率在数学上互为倒数关系,所以时间和频率计量实际上是共用同一个基准。如时间频率基准——铯原子钟的准确度已达 1×10^{-14},相当于 600 万年不差 1s。时间频率计量无论在卫星发射、导弹跟踪、飞机导航、潜艇定位、大地测量、天文观测、邮电通信、广播电视、科学研究、交通运输、钟表生产、体育比赛、乐器调律等方面都有着极其广泛的应用。在 7 个国际单位制基本单位中,时间计量单位"秒"的准确度为最高,而且量值传递简便多样(如利用无线电发播传递)、稳定可靠。因此,现代社会中各种计量单位都努力使本身和时间或频率结合起来,以便通过测量时间或频率得到物理量,从而提高该计量单位的准确度。例如长度单位"米"的新定义是"光在真空中经过(1/299792458)s 所传播的距离",就是长度通过光速值与时间单位的关系得出来的。

标准时间和标准频率的传递有直接比对和接收比对两种。直接比对法是将校频标通过高精度频率测量装置与频率基准进行比对校准。例如原子钟相互之间的比对就常用此法。接收比对则有短波发播(2.5MHz,10MHz,15MHz,20MHz,25MHz),即高频接收比对;长波(100kHz)和超长波(10MHz～60kHz)发播,即低频和低频接收比对;还有利用电视信号或人造卫星进行远距离时刻比对等。我国依据激光冷却-原子喷泉原理研制成功的 NIM4 激光冷却-铯原子喷泉基准钟,它的准确度达到了 1500 万年不差一秒,不确定度达到 5×10^{-15},为世界先进水平。

七、放射性计量

放射性计量应称为电离辐射计量,是对那些能直接或间接引起电离的辐射(X 射线,γ 射线,伦琴射线,镭、铀、钍元素的中子辐射)进行的测量。放射性计量分为适度计量(或称强度计量)和剂量两个方面。它广泛应用于医疗卫生(如服用同位素、肝扫描都必须剂量诊断准确)、环保监测、原子能发电、探矿、探伤、石油管道去污定位以及应用于农业上的育种和食品等。放射计量仪器主要是伦琴计。

八、光学计量

光学计量主要包括光强、光通量、亮度、照度、色度、辐射度、感光度、激光等项。光学计量基本单位有:发光强度"坎[德拉]",符号为"cd";光亮度单位是"坎[德拉]每平方米",符号为"cd/m^2";光通量单位是"流[明]",符号为"lm";光照度单位是:"勒[克斯]",符号为"1x"。

光学计量的应用很广泛,各种现代建筑物的建造要进行光强度的计量,以达到规定的照度标准。在光谱学方面,需要测量光谱的光度。此外,辐射强度的测量,软片、胶卷的感光度,光学玻璃的折射率,纺织品的染印,颜料工业,文化教育事业中电影、电视都需要准确的光度、色度和色温计量。在国防上,如导弹的导向、特种摄影、高速摄影等更需要对紫外线、红外线进行准确的测量。

九、声学计量

声学计量是专门研究测量物质中声波的产生、传播、接收和影响特性。声强、声压、声功率是声学计量中 3 个重要的基本参量。其中声压应用最广泛，因为直接测量声强和声功率非常困难，而测量声压比较容易，因此常常通过测量声压来间接地测量其他参量。声学计量涉及通信、广播、电影、房屋建筑、工农业生产、医药卫生、航行、渔业、海防、语言、音乐、生理、心理，以及各种生产、生活与科学领域。例如水声计量应用于军事方面用来搜索、引导武器攻击敌人的舰艇，在经济建设方面用于导航、保证航海安全、探测鱼群捕捞、研究海底的地质结构以及测量海底深度等。成为近代尖端技术之一的超声学，可用来进行化学分析、检查材料质量。超声计量在医疗卫生方面（超声医疗仪）能够治疗风湿、冠心病、脑血栓等症。此外，还有听力测量、噪声测量等。计量部门建有声学计量基准（标准）仪器，例如，耦合腔压电补偿装置、基准传声器等来传递检定标准水听器、高精度水听器、标准传声器、工作传声器、听力计、仿真耳、助听器、声级计等。

十、化学计量

化学计量也称为物理化学计量，是指对各种物质的成分和物理特性、基本物理常数的分析、测定。主要包括：酸碱度、气体分析、燃烧热、黏度、标准物质等。由计量部门通过发放标准物质进行量值传递（直接校验管道性流水线上的化学计量仪器来达到质量控制）是化学计量的显著特点。

（1）标准物质：是具有一种或多种足够好的确立了的特性，用来校准计量器具、评价计量方法或给材料赋值的物质或材料。故标准物质也可以说是一种"量具"。在纯金属、矿石、矿物、聚合物、生物学物质、化学试剂、环境保护等方面，都需要有标准物质。

（2）酸碱度计量：测定溶液酸性或碱性的程度。其计量单位用氢离子活度来表示，即人们常说的 pH 值。一般酸碱度的测量范围为 0～14。pH＝7 为中性；pH＞7 为碱性；pH＜7 为酸性，所用的计量仪器有酸度计等。我国已建有酸度标准，在 0～95℃时，正负偏差不超过 0.02。

（3）黏度计量：黏度计量在石油、化工、煤炭、冶金、轻工、国防及科学研究方面应用广泛。在石油工业中黏度是衡量石油产品质量的最重要指标之一；润滑油黏度值的测定对机械安全运转，保证飞机正常飞行是重要的措施；在合成纤维工业及塑料工业中通过测定聚合物的黏度来控制产品的聚合度；在煤炭、冶金工业中需要测定熔融炉渣的黏度，使其顺利排渣等。黏度的测量分为绝对测量和相对测量，根据不同原理，可以制成不同类型的黏度计，如毛细管黏度计、落球黏度计、旋转黏度计、振动黏度计、超声波黏度计等，其中玻璃毛细管黏度计用得最为普遍。我国根据相对测量法建立的工作基准组采用乌氏玻璃毛细管黏度计。

（4）成分分析：随着生产、建设、科研、国防的需要，以气压、密度、热化学、黏度、扩散、声学、热导、电导、极化、吸附、磁学、光学、质谱等原理为基础的各种气体成分分析法已普遍使用。它们对于开展环境保护、治理"三废"，开展综合利用都很重要。这些成分分析所需要的仪器与保证其量值准确的标准物质一般应结合应用。如表 1-1 所示。

表 1-1 成分分析仪器及其结合使用的标准物质

成分分析仪器名称	检定用的标准物质
pH 计	标准缓冲溶液
质谱仪	光谱纯氩、氪、氙等
极导仪	黑色及有色金属标准物质
电导仪	标准电导液(具有已知电导的氯化钾溶液)
光电比色计	不同颜色的标准溶液(或中性滤色片)
气体分析器	标准纯气体及已知溶度的气体混合物

(5)热量计量:测定各种燃料的燃烧热叫热量计量。热量的测定,对工业、国防、火箭技术、化学研究等有重要作用。其计量单位为"焦[耳]",符号为"J"。我国建立的燃烧热基准装置,测量不确定度达 $V_{rel}=0.01\%(k=2)$。

(6)标准测试方法:统一的标准测试方法,如基本物理常数、物质提纯度等有关的测试工作在理化计量中仍占有重要地位。我国正努力开展这方面的计量管理和研究工作。如物质的提纯,有的可达到七个"9"以上,即 99.99999%。

21 世纪,国际计量界十分重视开创化学计量新领域,并已在理论和实践上进行了有益和有效的探索,确定了环境(气、水、土壤中污染物化学成分)、健康(食品和药品中化学成分)、工业(如金属材料化学成分)及天然气的化学计量领域,使化学计量在全球环境、人类健康、国际贸易、资源开发和新材料等领域发挥重要作用。

我国在长度、电学、热工、时间频率等类计量方面,已建立了以量子效应为基本原理的自然基准体系,测量准确度达到十亿分之一。为我国工农业生产、国防建设和科学技术的现代化提供了必需的技术手段,也为我国签署国际间校准和检测证书等效协议奠定了基础。

第三节 社会要发展 计量须先行

计量学是有关测量知识的科学。有时简称为计量。它主要研究测量,保证测量准确和统一,涉及有关测量的整个知识领域。具体地说:计量学研究可测的量,计量单位,计量基准、标准的建立、复现、保存及量值传递,测量原理、方法及其准确度,物理常数、常量和标准物质的准确确定,有关组织机构及个人进行测量的能力以及计量的法制和管理等。在计量学研究内容中,既有计量技术问题,也有计量管理问题。

一、计量技术和计量管理的关系

计量管理和计量技术是计量学中两大组成部分,计量管理的基础是计量技术管理,同时应该认真实行计量法制管理。

计量法制管理即计量管理中的法制管理部分又称之为法制计量学,即研究与计量单位、计量器具和测量方法有关的法制和行政管理要求的计量学部分。它主要研究法定计量单位和法定计量机构,建立法定计量基准和标准,制定和贯彻计量法律和法规。对制造、修理、销

17

售、进口和使用中的计量器具实行依法管理和检定，以及保护国家、集体和公民免受不准确和不诚实测量的危害而进行的计量监督等。

计量技术管理主要是指研究建立计量基标准、计量单位制、计量检定和测量方法等方面的管理技术。

计量科学技术（简称计量技术）是通过实现单位统一和量值准确可靠的测量，发展精密测试技术，以保证生产和交换的进行，保证科学研究的可靠性的一门应用技术科学。计量技术贯穿于各行各业，是面向全社会服务的横向技术基础，也是人类认识自然，改造自然的重要手段。

计量管理和计量技术是计量学的两大支柱，也是推动计量学发展的两个轮子。

计量技术一般以实验技术和技术开发为主要特色，是渗透于各行各业、各门科学，直接为国民经济与社会服务的应用技术科学，它是人类认识自然、改造世界的重要手段，现代化工农业生产和科学研究促进了新计量技术的不断发展，而现代计量技术如自动测量、动态测量等也要求计量管理不断改进、创新，并有效保证计量的准确性、量值的可溯源性和一致性。

现代计量管理是以法制计量管理为核心，综合运用技术、经济、行政等管理手段，并以系统论、信息论和控制论等现代化管理科学为理论基础的管理科学。现代计量管理保证了计量技术的有效应用，它推动了计量技术向系统、精密等现代化方向发展。

与其他管理与技术一样。计量管理与计量技术虽然研究对象各有区别，但又高度综合，密不可分。离开计量技术，计量管理犹如无的放矢；但离开计量管理，计量技术也会无力可效。它们确实如同一辆自行车的两个轮子一般，互相依存，相互促进，共同驱动着计量学这辆"自行车"不断行进。

二、计量是社会生产力的重要组成部分

社会生产的基本要素是劳动者和生产资料。无数事实已充分证明：掌握科学技术的劳动者，运用先进的技术和管理，就能大幅度地提高社会生产力。因此，科学技术是第一生产力，已成为当代人的共识。而计量是现代科学技术的重要组成部分，是工程与技术科学的基础学科，显然，也是社会生产力的重要组成部分。

早在1983年11月，聂荣臻元帅在给国防科工委主持召开的国防计量工作会议的贺信中明确提出：科技要发展，计量须先行。科学技术发展到今天，可以说没有计量，寸步难行。实际上，任何科学技术的产生与发展，都离不开计量（或测量），计量（或测量）是人们认识事物必不可少的一步。因此，我们完全可以说计量也是第一生产力。

我们再从社会生产力的两个基本要素来看计量是社会生产力的重要组成部分。

1. 劳动者应该掌握计量技术

劳动者，从古至今一直是生产力中最活跃、最积极的要素，但如果他们不掌握相应的计量技术，就不可能成为合格的劳动者。

远古时代，人类的生产活动主要是打猎、采食和建造住所，尽管当时还没有专用的计量器具，但他们掌握了"布手知尺""迈步定亩""结绳记事""刻木记日"等简单的计量知识，从而得以生存与发展。

现代的劳动者,不管是从事工农业生产的工人,还是从事科研的科技工作者,都需要掌握相应的计量测试技术,否则,就不可能生产出合格的产品,更不可能从事有效的科研工作。

2. 计量器具是具有特殊效用的生产资料

在一个企业,厂房、设备、工具、原材料和能源都是生产经营必需的生产资料,而计量器具则是其中具有特殊效用的生产资料。据统计,在一个机械工业企业中,万能量具的数量为金属切削机床的6～7倍,机加工工人的1.5倍。不少企业的长、热、力、电和理化计量器具约占其固定资产的1/4左右,而其计量室的造价往往是同面积厂房的2～4倍,它们是确保企业产品质量和经济效益的必不可少的生产资料。在冶金、化工等企业,计量的作用更为突出。

三、计量是国民经济的重要技术基础

计量广泛地应用于工农业生产、国防建设、科学研究、经济贸易、医疗卫生、环境保护,以及广大人民群众的日常生活之中,已成为国民经济的一项重要技术基础。

1. 工农业生产的"耳目"

现代工农业生产的显著特点是社会化大协作生产,如一辆汽车,有近万个零件,需数百家企业协作生产,没有量值准确的计量作保障,产品组装就会出现"敲、打、锉、磨""对号入座",不可能实现产品质量标准化,也不可能提高生产效率。一个齿轮,从毛坯到成品,需要进行长度、力学、温度、物理化学等计量测试20多次,只要有一次计量失控,就会影响其质量性能,甚至报废。

现代农业生产是科学种田,要实现高产、优质、低耗等目标,也同样离不开准确的计量。如土壤酸碱度、盐分、水分、有机质和氮、磷、钾含量的测试,农作物种子质量的测定,生长期的气温、土壤肥力等测量,无一可离开计量工作。

为此,人们把计量视作工农业生产必不可少的"耳目"和企业质量体系中一个十分重要的关键要素。

2. 国防现代化建设的"先行官"

任何一项武器,从研制、设计、试验、定型到生产,都离不开计量,如火箭的结构设计和加工制造离不开长度计量;原材料的选择、确定需要强度、硬度计量;燃料分析必需化学计量;火箭的发射、运行方向和速度的控制更离不开力学、无线电、时间频率和振动等计量。如"差之毫厘",就会"谬以千里",甚至导致发射失败。据计算,重力加速度值误差达 1×10^{-6} m/s^2,就会发生400m距离的差错。美国在研制一航天系统时,连续4次发射失败,最后找到其原因——高频电压测试不准。

因此,各国在国防现代化建设中,都十分重视计量这个"先行官"的作用,不惜人、财、物上的大量投入,以确保其武器计量准确度和量值统一,有效保家卫国。

3. 人类安全、健康的"忠诚卫士"

保障人类安全和健康是人类的共同愿望和要求,而要实现这个愿望和要求,则离不开计量这个忠诚可靠的"卫士"。

在工农业生产中,当处于高温、高压、易燃、易爆、有毒、辐射等生产条件时,必须以相应的计量测试和控制为前提。如某厂一台锅炉上一个压力表损坏未及时检修,造成锅炉爆炸,炸死 6 人,炸伤 10 人。

人类生存的环境要求防止和治理污染,而无论是废气、废水、废渣,还是噪声的治理和防治都离不开相应的计量测试工作。

医院诊断病情的仪器失准,将会直接危害病人的身体健康。如恶性肿瘤细胞在 43℃ 以上才会被杀死,但 45℃ 以上又会大量损伤人体正常细胞。因此,必须准确测试和控制微波加热治癌过程。否则,不是治疗效果不佳,延误治疗,就是导致病人正常细胞损伤,损坏病人身体健康。而 X 射线治疗机的照射剂量失控,更会使病人遭受严重的放射性损伤。

航空运输是省时、快捷和舒适的现代化交通运输方式,但如其导航仪表失灵,导致空难事故,那就会危及乘客的生命财产安全。

4. 科学研究的得力"助手"

日益发展的现代科学技术研究,从广阔宇宙天体到原子中的最小粒子;从太阳与热核反应的超高温到液氮装置的超低温;从相距数千万光年的光波到电磁波,都需要各种准确的计量器具去测量、探索、研究。

人类科学史还证明:精确的计量往往为开拓新的科学领域充当了向导。如著名物理学家普朗克在德国计量研究部门研究黑体辐射定量关系时,提出了量子论。美国的阿诺·彭齐亚斯和罗伯特·威尔逊从温度计量上出现的异常,发现了"微波背景辐射",它对天体的起源和演化等宇宙理论研究与发展产生了重要作用,从而荣获了 1978 年诺贝尔奖。

反之,没有精确的计量,则会使科研失败或停滞不前。如美国的加州理工学院,从 20 世纪 30 年代后期开始高能物理研究,到 40 年代后期才发觉因高压计量不准确,白费了 10 年时间;美国普林斯顿大学因温度计只能测到 6×10^4 K 而只好停止"受控热核聚变"的实验。

俄国伟大科学家门捷列夫说得好:"没有测量,就没有科学。"计量是一切科学研究必不可少的"助手"。

5. 市场经济和社会生活中必不可少的"工具"

现代经济是国际化的市场经济,任何一个国家,都不能脱离国际贸易而闭门建设,无论是企业、地区、国家之间的贸易;无论是空运、海运,还是火车、汽车陆运,都离不开准确的商品量计量,否则,就会造成严重的经济损失。

现代计量在人民群众日常生活中,也已远远超出度量衡的狭小范围,人们的衣、食、住、行、柴、米、油、盐、保健、工作,样样离不开计量,没有尺、秤、电表、水表、煤气表、钟表、温度计……轻则影响人们的正常工作与生活,严重的还要危及人们的生命财产安全。

总之,计量有力地促进和推动了社会工农业生产和科学技术的发展,保障了人类正常的工作和生活。今天的社会,完全可以说"没有计量,寸步难行"。社会要发展,计量须先行。

思 考 题

1. 什么是测量? 什么是计量? 什么是测试? 它们有何区别与内在联系?

2. 计量技术有哪些类别? 试举出你工作和生活中所用的日常计量器具及其类别。

3. 什么是计量管理? 法制计量管理包括哪些内容? 计量技术管理又包括哪些内容?

4. 计量在现代社会生产和生活中有哪些作用? 试举实例说明。

5. 计量专业有哪些?

第二章

计量单位和单位制

计量单位和单位制是计量技术的重要基础,也是计量管理的重要基础。本章主要介绍国际单位制和我国法定计量单位。

第一节　计量单位制

一、计量单位

计量单位:"根据约定定义和采用的标量,任何其他同类量可与其比较使两个量之比用一个数表示"(JJF 1001)。

计量单位具有明确的名称、定义和符号,并命其数值为1,如 1m,1kg,1s 等。计量单位的符号,简称单位符号,是表示计量单位的约定记号。

国际计量大会(CGPM)对很多单位符号有统一的规定,一般称国际符号。国际符号的形式有两种:一种是字母符号,即拉丁字母和希腊字母符号,如 m 表示"米";另一种是附于数字右上角的符号,如表示平面角的度($°$)、分($'$)、秒($''$)。计量单位的中文符号由单位和词头的简称构成,如电容单位皮法[拉](pF)的中文符号为"皮法"(即 10^{-12}F)。

计量单位一般分成三类。

1. 基本单位

对于基本量,约定采用的测量单位为基本计量单位,简称基本单位。即在计量单位中选定作为构成其他计量单位基础的单位都称为基本单位。

目前,国际通用的基本单位是七个。详见表 2-1。

表 2-1　基本单位的名称、符号及定义

量的名称	基本单位名称	符号	定义
长度	米	m	是光在真空中(1/299792458)s 时间间隔内所经路径的长度
质量	千克(公斤)	kg	等于国际千克原器的质量
时间	秒	s	是铯-133 原子基态的两个超精细能级间跃迁所对应的辐射的9192631770个周期的持续时间

表 2-1(续)

量的名称	基本单位名称	符号	定义
电流	安[培]	A	在真空中,截面积可忽略的两根相距 1m 的无限长平行圆直导线内通过等量恒定电流时,若导线间相互作用力在每米长度上为 $2\times10^{-7}N$,则每根导线中的电流为 1A
热力学温度	开[尔文]	K	水三相点热力学温度的 1/273.16
物质的量	摩[尔]	mol	是一系统的物质的量,该系统中所包含的基本单元数与 0.012kg 碳-12 的原子数目相等。在使用摩尔时,基本单元应予指明,可以是原子、分子、离子、电子及其他粒子,或是这些粒子的特定组合
发光强度	坎[德拉]	cd	是一光源在给定方向上的发光强度,该光源发出频率为 $540\times10^{12}Hz$ 的单色辐射,且在此方向上的辐射强度为(1/683)W/sr
注 1:除千克外,其余 6 个基本单位都是根据自然规律可复现的,基于自然常数的千克新定义即将产生。			
注 2:2018 年国际计量大会将审议千克、安培、开尔文和摩尔四个基本单位的量子化重新定义,有望在 2019 年实现全部基本单位由物理常数所定义,这将开启国际单位制量子时代的新篇章。			

2. 导出单位

导出量的测量单位称为导出计量单位,简称导出单位。这就是说,由基本单位以相乘或相除而构成的单位称为导出单位,如速度由长度除以时间导出,密度由质量除以体积即长度的三次方导出,等等。

导出单位又可人为地分成下列 5 种。

(1)辅助单位

国际上通用的辅助单位只有下列 2 个。

1)弧度:弧度是一个圆内两条半径之间的平面角,这两条半径在圆周上截取的弧度与半径相等。符号是 rad。

2)球面度:球面度是一个立体角,其顶点位于球心,而它在球面上所截取的面积等于以球半径为边长的正方形面积。符号为 sr。

(2)具有专门名称的导出单位,如 1Hz=1/s,1N=1kg·m/s² 等。

(3)用基本单位表示,但无专门名称的导出单位,如面积单位 m²,加速度 m/s² 等。

(4)由专门名称的导出单位和基本单位组合而成的导出单位,如力矩 N·m;表面张力 N/m 等。

(5)由辅助单位和基本单位或有专门名称的导出单位组成的导出单位,如角速度 rad/s,辐射强度 W/sr 等。

此外,计量单位还可以有下列类别。

a. 主单位和倍数(或分数)单位

凡是没有加词头而又有独立定义的单位(千克除外)都称之为主单位,按约定比率,由给定单位形成的一个更大(或更小)的计量单位,称为倍数(或分数)单位。如吨是千克的十进倍数单位;小时是秒的非十进倍数单位;而毫米是米的十进分数单位。这就是说,倍数单位或分数单位一般都加有词头。国际上通用的词头有 20 个,其名称和符号见表 2-2。

表 2-2　用于构成十进倍数和分数单位的词头

序号	所表示的因数	词头名称	词头符号
1	10^{24}	尧[它]	Y
2	10^{21}	泽[它]	Z
3	10^{18}	艾[可萨]	E
4	10^{15}	拍[它]	P
5	10^{12}	太[拉]	T
6	10^{9}	吉[咖]	G
7	10^{6}	兆	M
8	10^{3}	千	k
9	10^{2}	百	h
10	10^{1}	十	da
11	10^{-1}	分	d
12	10^{-2}	厘	c
13	10^{-3}	毫	m
14	10^{-6}	微	μ
15	10^{-9}	纳[诺]	n
16	10^{-12}	皮[可]	p
17	10^{-15}	飞[母托]	f
18	10^{-18}	阿[托]	a
19	10^{-21}	仄[普托]	z
20	10^{-24}	幺[科托]	y

b. 制内和制外单位

不属于给定单位制的计量单位称为制外计量单位,简称制外单位。如时间单位天(日)、[小]时、分,都是国际单位制(SI)的制外单位。

c. 法定和非法定单位

按计量法律、法规规定,强制使用或推荐使用的计量单位称为法定计量单位,简称法定单位。这就是说,法定单位一般都是由国家以法令形式决定强制采用的计量单位。一旦公布后,国内任何部门、地区、机构和个人都必须严格遵循采用,不得违反。有些国家还写在宪法中以强制实施。

二、计量单位制

对于给定量制的一组基本单位、导出单位、倍数单位和分数单位及使用这些单位的规则称为计量单位制,简称单位制。而量制是"彼此向由非矛盾方程联系起来的一组量。"

同一个量制可以有不同的单位。单位制由一组选定的基本单位和由定义公式与比例因数确定的导出单位组成。具体地说:就是选定了基本单位后,可按一定物理关系构成一个系列的导出单位,这样的基本单位和导出单位就组成一个完整的单位体系,这个单位体系就称为单位制。由于基本单位选择的不同,就产生了各种不同的单位制。

1. 厘米克秒制(CGS)

这是选定长度以厘米(cm),质量用克(g)、时间由秒(s)作为基本单位的单位制。

2. 米千克秒制(MKGS)

这是选定长度以米(m)、质量用千克(kg)、时间由秒(s)作为基本单位的单位制。

3. 工程单位制(即米公斤力秒制)

这是选定长度以米、重力用公斤力、时间由秒作为基本单位的单位制,由于它多用在工程建设上,因此就称为工程单位制。

4. 国际单位制(SI)

国际单位制是由国际计量大会(CGPM)批准采用的基于国际量制的单位制,包括单位名称和符号、词头名称和符号及其使用规则。它也是由 1960 年第十一届国际计量大会提出和通过,国际上公认的选用米(m)、千克(kg)、秒(s)、安培(A)、开尔文(K)、摩尔(mol)和坎德拉(cd)为 7 个基本单位所构成的单位制,称为国际单位制,缩写符号为"SI",因此人们又把国际单位制写成"SI 制"或"SI 单位制"。

尽管国际单位制产生的历史还不长,但已被国际标准化组织(ISO)制订成国际标准(ISO 1000 及 ISO 31-0~ISO 31-13,现修订为 ISO 80000),先后被各国际组织和世界绝大多数国家采纳、使用,甚至在英制的发源地和创始国的英国,已在 1965 年决定全面向国际单位制过渡。另一个主要使用英制的大国——美国,也终因无力扭转采用 SI 的国际潮流,而于 1975 年被迫宣布采用 SI。因此,国际单位制已是目前国际上最广泛统一使用的一种计量单位制。

其他还有米吨秒制(MTS)、绝对电磁单位制(CGSM)、绝对实用单位(MKSA)、英制、美英制等。

第二节 国际单位制

一、国际单位制的构成

国际单位制的构成如下:

$$
国际单位制(SI)
\begin{cases}
SI 单位
\begin{cases}
基本单位(见表 2-1)\\
导出单位
\begin{cases}
包括辅助单位在内的具有专门名称的导出单位\\
组合形式的导出单位
\end{cases}
\end{cases}\\
SI 单位的倍数单位(见表 2-2)
\end{cases}
$$

在导出单位中,具有专门名称的导出单位有 21 个,它们中多数取自一些物理学家、科学家或发明家的姓名,多半是由于历史原因沿袭形成的,具有纪念他们在科学上贡献的作用。

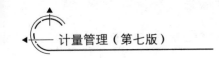

因此,这些导出单位的符号第一个字母须用大写体。详见表 2-3。

表 2-3　国际单位制中具有专门名称的导出单位

量的名称	单位名称	单位符号	量纲	被纪念科学家的国籍及生卒年
[平面]角	弧度	rad	1	
立体角	球面度	sr	1	
频率	赫[兹]	Hz	s^{-1}	德国,1857—1894
力	牛[顿]	N	$kg \cdot m/s^2$	英国,1643—1727
压力,压强,应力	帕[斯卡]	Pa	N/m^2	法国,1623—1662
能[量],功,热量	焦[耳]	J	$N \cdot m$	英国,1818—1889
功率,辐[射能]通量	瓦[特]	W	J/s	英国,1736—1819
电荷[量]	库[仑]	C	$A \cdot s$	法国,1736—1806
电压,电(动)势,电位	伏[特]	V	W/A	意大利,1745—1827
电容	法[拉]	F	C/V	英国,1791—1867
电阻	欧[姆]	Ω	V/A	德国,1787—1854
电导	西[门子]	S	$Ω^{-1}$	德国,1816—1892
磁通[量]	韦[伯]	Wb	$V \cdot s$	德国,1804—1891
磁能量密度、磁感应强度	特[斯拉]	T	Wb/m^2	美国,1857—1943
电感	亨[利]	H	Wb/A	美国,1799—1878
摄氏温度	摄氏度	℃	k	
光通量	流[明]	lm	cd. sr	
[光]照度	勒[克斯]	lx	lm/m^2	
[放辐性]活度	贝可[勒尔]	Bq	s^{-1}	法国,1852—1908
吸收剂量	戈[瑞]	Gy	J/kg	英国,1905—1965
剂量当量	希[沃特]	Sv	J/kg	瑞典,1896—1966

二、国际单位制的优点

国际单位制之所以能在短短的 50 多年中被世界各国所采用,是由于它有比其他单位制优越之处,主要体现在以下 6 个方面。

1. 统一性

国际单位制中七个基本单位都有严格的定义。其导出单位则通过选定的方程式用基本单位来定义。从而使量的单位之间有直接内在的科学联系,使力学、热学、电磁学、光学、声学、化学、原子物理学等各种理论科学与技术科学领域中的计量单位统一在一个科学的单位制中,而且各计量单位的名称、符号和使用规则都有统一的规定,实行了标准化,做到每个计量单位只有一个名称,只有一个国际上通用的符号。

2. 简明性

国际单位制取消了相当数量的计量单位,大大简化了物理定律的表示形式和计算手续,省略了由于各种计量单位制并用而带来的不同单位制之间或不同单位之间的换算系数。例如,很多力学和热学公式采用国际单位制后就可省去热功当量、功热当量、千克和牛顿的转换系数等常数。而且也不必编制很多换算表,避免了繁杂的计算手续,节省不少人力、物力和时间,还能避免或大大减少计算和设计上可能引起的错误。

3. 实用性

国际单位制的全部基本单位和大多数导出单位的大小都很实用,绝大部分已在广泛的应用,例如安[培](A)、伏[特](V)、欧[姆](Ω)、焦[耳](J)等,常用量中并没有增添不习惯的新单位、词头和基本单位,导出单位搭配使用后,适应各方面的实际需要。如压力单位"帕[斯卡]"(Pa),虽然在一些工程压力范围内嫌小些,但如以"兆帕斯卡"($1MPa=1\times10^6$Pa)为计算单位就可满足工程实用。又如过去常用力的单位是千克力,它近似等于 10 牛顿($1kgf=9.80665N$),在许多实用场合下,使用牛顿则能满足使用要求,而且是很方便的。

4. 合理性

国际单位制坚持"一量一单位"的原则,这样就避免了多种单位制和单位并用而带来的"用同一单位表示不同物理量""用不同单位表示相同的物理量"等种种不合理现象,也可以避免"同类量却有不同量纲",以及"不同类的量却具有相同量纲"的矛盾现象。

例如,过去,千克是质量单位,千克力是力的单位,这两种根本不同的物理量,并且还属于两种不同的单位制的量,却用同一质量计量基准。又如采用 SI 制以前,一个功率单位却可用瓦特、千克力·米/秒、马力、英尺、磅力/秒、卡/秒、千克/小时等很多不同的单位表示。现在大家认识到力学、热学、电学中的功、能和热量,虽然测量形式不同,但本质上是相同的量。因此 SI 制中只有一个能量单位焦[耳]就表达了,功率也只用一个单位瓦[特]就行了,既简单又合理。

5. 科学性

国际单位制一律根据科学实验和社会实践所证实的规律来严格定义每个计量单位,明确和澄清了很多量与单位的概念,废弃了一些旧的不科学的习惯、名称和用法。例如摩尔(mol)的定义,明确了物质的量与质量与重力在概念上的区别。

其次,国际单位制所选定的 7 个基本单位,目前都能以当代科学技术所能达到的最高准确度来复现和保存。如目前复现"米"的最高准确度已达 1×10^{-10};时间"秒"的最高准确度为 5.3×10^{-14}(即 150 万年差 1 秒);质量"千克"的最高复现准确度为 4×10^{-9}。显然,建立在这些基本单位基础上的 SI 制是很科学的。

6. 继承性

国际单位制选用的七个基本单位中,除了物质的量摩[尔](mol)外,其余 6 个计量单位都是米制中所采用的。因此,国际单位制又被称为现代米制,它继承了米制中合理部分,如采用十进制和换算系数为一的"一贯性原则"。许多单位名称也都保持了米制的习惯。由于 SI 制的继承性优点,这就使许多原来采用米制的国家在贯彻实施国际单位制的过程中较为顺利。

第三节　法定计量单位及其应用

1984年2月27日,中华人民共和国国务院发布了《关于在我国统一实行法定计量单位的命令》(以下简称《命令》),此《命令》明确规定:"我国计量单位一律采用《中华人民共和国法定计量单位》"。即"国家法律、法规规定使用的测量单位。"(JJF 1001)

一、我国法定计量单位的构成

我国的法定计量单位是以国际单位制为基础,同时选用一些符合我国国情的非国际单位制单位所构成的。其构成如下:

$$中华人民共和国法定计量单位\begin{cases}国际单位制单位(SI)\\选定的非国际单位制单位\\组合形式单位\end{cases}$$

我国选定作为法定计量单位的非国际单位制单位共16个。详见表2-4。

表2-4　我国选定为法定计量单位的非SI单位

量的名称	单位名称	单位符号	换算关系和说明
时间	分 [小]时 日(天)	min h d	1min＝60s 1h＝60min＝3600s 1d＝24h＝86400s
平面角	[角]秒 [角]分 度	(″) (′) (°)	$1''＝(\pi/648000)$rad (π为圆周率) $1'＝60''＝(\pi/10800)$rad $1°＝(\pi/180)$rad
旋转速度	转每分	r/min	1r/min$＝(1/60)$s^{-1}
长度	海里	n mile	1n mile＝1852m （只用于航程）
速度	节	kn	1kn＝1n mile/h＝(1852/3600)m/s （只用于航行）
质量	吨 原子质量单位	t u	$1t＝10^3$kg $1u≈1.6605402×10^{-27}$kg
体积	升	L,(1)	$1L＝1dm^3＝10^{-3}$m^3
能	电子伏	eV	$1eV≈1.60217733×10^{-19}$J
级差	分贝	dB	
线密度	特[克斯]	tex	$1tex＝10^{-6}$kg/m （适用于纺织行业）
土地面积	公顷	hm²,ha	$1ha＝1hm^2＝10^4$m^2

表 2-4 所列的 16 个单位中,既有国际计量委员会允许在国际上保留的单位,如时间、平面角单位,质量单位"吨",体积单位"升"等,也有根据我国具体情况自行选定的单位,如旋转速度单位 r/min、线密度单位 tex 等。

组合形式单位则是由 SI 单位与上述选定的非 SI 单位按需要依据《中华人民共和国法定计量单位使用方法》(1984 年 6 月 9 日发布)构成。

二、我国法定单位的优越性

我国法定计量单位完全以国际单位制为基础,因此也就具有国际单位制的所有优点,此外还具有下列 3 个优越性。

1. 国际性

我国法定单位以国际单位制(SI)为主要组成部分和基础,这就有利于我国与世界各国的科技、文化交流和经济贸易往来。

2. 法规性

我国法定单位以国家法令形式发布,于 1985 年又写入《中华人民共和国计量法》。其中,明确规定:"国家采用国际单位制[①]。国际单位制计量单位和国家选定的其他计量单位,为国家法定计量单位"。这就使其具有法规性,并有利于全国迅速采用。

3. 具有中国特色

在 70 个词头中有 8 个中文名称,即兆(10^6)、千(10^3)、百(10^2)、十(10)、分(10^{-1})、厘(10^{-2})、毫(10^{-3})、微(10^{-6})与国际上定名不同,这是因继承我国几千年来科技文化传统,考虑我国人民群众使用习惯而定名的,既通俗易懂,又方便使用。

三、法定单位的使用方法

1984 年 6 月 9 日,国家计量行政部门颁布了《中华人民共和国法定计量单位使用方法》,1993 年,国家标准化行政部门又发布了 GB 3100《国际单位制及其应用》。现做以下简介。

1. 法定计量单位名称

(1) 组合单位的中文名称与其符号表示的顺序一致。符号中的乘号没有对应的名称,除号的对应名称为"每"字。但无论分母中有几个单位,"每"字只出现一次。

(2) 乘方形式的单位名称,其顺序应是指数名称在前,单位名称在后,相应的指数名称由数字加"次方"而成,但长度的 2 次和 3 次幂是表示面积和体积时,可称为"平方"和"立方"。

(3) 书写组合单位名称,不加任何表示乘或除的符号或其他符号。如电阻率 Ωm,名称为"欧姆米"而不是"欧姆·米""欧姆-米"及"[欧姆][米]";又如密度单位 kg/m^3 的名称应写为"千克每立方米",而不是"千克/立方米"。

---

① 现已修改为"国家实行法定计量单位制度"。

2. 法定单位和词头的符号

（1）无论是拉丁字母还是希腊字母作法定单位和词头的符号，一律用正体，不附省略点，且无复数形式。

（2）单位符号的字母一般用小写体，只在其单位名称来源于人名时其第一个字母用大写体，如"帕斯卡"的符号为 Pa，"P"为大写字母。

（3）词头符号的字母以 10^6 为界，大于或等于 10^6 时用大写体，小于 10^6 则用小写体。

（4）由两个以上单位相乘而构成的组合单位，其符号可有两种写法，如"牛顿米"写成 N·m，也可以写成 Nm，但不能写成 mN，以免误解为"毫牛顿"。而中文符号用一种形式，即用居中圆点代表乘号，如动力黏度单位"帕斯卡秒"的中文符号为"帕·秒"。

（5）由两个以上单位相除所构成的组合单位，其符号可有 3 种形式（除了可能发生误解外），如 kg/m^3，$kg·m^{-3}$，kgm^{-3}，而中文符号可采用千克/米^{3}或千克·米$^{-3}$两种形式，但速度"米每秒"只用 $m·s^{-1}$，m/s，不宜用 ms^{-1}（可能误解为每毫米秒）。

（6）词头符号和单位符号之间不能有间隙，也不加表示相乘的任何符号。

（7）摄氏度的符号"℃"可作为中文符号使用，可与其他中文符号构成组合形式的单位。

（8）非物理量的单位（如人、件、盒、元等）可用汉字与符号构成组合形式的单位。

3. 法定单位和词头使用的规则

（1）单位与词头的名称只宜在叙述性文字中使用。单位和词头的符号除了在公式、数据表、曲线图、刻度盘和产品铭牌等处使用外，也可用于叙述性文字，并应优先采用符号。

（2）单位的名称或符号应作为一个整体使用，不能拆开，如"20 摄氏度"，不能写成或读成"摄氏 20 度"。

（3）选用 SI 单位的倍数单位或分数单位时，一般应使量的数值处于 $0.1\sim1000$ 范围内，如 1.2×10^4 N 可写成 12kN。特殊情况不受限制，如机械制图中长度单位用"mm"，导线截面积用"mm^2"。

（4）不准使用重叠词头。如微克不能写成"mmg"，要写成"μg"。

（5）摄氏度、角度单位（度、分、秒）、时间单位（日、时、分）不能用 SI 词头构成倍数单位或分数单位。市制单位也不能与 SI 词头构成倍数单位或分数单位。

（6）亿（10^8）、万（10^4）等我国惯用的数词，仍可使用，但不是词头。惯用的统计单位，如万公里可记为"万 km"或"10^4km"，万吨公里可记成"万 t·km"或"10^4t·km"。

（7）词头通常加在组合单位中的第一个单位之前。如力矩的单位"kN·m"不宜写成"N·km"，摩尔内能单位"kJ/mol"，不宜写成"J/mmol"。

（8）倍数单位和分数单位的指数，指包括词头在内的单位的幂。如 $1cm^2 = (10^{-2}m)^2 \neq 10^{-2}m^2$

（9）SI 词头的部分中文名称置于单位名称的简称之前构成中文符号时，应注意避免与中文数词混淆，必要时应使用圆括号。如"三每千秒"应写成"$3(千秒)^{-1}$"，而"三千每秒"写成"$3千(秒)^{-1}$"；"二千立方米"则应写成"$2千(米)^3$"，不得写成"$2千米^3$"。

总之，在我国法定单位中，除了 43 个有确定名称的外，其他的单位均按上述原则组合、命名和使用。

四、法定计量单位的实施

1984 年后,我国认真实施国务院发布的《全面推行我国法定计量单位的意见》和《关于我国统一实行法定计量单位的命令》,于 1990 年基本完成向法定计量单位的过渡。1990 年,国务院第 65 次常务会议批准了国家技术监督局、国家土地管理局和农业部共同提出的《关于改革我国土地面积计量单位的方案》。1991 年 10 月 5 日,国务院办公厅又转发了国家技术监督局关于进一步实施法定计量单位请示的通知。从而使法定单位进一步得到全面、认真的实施。

目前,我国全面认真实施法定计量单位的具体要求是:

(1) 政府机关、人民团体、军队以及各企业、事业单位的公文、统计报表等,应全面正确使用法定计量单位。各级党、政领导的报告、文章中必须采用法定单位。

(2) 教育部门在所有新编教材中应使用法定计量单位,必要时可对非法定计量单位予以说明。

原教材在修改再版时,应改用法定单位。

(3) 报纸、刊物、图书、广播、电视等部门均要按规定使用法定计量单位;国际新闻中使用我国非法定计量单位者,应以法定单位注明发表。

所有再版物重新排版时,都要按法定计量单位进行统一修订。但古籍、文学书籍不在此列。翻译书刊中的计量单位,可按原著译,但要采取注释形式注明其与法定单位的换算关系。

(4) 科学研究与工程技术部门,应率先正确使用法定计量单位,凡新制定、修订的各级技术标准(包括国家标准、行业标准、地方标准及企业标准)、计量检定规程、新撰写的研究报告、学术论文以及技术情报资料等均应使用法定计量单位。必要时可允许在法定计量单位之后,将旧单位写在括弧内。凡申请各级科技奖励的项目,必须使用法定单位。个别科学技术领域中,如有特殊需要,可使用某些非法定计量单位,但必须与有关国际组织规定的名称、符号相一致。

(5) 市场贸易必须使用法定计量单位。不准使用废除的市制单位。

出口商品所用的计量单位,可根据合同使用,不受限制。合同中无计量单位规定者,则按法定计量单位使用。

(6) 农田土地面积单位,在统计工作和对外签约中一律使用规定的土地面积计量单位,即:

平方公里(100 万平方米,km^2);

公顷(1 万平方米,hm^2);

平方米(1 平方米,m^2)。

法定单位的实施涉及各行各业,千家万户,深入到我国城乡每一角落,只有坚持不懈地抓紧法定单位的实施,方能改变传统习惯,形成采用法定单位的习惯。

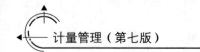
思 考 题

1. 什么是计量单位？它可以分成哪几类单位？

2. 什么是国际单位制？它有哪些优点？

3. 我国法定单位的构成是什么？它有哪些优点？

4. 使用我国法定单位和词头应遵循哪些规则？

5. 你所在地区（单位）法定单位实施状况如何？还应采取哪些措施？

第三章

计量发展简史

早在 100 多万年以前,人类的祖先——猿人,为了加工木棒、打制石器和分吃食物,就萌生出长短、轻重、多少的概念。起初,他们只是靠眼、手等感觉器官进行分辨估量,尔后,随着人类改造自然能力的提高,有了剩余食物,就开始了物的交换,"日中为市"。而且也不再满足于像鸟兽那样"构木为巢""野居穴处"的居住环境,开始在地面上建造窝棚或圆棚或圆形、方形的半地穴式房屋。显然,原先那种用眼估量、用手比较的方法由于太粗糙和太落后而逐步被淘汰了。

由于人类社会生产第一次大分工——畜牧业与农业的分工和人类改善生活条件的客观需要,人类社会最早的计量器具——度、量、衡脱颖而出。开始,人们自然而然地想到用人体的某一部分作为计量标准。从"布手知尺""掬手为升"等粗糙的比对测量方法过渡到"一根杆子上刻几道或一根绳子上打几道结"等自然计量标准物。

随着社会生产力的发展,计量随着社会分工和商品交换的产生应运而生,并随着科学技术和社会生产力的发展而发展。计量及其管理也逐步发展成为各国经济和科技史中的一个不可缺少的组成部分。本章以中国度量衡/计量为主线,扼要地介绍计量发展史。

第一节　中国古代计量——度量衡

为了在货物交易中努力遵循"等价交换"的原则,古代人从"布指知寸,布手知尺,舒肘为寻""迈步定亩",自然地过渡到以人体的某一部分为标准的客观实物长度标准,然后再发展到以某一物体为基准的计量体系。由于社会科学技术水平的限制,古代计量管理基本上是度量衡管理,但我国的古代计量管理是走在世界各国的前列,处于当时国际领先水平的。

一、度量衡及其体系的逐步形成

数千年前出于生产、贸易和征收赋税等方面的需要,古代四大文明发祥地,即古埃及、巴比伦(今伊拉克)、印度和中国等地均已开始进行长度、面积(尤其是土地面积)、容积(主要是为确定粮食的数量)和质量(重量)的计量。古代计量因计数、种植、建房、分配等社会活动的客观需要而产生。

《衡论·用法》中有"先王欲杜天下之欺也,为之度,以一天下之长短;为之量,以齐天下之多寡;为之权衡,以信天下之轻重。"据《论语·尧曰》记载:"谨权量,审法度,修废官,四方

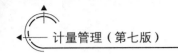

之政行焉"，《管子·七法》云"尺寸也，绳墨也，规矩也，衡石也，斗斛也，角量也，谓之法"

中外历朝历代都把建立统一度量衡制作为重要的治国方略私法权。一千多年之后，英国才以英王查理曼大帝的足长为"一英尺"（foot），以英王埃德加姆的拇指关节之间长度为"一英寸"，以英王亨利一世的手臂向前平伸时，从他的鼻尖到其指尖的距离为"一码"。法国则是以国王脚长的六倍定义为"脱瓦斯尺"。德国在 16 世纪将英尺定义为"星期日立于教堂门首，礼拜完毕后，令走出教堂之男子 16 名，高矮不拘，随遇而定，各出左足前后相接，取其长度的 1/16。"当然，这些是长度"标准器"。在市场使用时，一般还是以相应的"杠""棒""绳"为主。

此外，据查证：古埃及最早的尺——肘尺，也是用人的臂膊肘到指尖的距离来确定，长约 46.4cm。

古代巴勒斯坦的犹太人对世界影响最大的是编撰了《圣经》。其中多处以"肘"为长度单位，一肘尺长约 50cm。而黄帝设"衡、量、度、亩、数五量；夏以十寸为尺，殷以九寸为尺，周以八寸为尺。"

这些事实充分证明：人类最先是以自己的身体器官尺寸来建立度量衡标准的。

商代以后，农业工具的改进提高了生产率，开始在都城有了专门交换货物的场所——"市"。市场交换又促进了度量衡器的产生和发展。度量衡的基准从人体器官逐步过渡到实物。如：人们根据"布物知尺"的原则，即以人手的大拇指和食指分开的距离作为一尺的长度（大约 16cm 左右），精心制作了最早的"尺"。现在已发现并传世的我国最早的两支商代象牙尺，一支长 15.78cm（藏于中国国家博物馆），另一支长 15.80cm（藏于上海博物馆），均刻有十寸，每寸刻十分，是"布物知尺"和我国长度单位上应用十进制的有力证据。而后，以一黍为一分、十分为一寸等来定长度，将 1200 颗黍子所占的体积为容量单位，100 颗黍子的质量定为质量单位"铢"，等等。又发明了豆、升等量器，铢、钧、铢等衡器。在英国，曾以"自穗之中间部分取大麦 36 粒，头尾相接排列之长度"为英尺的定义。

但是，值得中国人骄傲的是在春秋战国时期，发明了用黄钟律管作为度量衡的单位量值标准，使度量衡 3 个量值单位都有比较准确的依据。黄钟律管的管长是 90 颗黍子排列的长度，容积必须正好放得下 1200 颗黍子。众所周知，乐管能发出声音是由于管内空气的振动，闭口管空气柱基波的波长等于管长的 4 倍，因此，在管径不变时，频率就与管长的 4 倍成反比。显然，这样就可以做到"以律定尺，以尺校律"。而黄钟律管的长度为 90 分（一黍之长度为一分），容量为一龠（即能容纳 1200 颗黍子的容量），而这一龠黍子的重量则为 12 铢（100 颗黍子重量为一铢）。所以古书上说："黄钟者信，则度量权衡者得矣"。这就是说，只要有一支黄钟律管，就可同时得到长度、容量和质量 3 个量的单位量值。《汉书·律历志》中记载了上述史实，国外计量专家、学者对此做过很高的评价："中国古代早已采用律管作为定长度的标准器，而过了几千年，世界上才提出采用光的波长作为长度基准的方案"，我国光辉灿烂的古代计量成就是值得中国人引以为骄傲的。

二、秦始皇统一全国度量衡

公元前 359 年，商鞅辅佐秦孝公变法，颁布了统一秦国度量衡的命令，并监制标准量器发到每个县，用以保证国家赋税收入。为此，《战国策·秦策三》记载："夫商君为孝公平权衡,正度量,调轻重……故秦无敌于天下。"

公元前 221 年,秦始皇统一中国后,又在李斯的协助下,以秦国度量衡标准为依据,颁发了统一度量衡的诏书:"廿六年,皇帝尽并兼天下诸侯,黔首大安,立号为皇帝,乃诏丞相状、绾,法定量则不壹嫌疑者,皆明壹之。"就是说,"秦始皇 26 年时,统一了全国,百姓得到安宁,立皇帝称号,于是命令丞相隗状和王绾,制定度量衡的法令,把不一致的度量衡统一起来"。当时的长度 1 尺≈23.2cm,1 升≈202mL,1 斤≈250g,这种以国家最高法令形式,在全国推行统一的度量衡制度,是我国计量管理史上一件大事。它标志了我国计量管理开始了统一的法制管理。

秦朝统一全国度量衡后,制作大量刻有上述 40 字诏书的度量衡标准器,颁发各地后,规定了周期为一年的检定制度。如秦简《工律》中规定,各地使用的度量衡器每年要校正一次,校正时间确定在每年春分、秋分时节,因为这两个时节"昼夜均而寒暑平",气温对器物的影响较小。秦简《效律》中还详细规定了量器和衡器的允许误差,如斛的允差在 2%以内,斗和升在 5%～6%,衡器允差在 0.8%以内,而称黄金的衡器允差要小于 0.13%,如超差则要根据情节轻重给予各种惩罚。允许误差范围见表 3-1。

表 3-1　秦朝度量衡量制及其允许误差范围

类别	量制	允许误差范围	类别	量制	允许误差范围
衡制	石(120 斤,1920 两)	16 两以上 8 两以上	量制	桶(10 斗,100 升)	2 升以上 1 升以上
	半石(60 斤,960 两)	8 两以上		斗(10 升)	1/2 升以上 1/3 升以上
	钧(30 斤,480 两)	4 两以上		半斗(5 升)	1/3 升以上
	斤(16 两)	3 铢(1/8)以上		参(3.1/3 升)	1/6 升以上
	黄金衡累	1/2 铢(1/48)以上		升	1/20 升以上

注:引自"睡虎地秦墓竹简"整理小组.《睡虎地秦墓竹简》,文物出版社 1978 年版,第 113～115 页。

秦代《吕览》中也记载"仲秋之月,一度量,平权衡,正钧石,齐斗桶",秦代度量衡管理制度为我国古代计量管理奠定了一个牢固的基础。

三、汉、唐、宋、明、清的度量衡

汉承秦制,虽然秦朝只有短短的 16 年,但是秦朝创建的度量衡制度一直被汉、唐、宋、明等封建王朝所继承沿用。

汉末王莽时期,制作的新莽铜嘉量被誉为"旷世瑰宝"。它采用"以度审容"的办法,一器包括斛、斗、升、合、龠五量(1 升为 201mL),根据铜嘉量上刻有 5 个量器的容积铭文,可反推算出新莽时 1 尺的长度(23.1cm),铜嘉量本身"其重二钧"(60 斤),由此又可得到当时 1 斤量值为 226.67g。另一项成就就是发明了活动卡尺,既能测量物件的外径又能测量凹孔深度,是世界上最早的卡尺。

三国时期,开始出现了用杠杆原理做成的提系杆秤,而且一直使用至今。

隋唐时,出现大小二制,"大制"为常用度量衡;"小制"则用来"调钟律,测晷景,合汤药,及冠冕之制"（《唐六典》）。大尺一尺为小尺一尺二寸，大升一升等于小升三升，大斤一斤为小斤三斤。公元 653 年颁行的《唐律疏仪》是我国迄今保存下来最古老、最完整的封建刑事法典且为"引礼入法"的典范。国家度量衡事务由大府寺管理，每年八月检定度量衡器，凡执行检定人员不按规定检定者，私自制作不合规定的度量衡器在市场使用者，使用度量衡器称量出入官府的财物不平者，或使用量值准确的度量衡器但未加盖官印者都要处以杖刑，分别打 40～70 杖，监校者没有发觉或知情不报也要治罪。

宋代出现了秤量小、分度精、称量准确的戥秤。大府寺建造度量衡器，供官府和民间使用，每次改变年号都要盖一次印章，并一再申令禁止民间私造度量衡量器，但有些地方官吏如南京、宁国府却自制地方官量器有 4 种，均比国家规定的标准量器加大 30%～80%，通过使用这些大斛大斗，一年就多征取农民地租粮食 29.9 万石之多。

明朝洪武元年（公元 1369 年），明太祖朱元璋下令铸造铁斛、斗、升，"降其式于天下"。第二年，司农司根据中央颁布的标准样式制造铁斗、铁升转发各省，再由各省、府、州逐级依样式制造，校正合格，印烙后颁发使用。民间和商行所用度量衡器，需经官府校验合格印烙后才准使用。禁止私人制造度量衡器，私造者"依律问罪"，知而不揭发者，"事发一体究问"，以保证度量衡量值的一致。管理上也更加严格，京城兵马司和管市司，每 3 日检查校正一次街市上的度量衡器具，其他地方，则由工部发给标准尺、斗、秤挂于街市上供官民校量使用。据统计，明朝从洪武元年到嘉靖十五年近 200 年中，共颁布有关度量衡法令 17 次。

清朝前期，康熙亲自"累黍定尺"制作了营造尺（32cm），又以营造尺尺度导出容量标准"灌斛"，营造尺的立方寸金属重量为衡重基准"库平"，"赤金每立方寸重十六两八钱"（37g），确定了一套完备的度量衡制度，主要用于营造和国库收支，故又称为"营造尺库平两制"。清朝的度量衡管理也是相当严格的，它规定：官吏将自己保管的度量衡器私自改铸，受笞刑一百，代铸之工匠亦受笞刑八十，监督官吏知情不举，与犯者同罪，但死罪减一等；民间私造、私用不合格的度量衡器受笞刑六十；私用未经官府校正烙印的度量衡器，虽大小轻重与规定相等，亦受笞刑四十；各衙门制造度量衡器，若不按法定形式，主管官吏与工匠受笞刑七十，监督官吏知情同罪，不知罪减一等。

纵观我国古代计量管理史，我们可以看到：

（1）我国古代计量管理史基本上是度量衡管理史，这与古代我国经济发展缓慢、社会生产力水平较低是一致的。但是，计量管理上我国也曾一度走在世界各国的前面，在世界计量史上留下光辉的篇章。

（2）古代度量衡量值的不断增加（见表 3-2）是与历代地主阶级的统治和剥削分不开的。

表 3-2　中国历代度量衡单位量值一览表

年代（公元）	单位量值				
	时代	一尺合厘米数	一升合毫升数	一两合克数	一斤合克数
前 350—前 207 年	秦	23.1	200	15.6	25.0
25—220 年	东汉	23.1	200	15.4	24.6
618—907 年	唐	30.6	600	41.4～42	662～672

表 3-2（续）

年代（公元）	单位量值				
	时代	一尺合厘米数	一升合毫升数	一两合克数	一斤合克数
1206—1368 年	元	35	1003	40	640
1616—1911 年	清	32	1035	37.3	596.8
1912—1949 年	民国	33.3	1000	50	500

这也说明计量管理处在政治和经济体制的严格制约之下，它不可能独自向前发展。

（3）我国计量管理历来是强调全国统一管理的，尽管统治阶级言行不一，但总体上还是以严格的法制管理和行政管理为主，保证全国度量衡制度的基本统一。

第二节　世界近代计量——工业计量

1790 年，法国资产阶级的社会革命和工业革命，推动了社会生产力和自然科学的发展。其中，牛顿力学和热力学理论的建立，使力学计量和温度计量获得很快的发展。机械工业的兴起和发展，促使长度（几何量）计量技术迅速发展。欧姆定律、法拉第电磁感应定律和麦克斯韦电磁波理论的创立，开始了电磁计量。从而使西欧各国的计量管理很快走到世界各国的前列，成为近代计量管理即工业计量管理的主流。

一、米制的创立

18 世纪末，法国正处于资产阶级革命时期。"法国计量单位的混乱简直令人难以想象，不仅各个省不同，而且连各个地区、各个镇都不同……当时有人士统计，法国旧政府采用的重量计量单位多达 25 万个，名称大约有 800 多种"。

首先，由法国天文学家穆顿和威日根提出新的十进计量制度和建立以自然物为计量单位的设想，1775 年，法国国民议会确认"米"的定义为"米为地球子午线长度的四千万分之一"。

1792 年，法国天文学家德拉布里和麦卡恩领导一支测量队，用整整 7 年时间，对法国敦刻尔克至西班牙的巴塞罗那之间的地球子午线长度（后又延至地中海的福尔门特拉岛）进行了精确测量，以此确定北极至赤道的子午线长度，再取其一千万分之一作为 1m。与此同时，拉瓦锡等人也仔细地测量了在温度 4℃时 1dm³ 的纯水质量，并定义为 1 千克。[1]

根据上述定义，用铂铱合金制作了米原器和千克原器，于 1799 年 6 月 22 日保存于法国巴黎的共和国档案局里。因此，又叫做"档案局米"和"档案局千克"。尔后，逐步形成了一个以长度单位"米"为基础的计量单位制，这就是"米制"。

1871 年 3 月 18 日，法国革命后成立巴黎公社。4 月 28 日，巴黎公社就发布第 197 号关于改组度量衡局的公告，确定度量衡局的编制职位及其薪金。并要求享有选举权的公民都

---

[1]　[美]肯·奥尔德：《万物之尺》，张庆译，当代中国出版社 2004 年版，序言第 3 页。

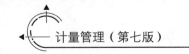

可投考。说明法国对计量管理的高度重视。

1872 年 8 月，法国召集"国际米制委员会"，决定参照"档案局米"和"档案局千克"，制作一批新原器，分发给参加会议的国家，作为各国的计量基准，但因法俄战争而中断。1875 年 3 月，法国又召集"米制外交会议"，于 5 月 20 日正式签署了《米制公约》，设立了国际计量局 (BIPM)，用含 10% 铱的铂铱合金制作了 30 支米原器，选用一根最接近于"档案局米"尺寸的作为国际米原器，其余则分配给签字国作为这些国家的国家原器，并定期与国际米原器进行比对。1889 年召开的第一届国际计量大会 (CGPM) 批准了国际米制原器，宣布这个米原器以在水冰点温度时的长度代表长度单位——米，从而在世界上确立了米制的领导地位。

二、米制的推行

由于米制的构成比较科学，很快就为大部分国家所接受，美国于 1893 年，英国于 1897 年，俄国于 1899 年，日本于 1909 年相继宣布采用米制，很快就使米制在世界上流行起来，成为优于英制等旧单位制的通用计量单位制。

但是，米制在中国的推行却经历了一个长期曲折的过程。米制传入中国是清朝咸丰八年（1858 年）。由于当时我国已被英、美、法、俄等帝国主义国家相继入侵，逐步沦为半殖民地半封建的社会，使我国计量事业的发展受到极大阻碍。光绪三十四年（1908 年）因祖器丢失，复制营造尺很困难，清政府令农工商部到法国，请国际计量局制造营造尺的原器和副原器，作为国内营造尺的最高基准。宣统元年（1909 年），营造尺的铂铱合金原器和镍铜合金副原器由国际计量局制成，校准并发给证书，送到我国，这才使我国长度标准器有了科学的基准（1 营造尺＝32cm）。与此同时，又把库平两的基准也改为"水温（摄氏度）4℃时之纯水一立方寸之重"，也请巴黎国际计量局制作了库平两（1 两重 37.30lg）铂钛合金原器和镍钢合金副原器，使库平两也有了科学依据，并与国际计量单位制联系起来。清朝还在农工商部设度量衡局，专门负责新营造尺、库平两制的推行事务，规定官用的从领到新器以后 3 个月内一律采用；商民使用的先从京师、各省会和通商口岸办起，再推行到内地，各府、州、县，限期在 10 年内全部废除旧器改用新器，还规定各省应设度量权衡局，一律停止造卖旧器，以贩卖或修理新器为业者应由地方官呈请农工商部注册给照。同时还对计量器具的种类也作了规定：如长度计量器具规定有木直尺、矩尺、折尺、链尺、卷尺 5 种，砝码每一量值单位 4 个，按一、二、三、五组成等，根据实用需要增加了台秤。

1915 年 1 月，中华民国北洋政府大总统公布《权度法》，同时决定推行"米制"和"营造尺库平两制"两制，把米制叫做乙制，中文名称用"公"冠在旧名上，即公尺、公斤等，作为标准制。而把"营造尺库平两制"称为甲制，作为过渡时期的辅制。把农工商部的度量衡制造所改名为"权度制造所"，负责制造全国所需的标准器，并选定北京市为试点，规定从 1917 年 1 月 1 日起北京开始实行米制，以后依次推行到各商埠和省会，但除了云南省、山西省推行得很好外，其他各省只有开端，没有继续下去，计量制度仍十分混乱。

1927 年，南京国民政府成立后，组织度量衡标准委员会，又召开度量衡会议，研究继续进行米制的推行工作，经多次讨论、研究，决定采用徐善骅、吴承洛两人提出的"采用米制，但在过渡时间采用一、二、三制（即市制）"的方案，所谓"一二三制"是"一升等于一市斤，一公斤等于二斤，一米等于三尺"，这种市制，既概略地沿用了营造尺库平两制量值；又与米制的量值有简单准确的比例,这样便于当时大多数人接受并直接转换成米制。1928年7月18日,国民政府按此方案公布了《中华民国权度标准方案》,尔后召集度量衡推行委员会,决定分期、分省、分器逐步推行市制和米制。

1930年10月成立的全国度量衡局(1947年改为中央标准局),统一管理全国的度量衡工作。局内设立度量衡检定人员培训所,培养训练检定人员,到各省市开展检定所工作。局内还管辖一个度量衡制造所,先后制造各种度量衡标准器2000多套,颁发到全国各省、市、县使用。

国民政府还抓了计量立法工作,先后发布了度量衡法、度量衡法施行细则、全国度量衡局组织条例、度量衡制造所规程、全国度量衡划一程序;废除度量衡旧制器具办法;度量衡器具营业条例及施行细则;度量衡器具检定费征收规程等30多种计量法规。其中具有法律效力的是1929年2月16日用命令形式公布的《度量衡法》,共有21条,规定从1930年1月1日起施行。其他计量法规都是《度量衡法》的子法。

值得提出的是,在国民政府1935年1月发布的《刑法》中,还专门列有《伪造度量衡罪》一章,共4条(第206条到第209条)。主要内容是"凡制造违反规定的度量衡器,处一年以下有期徒刑,拘役或300元以下罚金;贩卖违反规定的度量衡器,处六个月以下有期徒刑,拘役或300元以下罚金;使用违反规定的度量衡器,处300元以下罚金;凡不合规定的度量衡器一律予以没收"等。

但是,由于旧中国一直处于各帝国主义的控制之下,使各种计量制度混用,如中国铁路、航运权属英美的,就用英制,属日本的用日制,属俄国的则用俄制,无法统一起来,严重阻碍了米制的推广工作。虽然国民政府在1928年就决定采用米制,以市制为其过渡时期的辅制,但到1949年全国解放时,米制仍未能推行全国,倒是市制在大部分省市和商业中执行起来了,但也不一致,如关内1斤为16两,东北则为10两。我国近代的计量管理仅局限于度量衡范围,一直落后于世界工业先进国家。

直到1949年中华人民共和国成立后,在当时的中央财经委员会技术管理局设立度量衡处,负责全国度量衡的统一管理工作。1954年,全国人大常委会又批准设立国家计量局,作为国务院直属机构。其主要任务是:"负责米制的推行;计量器具国家检定;建立国家基准器;监督指导计量器具的制造修理、销售和进出口;审定工业计量标准器的设置;起草制定国家有关计量方面的法规、文件等"。从而才使米制在中国开始真正得到推广应用。

尔后,我国计量行政部门的名称几次改动,但一直隶属为政府职能部门。

三、国际单位制的产生和推行

米制创立时,只制定了长度、容积、质量和时间单位,随着近代科学技术和工业的发展,人们在各个领域先后又制定了一些以米制为基础的单位制。例如:物理学中的厘米·克·秒制;工程技术界的米·千克·秒制和米·千克(力)·秒制;电磁学中的静电制、高斯制等。但是它们之间缺乏内在联系,甚至互相矛盾,如千克在米·千克·秒制中是质量单位,但在工程技术界的米·千克(力)·秒制中都是力的单位。因此,人们又寻求一个统一合理的单位制。

1948年,第九届国际计量大会(CGPM)要求国际计量委员会(CIPM)研究创立一种以意大利科学家乔吉提出的米、千克、秒、安培为基本单位,既科学实用又能为所有米制签字国所

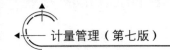

采用的单位制。

1954 年第十届 CGPM 确定米、千克、秒、安培、热力学温度开尔文和发光强度坎德拉 6 个单位为基本单位，并在 1956 年取名为"国际单位制"。

1960 年，第十一届国际计量大会决定采用米的新定义："米等于氪 86 原子的 $2p_{10}$ 和 $5d_5$ 能级之间的跃迁所对应的辐射在真空中的 1650763.73 个波长的长度"。正式命名由 m，kg，s，A，K，cd 等 6 个单位组成的国际单位制，还规定了辅助单位、导出单位、词头和它们的使用方法等，以满足现代计量学所需精度和建立不毁灭的自然基准的要求。

1971 年，第十四届 CGPM 增补物质的量的单位摩尔为基本单位；1975 年第十五届 CG-PM 增补两个专门名称的导出单位即活度单位"贝可勒尔"、吸收剂量单位"戈瑞"和两个词头（10^{15} 与 10^{18}）；1979 年第 16 届 CGPM 又增加了两个具有专门名称的导出单位即摄氏度和剂量当量单位希沃特，还修改了发光强度单位坎德拉的定义，从而完善了国际单位制（简称 SI）成为国际通行的计量单位语言。同时，国际标准化组织（ISO）于 1978 年后先后制定 ISO 31/0～31/13《关于量、单位和符号的一般原则》《空间和时间的量和单位》及 ISO 1000《SI 单位及其倍数单位和某些其他单位的应用建议》等国际标准，使 SI 在全世界得到普遍推广应用。据统计到 20 世纪 80 年代初，已宣布采用 SI 的国家已有 70 多个。

1959 年 6 月 25 日，我国国务院发布了《关于统一我国计量制度的命令》，确定米制为我国基本计量制度，同时正式采用十两为一斤的市制（中医用药计量单位仍用十六两制），废除其他旧杂制。1977 年，我国正式参加国际米制公约组织，颁发《中华人民共和国计量管理条例（试行）》，又规定我国逐步采用国际单位制；同年，把中医处方用药计量单位"两、钱"改革为 SI 制的克。1984 年国务院发布《关于在我国统一实行法定计量单位的命令》。1985 年全国人大通过《中华人民共和国计量法》。1987 年 1 月 19 日国务院又批准发布《中华人民共和国计量法实施细则》。明确规定："国家采用国际单位制""国际单位制计量单位和国家选定的其他计量单位，为国家法定计量单位"。

从米制创立到 SI 的产生、发展和广泛采用，成为近代计量管理的主线，而计量单位制的统一也有力地促进了世界各国计量技术与管理的进步，并呈现出计量管理国际化的良好发展态势。

第三节　现代计量——计量体系及其管理

现代物理学的发展，打破了原子是绝对不可分和永远不变的传统观念，使人们对物质的认知从宏观世界向原子内部微观世界深化，原子核物理学的建立导致电离辐射计量的出现，量子力学和电子学结合，使人类进入第三次技术革命时期。原子能、电子计算机、半导体、激光、宇航，尤其是纳米技术和生物、信息技术结合，成为 21 世纪的科技发展制高点，大大提高了计量测试准确度和扩大计量范围，使计量科学进入量子计量学阶段。

现代计量技术的迅速发展，也促进了现代计量管理的变革和发展。

一、现代计量的特点

现代计量最显著的标志就是由经典理论转向量子理论，由宏观物体转向微观世界。其最为突出的成就,就是以量子理论为基础的微观量子基准逐步取代过去的宏观实物基准。其特点可以概括地归纳为准确性、一致性、溯源性和法制性四个方面:

1. 准确性

准确性是指测量结果与被测量真值的一致程度。值的准确,即是在一定的不确定度、误差极限或允许误差范围内的准确。

2. 一致性

一致性是指在计量单位统一的基础上,无论何时、何地,采用何种方法,使用何种计量器具,以及由何人测量,只要符合有关的要求,其测量结果应在给定的区间内一致。

3. 溯源性

溯源性是指任何一个测量结果或计量标准的量值,都能通过一条具有规定不确定度的连续比较链与计量基准联系起来,使所有的同种量值都可以按照这条比较链通过校准向测量的源头追溯,也就是溯源到同一计量基准。

4. 法制性

法制性源于计量的社会性。量值的准确可靠不仅依赖于科学技术手段,还要有相应的法律、法规、规范和行政监督管理。特别是对国计民生有明显影响、涉及公众利益和可持续发展,或者需要特殊信任的领域,必须由政府部门主导建立起法制保障。

二、现代计量管理的特点

现代计量管理是以计量技术为基础的,计量技术的现代化必然推动着计量管理的发展。它有如下特点:

(1) 现代计量测试方式要从原来单纯的单项测试逐步扩展为系统的综合检测。能同时测量成千上万,甚至几万个数据,并有数据采集和处理分析系统。计量管理也从原来对计量器具的管理发展到对计量数据的管理和对测量系统的质量保证管理。因此在管理上要把计量测试作为一项系统工程,按照系统工程的理论和方法进行计量管理,成为计量管理系统工程。

(2) 现代计量测试的方法要从原来单纯的静态计量扩展到动态检测。因此,计量管理也要实行现场的动态监控。如加热炉钢坯温度检测采用在线红外测试新技术和计算机闭环优化自动适应动态控制技术后,一个年产 10 万吨至 20 万吨的热轧加热炉车间可获年经济效益近 100 万元,节油 5%～7%,并提高了钢材的质量。

(3) 计量单位的量值传递要从原来的逐级逐项自上而下量值传递改进为量值传递与自下而上的量值溯源校准相结合。如采用信号发布,发放标准物质,颁发标准单位和校准标准数据,直接比对校正。直接把计量基准、标准应用于高技术生产测量。美国"计量保证方案 (MAP)",正是对原逐级传递量值方式的改革和创新。我国也已将稳频激光器输出的标准波长用于检测和控制高精度丝杆的生产。为此,相应的计量管理也要进行改进和创新。

(4) 现代计量管理的对象要从计量器具扩展到计控装置即计量仪表与设备装置的一体化,从计量器具的量值准确延伸到测量数值即计量数据的正确,这对机械化、自动化程度较高的冶金、化工、水泥等企业，尤为重要。这就要求现代计量管理和设备管理紧密结合在一起。比如宝钢的点检定修制；马鞍山钢铁公司的无缺陷管理法等都是计检一体化的先进管理方式。

（5）现代计量管理的内容要从计量量值的准确统一扩展到测量过程的有效控制。测量系统的优化和受控，只有使测量过程中的人（检测人员）、机（计量器具）、法（检定或测量方法）、环（测试环境条件）、文件资料（检定规程、校准方法及计算机软件等）都处于受控状态，才能确保量值的准确、可靠。

（6）计量管理的手段必须要从人工转向运用计算机，以实现对大量信息的综合处理和传输。如上海仪表厂等企业建立的"微机计量仪表管理系统"使用了 IBM-PC/XT 机，具有计划、平均入库保管、出库、维护、周检、修理、报废及计量人员管理等各方面功能，还可随时汇总统计企业各种计量器具的受检率、修检率、抽检率、检测完好率、利用率等，加大了信息量，完善了管理。

国家计量部门已设计与建立我国计量信息系统，研制成功了《标准物质数据库》，制订了《计量检定与计量信息系统》《计算机应用软件管理和开发技术规范》《国家计量信息分类与代码》《计量器具的分类与编码》等基础标准和规范，从而为我国计量管理现代化打下前进的基础。

三、我国计量管理的巨大成就

计量是实现单位统一、保证量值准确可靠的活动，关系国计民生。计量发展水平是国家核心竞争力的重要标志之一。尽管我国一度在近代计量管理上落伍于世界一些先进国家，但 60 多年来，我国计量管理工作仍然取得很大的成绩，突出体现在以下八个方面：

1. 在全国范围内实现了计量制度的统一

目前，除了极少数行业、地区还有极少量的非法定计量单位出现之外，以 SI 制为基础的法定单位已广泛使用在工农业生产、科学研究、文化教育与出版等各界。每年全国仅减少计量单位换算即可节省人力 500 多万个工作日，据不完全统计，经济效益超过 6 亿元。21 世纪初期，我国计量制度上产生的混乱状况已不复存在了。

2. 基本形成了全国计量管理网、量值传递和溯源网，为统一量值、保证计量准确一致奠定了基础

新中国成立后尤其是改革开放以来，基础性、前沿性和共性计量科研成果大量涌现，具有中国特色的计量发展与管理制度逐步形成。国家计量基标准、社会公用计量标准、量传溯源体系不断完善，保证了全国单位制的统一和量值的准确可靠；专用、新型、实用型计量测试技术研究水平和服务保障能力进一步增强；计量法律法规和监管体制逐步完善；国际比对和国际合作进一步加强，我国计量测量能力居于世界前列。

3. 加强了计量器具产品的投产和生产过程中的质量监督管理

制造计量器具的企业、事业单位生产本单位未生产过的计量器具新产品，必须经省级以上人民政府计量行政部门对其样品的计量性能考核合格，方可投入生产，就是对计量器具新产品的型式评价和型式批准进行监督管理，从产品质量性能、企业生产和检验条件、检验人员水平和设备条件等各方面认真按规定审查。

全国通用计量器具型式,一经废除,任何单位不得再行制造。

4. 加强了对使用中计量器具的管理

保证在用计量器具的准确可靠,是保证产品质量和公平交易、保证安全生产和人民利益的一项十分重要的计量管理工作。近些年来,各级计量部门一手抓计量执法监督,一手抓计量测试服务,同时主动热情指导广大企业认真实施 ISO 10012《测量管理体系 测量过程和测量设备的要求》,建立测量设备的计量确认体系或企业计量检测体系,对测量过程实行控制,有效地促进了企业计量管理。

5. 基本形成了适应社会主义市场经济发展的计量法规体系

1985 年 9 月,我国颁发了《中华人民共和国计量法》,尔后又经过 2009 年,2013 年,2015 年,2017 年四次修改,使我国计量管理有了基本法。国务院及其计量行政部门还先后发布了一系列计量行政法规和规章,各省(市、自治区)也先后制定发布了适应本地区计量管理的地方计量行政法规和规章。

至 2017 年止,我国已制定国家计量技术法规 1012 个。其中,国家计量检定系统表 95 个,国家计量检定规程 917 个,此外还有国家计量技术规范 711 个。可以说,我国已基本形成一个较完善的计量法规体系,将使我国的计量管理纳入法制轨道,管理得更科学、更有效。

6. 广泛开展了计量继续教育培训与计量人才的学历教育,形成了一支宏大的计量人才队伍

为了提高全国广大计量人员的业务技术水平,从中央到地方计量部门、各级计量测试机构每年都举办各种类型的计量技术培训班,召开计量技术交流会,对计量人员进行培训和继续教育。

我国一些高校和计量协(学)会还开展了全国计量管理函授,有力地促进了计量人员学业务、学技术的自觉性与积极性,提高了计量人员的业务技术素质,也保证了计量检定和修理工作的质量。

中国计量大学、河北大学质量技术监督学院、西华大学技术监督学院、天津大学、南京航空航天大学等高等院校,都已成为我国培养高级计量科技与管理人才的高等学府。吉林、山东、河南、广西等省(区)设立了计量(技术监督)高职或中等专业学校,为我国计量中、初级人才的培养提供了基地,从而使我国计量人才培养有了可靠的保障。

7. 积极参与国际和国外计量机构的联系、交流和国际计量工作

早在 20 世纪 50 年代,我国就参加以东欧国家为主体的国际计量技术组织——国际计量技术联合会。1977 年加入了米制公约组织,1980 年加入亚太地区计量规划组织,1985 年又加入国际法制计量组织。我国与国际米制公约组织、国际法制计量组织及其常设机构——国际计量局(BIPM)、国际法制计量局以及美、德、日等世界各国计量机构交往日益频繁,学术交流逐步增加,并积极参与了国际计量法及国际建议的起草工作。

为适应"一次测试,一张证书全球通行"的经济全球化需要,1999 年 10 月 12~15 日,在法国召开的第 21 届国际计量大会会议上,我国与其他 36 个成员国签署了《国际计量基(标)

准互认和中国计量科学研究院签发的校准与测量证书互认协议》。该协议的签订是继1875年签订米制公约,1960年建立国际单位制(SI)后,推动全球计量体系发展的又一个重要里程碑。它不仅提高了中国计量科学研究院校准和测量证书的科学性和权威性,而且为我国加入WTO后,与其他国家签订有关贸易、商业及法务等更为广泛的协议提供了可靠的技术基础。

四、计量新领域建设

依据《国家中长期科学和技术发展规划纲要(2006—2020年)》中关于科技发展新趋势的有关内容,我国启动了以量子物理、食品安全、生物、医学、能源、新材料和环境计量作为战略重点并进行独立规划计量新领域建设项目。计量新领域建设,就是要把发展能源、环境计量技术放在优先位置,下决心解决制约经济社会发展的重大瓶颈问题;就是要抓住未来若干年内新材料技术迅猛发展的难得机遇,把获取装备制造业核心计量(测量)技术的自主知识产权作为提高我国产业竞争力的突破口;就是要把加快食品安全和医疗卫生计量基标准体系的建设作为改善民生、保障小康社会建设的重大技术支撑;就是要把生物计量技术作为未来高技术产业迎头赶上的催化剂,促进生物技术在农业、工业、人口与健康等领域的应用;就是要把量子物理技术应用到计量基准建设中,在国际单位制的定义中争得话语权,维护我国的技术主权。

计量建设的总的目标是:构建清晰合理的量子物理、食品安全、生物化学、医学、能源、新材料和环境计量基标准体系;科技创新和量值传递能力显著提高;国际比对和国家标准和测量能力(CMC)显著增强,为全面建设小康社会提供强有力支持;计量基础研究和前沿研究的综合实力显著增强。具体来说:

(1)在量子物理方面突破一批基本物理常数测量的关键技术,在长度、时间、电压、电阻等领域形成一批具有国际领先水平(先进水平)的自然基准,在国际单位制的重新定义中取得话语权;

(2)在食品安全领域研究一批基准物质、基准方法和基准装置,建立国家食品安全检测技术(方法)溯源体系;

(3)在生物安全领域开展高端基础计量溯源技术和基准测量装置、基准方法、基准物质研究,研究一批权威测量方法,制定一批生物分析器具的检定校准规程,形成较为完善的生物计量基标准体系和技术法规体系;

(4)在材料微结构、固有特性、方法特性参量等方面开展工作,提高材料计量研究的创新能力,以及对我国新材料技术发展、应用的技术支撑能力和服务能力,使我国的材料计量整体研究水平的创新能力进入世界先进行列;

(5)在节能减排、常规能源和绿色能源计量方面突破一批关键技术,建立一批高端计量标准,并跻身国际先进水平行列;

(6)建立和完善环境重点领域计量基标准、检定校准规范和关键测量技术,逐步解决我国环境计量水平制约环境保护和综合治理的瓶颈问题;

(7)开展医学计量基础研究和应用研究,形成面向21世纪医学计量支撑能力。

虽然,我国计量管理已取得辉煌的成绩,但是,计量工作的基础仍较为薄弱。国家新一代计量基准持续研究能力不足;量子计量基准相关研究尚处于攻坚阶段,与美国、德国等发达国家仍有很大差距;社会公用计量标准建设迟缓,部分领域量传溯源能力仍存在空白;法律法规和监管体制滞后于社会主义市场经济发展需要,监管手段不完备;计量人才特别是高精尖人才缺乏。

钱学森同志说"计量管理是一项系统工程",我们应该把系统工程等现代管理科学技术融入到计量管理中去,建立一个科学先进的中国现代计量体系,以在科学技术高速发展的21世纪,建立适应我国经济、科技和国防建设需要的,统一、高效的法制计量为主体,科学计量与工业计量协调发展的全国计量管理体系,使我国计量管理尽快全面地进入现代计量管理。到2020年,计量新领域的计量基准完好率将力争达100%,参与国际比对的数量及CMC数量达到世界前列;计量基标准、标准物质和量传溯源体系覆盖率达到95%以上;国家一级标准物质数量增长100%,国家二级标准物质品种增加100%;国家计量基准实现国际等效比例达到85%以上;得到国际承认的校准测量能力达到1400项以上,其中90%以上达到国际先进水平;国家重点管理的计量器具受检率达到95%以上;全国范围内引导并培育10万家诚信计量示范单位等。

思　考　题

1. 为什么要研究计量发展及其管理发展史?
2. 我国计量管理历史分成哪几个阶段? 各有哪些特征或特点?
3. 现代计量管理有哪些特点?
4. 联系本地区、行业、企业或单位实际,试述如何实现现代计量管理。

第四章 计量管理的原理和方法

计量管理是一门综合性边缘学科,也是工程与技术基础科学的重要组成部分。它既有一般管理科学的属性,又有计量技术的特性。因此,要想有效地进行计量管理,就必须了解计量管理的一些基本理论和方法。本章着重介绍我国对计量管理理论的探讨情况和计量管理工作中应遵循的一些基本原理和方法。

第一节　计量管理理论的探讨

计量管理既然是一门学科,毫无疑问应该有它自己的基本理论。

计量活动是人类社会中一种普遍的社会实践,那么,伴随着这种实践的就是理论的思维,否则,就不能有效地指导实践,更不可能把计量管理上升到现代计量管理阶段。

我国计量管理历史悠久,可惜计量管理理论研究成果并不很多,对管理科学和数学在计量管理中的应用问题至今尚未取得决定性的突破,使很多人认为计量管理仅仅是一门应用技术,靠经验管理就行了。

近些年来,美国、日本等先后研究并论述了计量即测量方面的基本原理。日本对计测管理的定义、内容、特性等进行了研究和分析。

我国的计量工作者也对计量科学管理的基本原则、特性和方法等进行一些研究,现作扼要介绍。

一、计量管理的原则

有人提出,实现计量科学管理应遵循的六项基本原则:

(1) 系统原则。全国及各地区计量管理是一个个系统,要有全面观念,统筹规划,从整个系统到每个分系统来权衡利弊。

(2) 分工原则(分解综合原则)。首先把计量管理分解成一个个基本要素,根据明确的分工把每项工作规范化,建立责任制,然后进行科学的组织综合。

(3) 反馈原则。管理要有效、有活力,关键就在于有灵敏、准确而有力的反馈、决策、执行、反馈、再决策、再执行、再反馈,如此无穷尽地螺旋式上升,使管理不断改进、完善,不断提高水平。

(4) 封闭原则。系统内的管理必须封闭,才能形成有效的管理。

（5）能级原则。不同能级的管理岗位，应该表现在不同的权力、物质利益和精神荣誉。要在其位、谋其政、行其权、尽其责、取其值、获其荣。反之，怠其职就惩其误。

（6）经济原则。要以最少的费用获得最好的经济效果。

二、计量管理的特性

1. 统一性

统一性集中地反映在统一计量制度和统一量值两个方面。计量单位的统一是量值统一的重要前提，也是从事计量管理所追求的最基本目标。

2. 准确性

它表征的是测得值与被测量的接近程度。这是计量管理的命脉，也是实现统一的量的根本依据。一切计量管理研究的最终目的，都是为了寻求预期的某种准确度。

3. 法制性

就是将实现计量管理和发展计量技术的各个重要环节，如计量制度的统一、基准的建立、量值传递网的形成等，以法律、法规和各种规章的形式作出相应的规定。特别是对于那些对国计民生有明显影响的计量，诸如社会安全、医疗保健、环境保护以及贸易结算中的计量，更必须有法制保障。

4. 溯源性

任何一个计量结果，都能通过连续的比较链溯源到计量基准。所有的量值应溯源于国家计量基准或国际计量基准或约定的计量基准，使计量的"精确"和"一致"得到技术保证，"溯源"可以使计量结果与人们的认识相对统一。

5. 社会性

指计量管理涉及的广泛性。它与国民经济的各部门、人民生活的各个方面都有着密切的联系，对维护社会经济秩序、建立和谐社会起着重要的作用。

6. 服务性

我国是社会主义国家，计量是为各行各业服务的一项技术基础工作。因此，要倡导计量管理和测试服务相结合。在计量管理中要体现服务，在服务中要贯彻管理的原则。

7. 群众性

这是指在计量管理中首先要考虑广大人民群众的利益，即保证群众利益免受计量不准或不诚实测量所造成的危害。同时，也是指在计量管理中，既要发挥专职计量人员的作用，也要充分发动群众参与计量管理，共同做好计量管理工作。

三、计量管理的方法

（1）法制管理方法。如制定计量法律、法规，建立健全计量执法机构，组织计量执法队伍，执行计量监督等。

（2）行政管理方法。主要是指按行政管理体系，对所管理的对象发出的命令、指示，规定指令性计划，进行行政干预等。

（3）技术管理方法。主要是指从研究各类计量器具的技术特性出发,科学地制定计量器具的周期检定计划,不断提高计量人员的技术素质等。

（4）经济管理方法。主要是研究如何以经济为杠杆,经济合理地组织量值传递,提高计量管理效率的办法和措施,以及提高计量投资的经济效益等。

（5）系统管理方法。即将计量管理实践中的经验、数据积累上升为用数量、图表和符号来表达,从而建立起计量管理系统数学模型。

（6）宣传教育方法。即通过宣传计量在国民经济中的重要作用,普及计量科学知识,加强计量技术与管理教育,提高计量业务素质和法制管理水平,为计量管理打好思想基础。

上述计量管理原则、特性和方法的理论探讨可归结为以下 8 个方面:

① 计量管理的定义、概念;

② 计量管理的领域、内容;

③ 计量管理的特性;

④ 计量管理的基本原理和原则;

⑤ 计量管理的方法;

⑥ 计量管理的形式和方式;

⑦ 计量体系的要素结构;

⑧ 计量管理与其他管理科学的关系等。

我们完全可以相信,随着广大计量管理工作者的不断深入研究和探讨,积累和总结我国计量管理实践经验,就可逐步形成系统的计量管理理论,更好地指导我国计量管理工作。

第二节 计量管理的基本原理

计量管理的基本原理,是对计量活动过程中一些客观规律认识的总结,它既是计量工作中客观存在的客观规律,又是指导进行有效的计量管理的理论依据。

以下提出的一些原理,是作者从事多年计量管理的经验总结,已取得成效并被大家认可,也为国内外计量管理活动实践所证明。

一、计量系统效应最佳原理

计量管理的根本任务就是组织和建立一个国家、一个地区、一个部门或者一个企业的计量工作网络,通过这个网络,把计量单位量值迅速、准确地传递到生产和生活实践中去,又把社会生产和生活中的测量值通过校准,溯源到国家以及国际计量基准上,从而保证经济建设、国防建设、科学研究和社会生活的正常进行。

这一个个计量工作网络就是一个个计量管理系统工程,它有着同其他系统工程一样的特征。

1. 集合性

计量管理系统都存在两个以上可以相互区别的单元。如计量管理人员与计量管理信息、长度计量管理和力学计量管理等,都是由两个以上单元有机结合起来的综合体。

2. 相关性

计量管理系统内各单元之间是相互联系又相互作用的,它们中任何一个单元发生问题,都可能损害整体。如企业计量管理系统内一个单位发生问题,都会使该企业的产品质量不合格。

3. 目的性

计量管理系统的目的性是很明确的,如一个国家、一个地区的量值要准确统一,而一个企业的计量保证体系就是要保证产品质量等。

4. 环境适应性

任何一个计量管理系统存在于一定的政治、经济和科学技术环境之中。它必然要受到政治、经济和科学技术环境的制约和促进。

5. 整体性

计量管理系统的整体性比任何其他系统更明显,它不仅在一个企业、一个专业、一个国家里是一个整体,而且超越国界,使整个世界计量体系形成一个整体。

计量管理的根本目的就是追求计量管理系统的效应最佳。为此,可提出计量管理的第一个原理:

计量管理的最佳效应不是直接地从每件计量器具上体现出来,而是从整个计量系统内所有计量器具量值准确一致程度,所有计量信息数据准确可信程度上体现出来。

遵循这个原理,每个地区、每个行业以及每个企、事业单位都应该建立法制计量管理系统,并保证其依法有序运行。以实现全国法制计量的统一;而计量技术管理,更是要求每个地区、行业、单位的计量(测量)管理系统依据 ISO 10012《测量管理体系测量过程和测量设备的要求》,建立科学完善的测量系统。确保企业量值能追溯到国家计量基准,乃至国际计量基准。

钱学森早在 1978 年就提出:"计量传递的体系、计量工作组织的体系也是一项系统工程""我主张计量工作要从系统工程的角度去考虑"。因此,自觉地运用系统工程,管理科学知识,如运筹学、规划论、决策论,网络计划等组建好计量管理系统工程,使它们发挥最佳效应,是做好现代计量管理工作的基础。

二、计量管理两重性原理[①]

马克思主义认为管理有两重性。就是说:管理一方面是由于许多个人进行协作劳动而产生的,是有效地组织共同劳动所必需的,因此它具有同生产力、社会化生产相联系的自然属性;另一方面,管理必然体现生产资料占有者指挥劳动、监督劳动的意志,因此它又具有同生产关系、社会制度相联系的社会属性。

两重性原理同样适用计量管理,这就提出了第二个计量管理原理:

在计量管理过程中,既要重视计量管理的技术属性,又要重视计量管理的管理属性;既

---

① 计量管理的两重性原理由原国家计量局董述山处长于 20 世纪 80 年代首先提出。

要严格实施法制计量管理，又要主动做好计量测试服务。

一般来说，计量监督就是以计量技术为手段、计量法规为依据的法定监督，它充分体现了管理的两重性。

具体地说，计量管理要把技术和管理有机结合起来，计量管理人员必须熟悉计量技术。要搞好我国的计量管理工作，就要有一大批既懂计量技术又懂管理科学的内行者。

其次，要把计量监督和计量服务密切结合起来。法制计量管理具有严肃性和权威性，一般都由国家的法令、法律来统一计量制度，强化法制计量管理。我们应该加快计量管理法规的建设，健全完善的计量法规体系，同时要积极主动地开展各项计量测试服务工作，为工农业生产服务，为科研服务，只有二者密切结合，才能有效地做好计量管理工作。

第三，计量管理系统中应该有一个正确合理的量值传递体系。各级政府计量管理部门应该首先抓好本辖区内强检计量器具的计量量值的传递体系工作，以统一量值。但是，又要让各单位在保证量值准确的前提下，打破行政区域就近校准溯源，还要允许其根据计量器具使用实际情况，确定检定/校准周期，这样"统而不死""活而不乱"，正是计量管理两重性原理的具体体现。

总之，计量管理中的两重性原理是普遍存在的，我们应经常自觉运用两重性原理，以利于制定和实施正确的计量管理方针政策和工作方法。

计量管理的这种两重性原理，从图论上分析是属于典型的二交叉树系统结构（见图 4-1）。

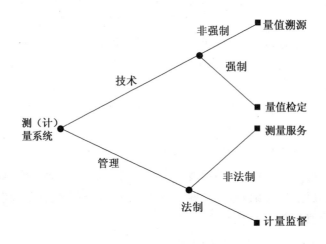

图 4-1　计量管理的二交叉树结构图

遵循这个原理，各级计量行政部门既要严格执行计量法律法规，做好法制计量管理，又要热心为企、事业单位做好计量管理服务，指导他们实现计量的科学管理。

三、量值传递与溯源原理

量值要准确、可靠，既可要求量值从国家基准器逐级传递到工作计量器具，又可要求量值从工作计量器具溯源到该量值的标准器和国家基准。如能实现量值的传递和溯源，那就说明计量管理是有效的，这就导出了计量管理中第三个重要的原理——量值传递与溯源原理。

测量系统中只有其每个量值信息数据是能溯源到计量单位量值的国际或国家基准或者是由某计量单位的国际基准或国家基准传递时,才是准确、可信、有效的。

因此,我们在计量认证、实验室认可、企业计量水平检查考评时,在新产品技术鉴定出具有关技术数据时,都要认真审查有关计量标准器、计量器具是否有合格证书,有效期是否在检定/校准周期内,分析测量系统是否受控,甚至还要用高一级精度的计量标准检定是否确实合格。实际上,这是闭环管理原理在计量管理中的具体应用。

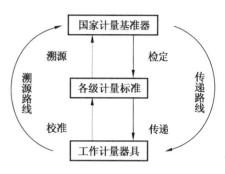

图 4-2　量值传递与溯源原理示意图

计量管理系统中量值传递系统只有遵循量值溯源和反馈原理,形成了一个封闭环路系统时,才是有效的系统。如图 4-2 所示。

遵循这个原理,每个单位既要认真按时作好计量标准器的检定,又要自觉作好计量器具的校准,以能够溯源到上级计量标准。

四、社会计量效益最佳原理

计量管理本身是技术经济活动,是国家经济总体活动中一个重要基础的组成部分,要消耗人力、物力和财力,因此必然有一个经济效益问题。

但是,计量的经济效益又有很大部分是间接经济效益,这就是说,它的效益融合在整个国家、部门或企业的效益之中。它往往体现在节约上,而不是表现在增加收入上;它又常常与其他管理措施的效益混合在一起,而无法单独地计算出来。由于计量的经济效益具有这两个特点,就使计量管理活动应注重社会效益最佳。

"计量管理工作中,只有根据工农业生产、国防建设和科学研究的需要,设计和建立科学、经济、合理的计量系统或测量体系,才能发挥最佳的社会效益。"这就是计量管理的社会计量效益最佳原理。

根据这个原理,在建立量值传递或溯源系统时,要讲究科学性、经济性、合理性,做到用最少的费用,获得最大的经济效益。但更要讲究社会效益。

因此,计量部门要破除一家办计量和一地多级办计量的狭隘观念,要广泛联合各部门、各企事业单位计量机构,组成科学合理的社会计量网络,组织经济合理的量值传递或溯源系统。

而企业不仅要重视能获取经济效益的计量投入,而且也要重视一些不能直接使本企业获取经济效益但却能获取最佳社会效益的计量投入。如环境监测、安全卫生等方面的测量设备配置等。

第三节　计量管理的基本方法

任何一项管理,都有各种各样的管理方法,计量管理也不例外,其管理方法也是很多的,不能也不应该限定一种或几种管理方法。但管理方法是否先进、可行,往往关系到计量管理

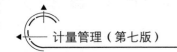

的成效。因此,我们又必须依据目前的计量管理条件和目的,研究并确定或推荐一些计量管理的基本方法。

一、行政管理方法

我国长期以来,在计量管理上一贯运用行政管理方法,按行政管理体制设置国家、省(市、区)、市(地、盟)、县(区、旗)政府计量管理职能机构。并以通知、通告、指示等各种行政文件形式自上而下进行计量行政管理。

行政管理方法能充分发挥各级政府的领导作用,能集中统一贯彻国家计量方面方针、政策,有计划地开展计量工作。目前,我国省级以下计量行政管理已改为各级政府领导,依据《行政许可法》等法律实行计量行政管理,使计量行政管理更为有效,但同时管理成效往往受各级政府行政部门领导人的领导水平、工作能力的影响较大。

二、法制管理方法

自从 1986 年 7 月 1 日实施《中华人民共和国计量法》以后,我国计量管理逐步转向以法制管理为主的方法。这就是通过制定计量法律、法规和规章,建立计量执法机构和队伍,开展计量法制监督,对计量工作实行"法治",即有法必依、执法必严、违法必究,对各种违反计量法律、法规和规章的行为依法施以处罚,追究其法律责任,以保证计量管理的顺利进行,维护国家和广大人民群众的利益。

由于法制管理方法具有法制性(即强制性),权威性高,统一性强,管理效果也好。30 多年来的依法计量管理实践充分证明这是一种有效的管理方法。但法制管理必须建立在法制意识较强的基础上,因此必须辅之以持久的普法宣传和教育。

三、技术管理方法

计量管理是以计量技术为基础的专业性、技术性很强的业务管理。毫无疑义,应该重视和运用各种技术管理方法,如:

(1) 认真开展科技创新,不断研发新技术、新方法,研制高水平的计量基准器;

(2) 依据我国计量基准、标准实际水平,制定科学合理的计量检定系统表,合理地组织量值传递和溯源;

(3) 根据我国计量器具的技术水平和使用环境,编制计量器具检定规程或校准规范;

(4) 根据计量器具的实际使用状况,科学地确定检定/校准周期;

(5) 建立和认真执行各项计量(实验)室技术管理制度或管理标准,确保各项计量工作正常开展;

(6) 组织计量人员的业务技术培训和教育及计量科研管理。

四、经济管理方法

为了充分调动各级计量机构和科技人员的工作积极性、确保完成各项计量工作、促进计量面向全民经济服务和增强计量机构自我发展的能力,近些年来,各地各部门都运用了经济杠杆,实行以经济目标责任制为主要内容的经济管理方法。如:

（1）认真研究计量投资的经济效益，合理安排和使用计量经费，提高计量工作投入产出比；

（2）积极开展各项计量校准和测试服务，增加计量业务收入；

（3）严格执行经济责任和经济奖惩制度，奖勤罚懒，拉开收入分配档次等。

实践证明：在计量管理中运用经济管理方法是有成效的，但也容易产生滥收、多收计量检修费，滋长唯经济观点和一些不正之风。因此必须对计量人员坚持职业道德方面的思想教育。

五、标准化管理的方法

标准化管理的方法就是对计量管理工作中重复事项通过制定标准、实施标准、再修订标准、再实施标准……以达到统一、获得最佳秩序、促进计量管理水平不断提高的方法。

我国对产品质量检验机构计量认证的办法，对生产与修理计量器具的企业实行许可证考核的办法，计量器具型式评价等均是依据 JJF 1021《产品质量检验机构计量认证技术考核规范》、JJF 1015《计量器具型式评价通用规范》等标准规范进行的。实践证明，它们有效地促进了这些质检机构出具数据的可靠性和公正性，促进了有关企业生产或修理计量器具的质量。实际上也是运用了标准化管理方法。

国际标准化组织(ISO)于 1992 年和 1997 年先后制定了 ISO 10012.1《测量设备的质量保证要求　第一部分　测量设备的计量确认体系》和 ISO 10012.2《测量设备的质量保证要求　第二部分　测量过程控制》，2003 年又修订为 ISO 10012《测量管理体系　测量过程和测量设备的要求》，我国均等同采用为 GB/T 19022 标准，实行测量管理体系认证；又依据 GB/T 27025/ISO 17025《检测和校准实验室能力的通用要求》，对计量技术机构(校准实验室)进行认可。这都说明我国计量管理进入国际标准化阶段。这也是值得重视和实施的标准化方法。

此外，计量管理还有宣传、教育的方法等。这充分说明：现代计量管理的方法是多种多样的，一个国家、一个行业或一个地区，甚至一个单位都应根据实际情况选用若干种管理方法，综合运用这些方法才能保证计量管理的有效、顺利进行。

从我国目前计量工作状况出发，应该采用以法制和行政管理方法为主，同时兼用技术、经济、教育、标准化等各种管理方法，才能有效地逐步提高我国计量管理水平。

思 考 题

1.计量管理有哪些原理？这些原理在计量管理工作中具体怎么运用？

2.计量管理有哪些方法？这些方法有哪些优点？应如何采用？

3.试结合一个单位实际，说明怎样采用一些计量管理方法来提高企业计量管理水平。

第五章

计量法律体系

法是社会发展到一定历史阶段以后才产生的,它是拥有立法权的国家机关依照立法程序制定和颁布的规范性文件。

法有狭义和广义之分,狭义的法就是指法律,而广义的法是指法的整体,即由国家制定或认可,并由国家强制力保证实施的各种行为规范的总和。在我国,法的整体一般由法律、法规和国家行政机关发布的规章等组成,人们一般又称之为"法律体系"或"法律制度"。有时也俗称为"法群"。

计量法律体系就是国家在计量方面的法律、法规、规章以及要强制执行的计量技术法规即国家计量检定系统表和计量检定规程之总和。它们均具有法的所有属性,是我们进行计量管理的根本依据,都是应该熟悉和掌握的。

第一节　计量法律的地位与作用

社会主义市场经济是法制经济,我国在建立和发展社会主义市场经济过程中,按照"依法治国"的根本方针,已制定和颁布了近千部法律及成千上万个法规和规章,基本上形成了一个能规范市场经济有效运作的法律体系。

以《中华人民共和国计量法》(以下简称《计量法》)为母法的计量法律体系是我国经济法律体系中的一个重要分支。那么它在我国法律体系中处于什么地位,又发挥哪些作用呢?

一、计量法律在我国法律体系中的地位

计量法律在我国法律体系中的地位可用图 5-1 表示。

从图 5-1 中,我们可以清楚地看到:

(1)《计量法》是我国技术监督法律体系中的一项专门法,也是经济法群中的一种管理法,这就是说,计量法律主要是我国经济法群中一个子系统,它显然要受到其他技术监督法、经济法(如民法、商法)的影响,受到整个经济法群乃至整个法律体系、国家经济体制和社会制度的制约。而且还受到国际技术监督法中的国际计量法、米制公约的制约;当然计量法群也反作用于其他经济法群。

(2)由于我国计量管理机构一直是政府行政管理职能部门,因此,不可避免地会受到行政法的约束和规范。

由于我国计量法律的执法部门为各级政府计量行政部门,因此,我国计量法群又受制于行政法,成为行政法中的组成部分。

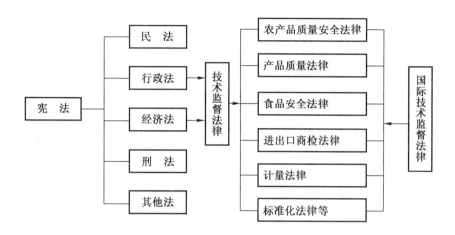

图 5-1 计量法律在我国法律体系中的地位示意图

二、计量法律与其他经济法律的关系

计量法律是经济法群中的一个管理法,又是整个经济法群的基础法,因为计量工作是整个国民经济的一项重要技术基础工作。无论是合同法的实施及市场的监督,还是统计法、会计法的贯彻及各类数据报表的汇总,都要以准确可靠的计量值数据为基础和前提,而准确可靠的计量值数据则来自计量法规的认真实施。因此,从某种意义上可以说,任何经济法规的实施都要以计量法规的实施作为基础和前提,计量法律和其他经济法律之间的联系主要是通过计量系统的一个主要要素——量值信息数据。目前,世界上无论什么经济体制和社会制度的国家,都十分重视计量法律的制定和实施,其根本原因也就在于此。

因此,1990 年 6 月 28 日,我国计量部门与法律部门已联合发文决定,每年 9 月即《计量法》公布之月的第一周为"计量宣传周",对社会广泛开展计量法制宣传教育活动,以增强全社会的计量法制观念,认真实施计量法律。

三、计量法律的作用

计量法律是计量管理的基本依据和准则,认真贯彻实施计量法律,对做好计量管理工作,维护社会经济秩序,促进生产、科学技术和国内外贸易的发展,保障社会主义现代化建设的顺利进行都将产生重大的作用。具体来说有以下 3 个方面。

1. 计量法律是统一国家计量单位制度和保证量值准确的法律

计量具有广泛的社会性。但计量本身又要求具有高度的统一性——计量单位制的统一。计量法律的制定和实施,为计量管理实现高度统一性提供了法律保证。

2. 计量法律使我国计量管理纳入法制管理的轨道

计量法律规定了国家如何管理计量工作,规定了各部门各单位及广大公民从事计量活

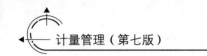

动时应该做什么,履行哪些义务,使我国计量管理工作有较稳定的工作秩序。

尤其《计量法》还规定了违法者所应承担的法律责任,以及国家计量行政部门等实施计量法制监督的专门机构对违法者实行严格有效的法律制裁,从而有力地保证各项计量法规的认真实施,使它们具有高度的权威性。我国的计量管理也就能以法律为准绳,在法制的轨道上实现有效的调节,做到有法可依、有法必依、执法必严、违法必究。

3. 计量法律是维护社会经济秩序,促进生产、科学技术和贸易发展,保护国家和人民群众利益实现和谐社会的重要措施

人们在广泛的社会活动中,每日每时都在进行着各种各样的计量,无论是生产加工、科学实验,还是商品流通,甚至家庭生活中都离不开计量,而且谁都要在这些计量中谋求计量的准确可靠。没有准确可靠的计量,生产发生困难,产品质量无法保证,统计报表数字不实,经济管理决策势必失误,贸易结算也要纠纷不断,市场买卖缺斤少两,医疗诊断出事故,安全防护无保障,总之各项社会活动势必要处于混乱。计量法律颁布和实施就是改变这种混乱,保证各项活动正常进行的必不可少的重要技术措施。

第二节　计量法律、法规和规章

由于各国社会制度和经济体制的不同,各国计量法律体系的结构层次、表述形式都是不相同的。我国计量法律体系可以用 3 个层次来归纳表述,详见图 5-2 所示。

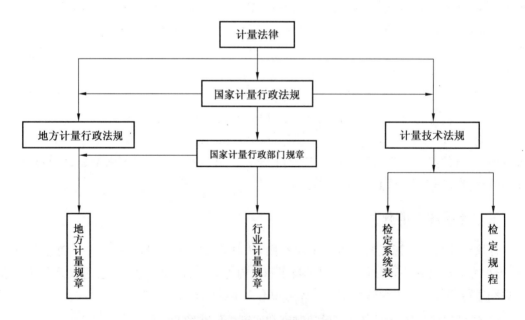

图 5-2　我国计量法律体系结构

本节着重叙述我国计量法律、法规与规章的构成状况。

一、计量法律

1985 年 9 月 6 日,第六届人大常委会第十二次会议通过《中华人民共和国计量法》(以下简称《计量法》），并于 2009、2013、2015、2017 年四次修正。《计量法》以法律的形式确定了我国计量管理工作中遵循的基本准则，是我国计量管理的根本依据，也是我国计量法律体系中的基本法。

1. 中华人民共和国计量法

现行《计量法》包括总则，计量基准器具、计量标准器具和计量检定，计量器具管理，计量监督，法律责任和附则六章，共 34 条。现分别简要地介绍各章内容。

第一章　总则（第一～四条）

第一条　规定了计量立法的目的和宗旨是"为了加强计量监督管理，保障国家计量单位制的统一和量值的准确可靠，有利于生产、贸易和科学技术的发展，适应社会主义现代化建设的需要，维护国家、人民的利益。"

第二条　规定了《计量法》的效力范围即适用地域是"中华人民共和国境内"。调整对象和适用范围是以国家、企事业单位、个人之间在计量方面所发生的各种法律关系。具体内容包括"建立计量基准器具、计量标准器具，进行计量检定，制造、修理、销售、使用计量器具。"家庭自用及教学示范中使用的计量器具，对社会不产生什么影响，就不是《计量法》的调整对象。

第三条　规定了"国家实行法定计量单位制度。国际单位制计量单位和国家选定的其他计量单位，为国家法定计量单位。因特殊需要采用非法定计量单位的管理办法，由国务院计量行政部门另行规定。"

第四条　规定了我国计量监督管理体制："国务院计量行政部门对全国计量工作实施统一监督管理。县级以上地方人民政府计量行政部门对本行政区域内的计量工作实施监督管理。"

第二章　计量基准器具、计量标准器具和计量检定（第五～十一条）

第五条　首先确定了"国务院计量行政部门负责建立各种计量基准器具，作为统一全国量值的最高依据。"

一般来说，基本的、通用的、为各个行业服务的计量基准要集中建于国务院计量行政部门管辖的国家计量技术机构。如中国计量科学研究院。而一些专业性强仅为个别行业所需要，或者工作条件要求特殊的基准项目，则授权有关部门建立在有关计量技术机构。

第六～八条　分别明确了地方各级政府计量部门、有关主管部门和企事业单位建立计量标准器的规定："县级以上地方人民政府计量行政部门根据本地区的需要，建立社会公用计量标准器具，经上级人民政府计量行政部门主持考核合格后使用。"

"国务院有关主管部门和省、自治区、直辖市人民政府有关主管部门，根据本部门的特殊需要，可以建立本部门使用的计量标准器具，其各项最高计量标准器具经同级人民政府计量行政部门主持考核合格后使用。"

"企业、事业单位根据需要，可以建立本单位使用的计量标准器具，其各项最高计量标准器具经有关人民政府计量行政部门主持考核合格后使用。"

第九条 规定了对不同的计量器具实行强制检定与非强制检定两种不同的管理方法。

县级以上人民政府计量行政部门对社会公用计量标准器具，部门和企业、事业单位使用的最高计量标准器具，以及用于贸易结算、安全防护、医疗卫生、环境监测方面的列入强制检定目录的工作计量器具，实行强制检定。未按照规定申请检定或者检定不合格的，不得使用。其他计量标准器具和工作计量器具，使用单位应当自行定期检定或者送其他计量检定机构检定。

第十条 规定"计量检定必须按照国家计量检定系统表进行"。"计量检定必须执行计量检定规程"。"没有国家计量检定规程的，由国务院有关主管部门和省、自治区、直辖市人民政府计量行政部门分别制定部门计量检定规程和地方计量检定规程。"从而指明了计量检定的法制性和科学性。

第十一条 规定"计量检定工作应当按照经济合理的原则，就地就近进行"。从而使我国量值传递体制更趋于科学合理，讲究经济效益和社会效益。

第三章 计量器具管理（第十二～十七条）

本章对计量器具的制造和修理条件、新产品研制定型、计量器具的制造、修理、进口和使用分别作了规定：

（1）制造、修理计量器具的企业、事业单位，必须具有与所制造、修理的计量器具相适应的设施、人员和检定仪器设备。

（2）制造计量器具的企业、事业单位生产本单位未生产过的计量器具新产品，必须经省级以上人民政府计量行政部门对其样品的计量性能考核合格，方可投入生产。

（3）任何单位和个人不得违反规定制造、销售和进口非法定计量单位的计量器具。

（4）制造、修理计量器具的企业、事业单位必须对制造、修理的计量器具进行检定，保证产品计量性能合格，并对合格产品出具产品合格证。

（5）使用计量器具不得破坏其准确度，损害国家和消费者的利益。

（6）个体工商户可以制造、修理简易的计量器具。

第四章 计量监督（第十八～二十二条）

这章规定了执行计量法制监督管理的专职人员，执行法制检定的计量技术机构；对计量纠纷进行仲裁的法定依据以及对产品质量评价机构的计量监督。

"县级以上人民政府计量行政部门，根据需要设置计量监督员。应当依法对制造、修理、销售、进口和使用计量器具，以及计量检定等相关计量活动进行监督检查。有关单位和个人不得拒绝、阻挠。"

"县级以上人民政府计量行政部门可以根据需要设置计量检定机构，或者授权其他单位的计量检定机构，执行强制检定和其他检定、测试任务"。但执行检定、测试任务的人员，必须经考核合格。

"处理因计量器具准确度所引起的纠纷，以国家计量基准器具或者社会公用计量标准器具检定的数据为准。"

"为社会提供公证数据的产品质量检验机构，必须经省级以上人民政府计量行政部门对其计量检定、测试的能力和可靠性考核合格。"

第五章　法律责任(第二十三～三十一条)

本章共九条,分别规定了对哪些违法行为应当追究什么法律责任,包括行政、经济、刑事责任等。

如"制造、销售未经考核合格的计量器具新产品的,责令停止制造、销售该种新产品,没收违法所得,可以并处罚款。"

"制造、修理、销售的计量器具不合格的,没收违法所得,可以并处罚款。"

"属于强制检定范围的计量器具,未按照规定申请检定或者检定不合格继续使用的,责令停止使用,可以并处罚款。"

"使用不合格的计量器具或者破坏计量器具准确度,给国家和消费者造成损失的,责令赔偿损失,没收计量器具和违法所得,可以并处罚款。"

"制造、销售、使用以欺骗消费者为目的的计量器具的,没收计量器具和违法所得,处以罚款;情节严重的,并对个人或者单位直接责任人员依照刑法有关规定追究刑事责任。"

"制造、修理、销售的计量器具不合格,造成人身伤亡或者重大财产损失的,依照刑法有关规定,对个人或者单位直接责任人员追究刑事责任。"

"计量监督人员违法失职,情节严重的,依照刑法有关规定追究刑事责任;情节轻微的,给予行政处分。"

本章最后还规定了"当事人对行政处罚决定不服的,可以在接到处罚通知之日起十五日内向人民法院起诉;对罚款、没收违法所得的行政处罚决定期满不起诉又不履行的,由作出行政处罚决定的机关申请人民法院强制执行。"

第六章　附则(第三十二～三十四条)

本章规定军队和国防科技工业系统计量工作的监督管理办法(即国防计量监督管理条例)由国务院、中央军事委员会根据《计量法》另行制定。规定了国家计量行政部门要制定《计量法实施细则》,经国务院批准后施行。最后规定了《计量法》自 1980 年 7 月 1 日起施行。

尽管《计量法》已四次修正,但仍严重滞后于我国计量工作的现状和发展,应尽快进行修订。如适用范围应扩大至计量软件、计量活动;规范重点为法制计量,内容具体明确;工业计量或校准测试尤其企业计量应放开,由市场竞争,优胜劣汰;检定规程只制定国家检定规程,部门/地方检定规程改性为校准技术规范。

2. 国际计量法和米制公约

我国是国际法制计量组织(OIML)、米制公约组织成员,当然应该认可、实施其发布的《国际计量法》和《米制公约》为我国的计量法律。

(1)国际计量法

《国际计量法(1975)》包括法定计量单位、单位的实物体现、单位的使用、测量设备、测量设备的计量管理等 15 章 27 条;2012 年修订颁布 OIMLD1《国际计量法》,包括引言、理论基础、法律条款、组织机构指南、示例和说明等五部分,它是对 1975 年的《国际计量法》的修订;应该视同我国计量法律,认真实施。

（2）米制公约

1875 年 5 月 20 日发布的《米制公约》由十四条正文及 22 条附则组成。主要规定国际计量局在国际计量委员会的指导和直接监督下进行工作,而国际计量委员会本身则置于由各缔约国政府的代表所组成的国际计量大会的权力之下。负责比对和检定公斤原器,定期将各国家标准与国际原器和参考基准进行比对,以及温度标准的比对等。

二、计量行政法规

根据《中华人民共和国宪法》和《中华人民共和国立法法》规定:"国务院有制定行政法规的职权"。"各省(市、自治区)人民代表大会及其常委会在不与国家宪法、法律、行政法规相抵触的前提下,也可以制定地方性法规"。

我国的计量行政法规就有国家计量行政法规和地方计量行政法规两种。

1. 国家计量行政法规

国家计量行政法规一般由国务院计量行政部门起草,经国务院批准后直接发布或由国务院批准后由国家计量行政部门发布。

前者如《中华人民共和国计量法实施细则》《国防计量监督管理条例》《中华人民共和国强制检定的工作计量器具检定管理办法》等;后者如《中华人民共和国进口计量器具监督管理办法》等。详见表 5-1。

表 5-1　我国主要计量行政法规一览表

序号	计量法规名称	批准或发布机关	发布或修改日期
1	中华人民共和国计量法实施细则	国务院	2018—03—19
2	国防计量监督管理条例	国务院、中央军委	1990—04—05
3	中国人民解放军计量条例	中央军委	2003—07—24
4	全面推行我国法定计量单位的意见	国务院	1984—01—20
5	国务院关于在我国统一实行法定计量单位的命令	国务院	1984—02—27
6	水利电力部门电测、热工计量仪表和装置检定管理的规定	国务院批准	1986—05—12
7	强制检定的工作计量器具检定管理办法	国务院	1987—04—15
8	进口计量器具监督管理办法	国务院批准	2016—02—06
9	关于改革全国土地面积计量单位的通知	国务院	1989—11—04

如《进口计量器具监督管理办法》(2016)主要规定:

（1）进口计量器具的型式批准:凡进口或外商在中国境内销售列入本办法所附《中华人民共和国进口计量器具型式审查目录》内的计量器具的,应向国务院计量行政部门申请办理型式批准。外商或其代理人申请型式批准,须向国务院计量行政部门递交型式批准申请书、计量器具样机照片和必要的技术资料等。

（2）进口计量器具的审批：申请进口计量器具，按国家关于进口商品的规定程序进行审批；经审查不合规定的，审批部门不得批准进口，外贸经营单位不得办理订货手续等。

2. 地方计量行政法规

地方计量行政法规是由各省（市、自治区）人民代表大会及其常委会审定、通过和发布的计量方面的行政法规。

依据《中华人民共和国立法法》等有关法律，各省、自治区政府所在城市和经国务院批准认可的较大的"市"均有权起草地方行政法规，但需经省级人大或其常委会批准发布。因此，《南京市计量监督管理办法》《成都市计量管理监督条例》等也是地方计量行政法规（见表5-2）。

表5-2　地方省级计量行政法规一览表

序号	计量行政法规名称	实施（修改）日期
1	河北省计量监督管理条例	2010－07－30
2	天津市计量管理条例	2010－09－25
3	内蒙古自治区计量管理条例	2004－11－26
4	山西省计量监督管理条例	1996－08－01
5	辽宁省计量监督条例	2010－07－30
6	吉林省贸易计量监督条例	2006－05－26
7	黑龙江省计量条例	2005－06－24
8	湖北省计量监督管理条例	2004－07－30
9	河南省计量监督管理条例	2016－03－29
10	广东省实施《中华人民共和国计量法》办法	2010－10－01
11	广西壮族自治区计量条例	2004－06－03
12	海南省计量管理条例	2012－05－30
13	上海市计量监督管理条例	2001－01－01
14	江苏省贸易计量监督管理条例	2009－06－01
15	江西省计量监督管理条例	2010－09－17
16	安徽省计量监督管理条例	2017－07－28
17	山东省计量条例	2016－03－30
18	浙江省计量监督管理条例	2014－01－01
19	四川省计量监督管理条例	2017－09－22
20	贵州省计量监督管理条例	2011－11－21
21	重庆市计量监督管理条例	2012－11－29
22	宁夏回族自治区计量监督管理条例	1997－08－01
23	甘肃省计量监督管理条例	2010－09－29
24	新疆维吾尔自治区计量监督管理条例	2012－03－28
25	陕西省计量监督管理条例	2010－11－25

注：部分省级计量管理条例（办法）由省级政府发布，即为地方规章。

以《浙江省计量监督管理条例(2013)》为例,简单介绍下地方计量行政法规的具体内容。该《条例》适用于浙江省行政区域内的计量活动及其监督管理,而计量活动,是指"使用计量单位,建立计量标准,制造、修理、销售、使用计量器具,进行计量器具检定、校准,出具计量数据,对商品或者服务进行计量结算以及其他有关活动。"

该条例明确规定:"从事计量活动应当遵循准确规范、诚信守法的原则,实施计量监督管理应当遵循科学公正、公开透明、程序合法、便民高效的原则。"(第3条)

"从事下列活动使用计量单位的,应当使用国家法定计量单位:

(一) 制发公文、公报、统计报表;

(二) 从事教学、科研,发表学术论文和报告;

(三) 编播广播、电影、电视等视听节目,出版图书、报刊、音像制品,发布广告;

(四) 制作道路交通标志等公共图形标志;

(五) 生产、销售产品,提供服务,标注产品标识、标价签,编制产品使用说明书;

(六) 印制票据、票证、账册、证书;

(七) 制定标准、技术规范以及其他技术文件;

(八) 出具检定、校准、检验、测试等计量、检测数据和凭证;

(九) 国家规定应当使用国家法定计量单位的其他活动。"(第七条)

"直接用于贸易结算的水表、电能表、燃气表,由供水、供电、供气单位在计量器具安装前申请首次强制检定,并按照规定期限更换计量器具。"(第十九条)

"交易商品、提供服务以量值结算的,经营者应当标明国家法定计量单位,配备和使用符合规定的计量器具,并以计量器具指示的量值作为结算依据。结算量值与实际量值的误差应当在国家规定的范围内;国家未作规定的,应当在本省规定的范围内。

交易双方因计量器具准确度产生计量纠纷的,可以按照国家规定向计量主管部门申请仲裁检定或者计量调解。"(第二十八条)

"电信运营商应当依法配备和使用经强制检定合格的电话计时计费装置,并按照检定周期向计量主管部门授权的计量检定机构申请检定。

前款所称电话计时计费装置,包括单机型和集中管理分散计费型电话计时计费装置、IC卡公用电话计时计费装置、局用交换机电话计时计费装置。

计量主管部门应当按照规定职责加强对电信运营商网络流量计量活动的监督管理。

省电信管理机构应当按照规定职责对电信运营商的电信服务质量和经营活动实施监督检查,保证通信计费准确。"(第三十三条)

"计量主管部门应当加强计量监督检查,及时查处计量违法行为。

计量主管部门对水、电、气、热能、燃油(气)、通信、房地产等涉及公民、法人或者其他组织切身利益的商品和服务计量活动实施重点监督。"(第三十四条)等。

三、计量行政规章

我国计量方面的规章很多,但大致上可以分成以下三类。

(1) 国家计量行政部门批准、发布的综合性计量行政部门规章。详见表 5-3。

表 5-3　我国综合性计量行政规章一览表

序号	计量规章名称	实施日期
1	计量检定员考核规则	2015－09－01
2	专业计量站管理办法	1991－09－15
3	商品量计量违法行为处罚规定	2010－01－21
4	法定计量检定机构监督管理办法	2001－01－21
5	集贸市场计量监督管理办法	2002－05－25
6	加油站计量监督管理办法	2018－06－03 修正
7	国家计量检定规程管理办法	2003－02－01
8	眼镜制配计量监督管理办法	2018－03－06 修正
9	零售商品称重计量监督管理办法	2004－12－01
10	计量标准考核办法	2018－03－06 修正
11	计量器具新产品管理办法	2005－08－01
12	定量包装商品计量监督管理办法	2006－01－01
13	计量基准管理办法	2007－06－06
14	计量检定人员管理办法	2015－08－25
15	计量比对管理办法	2008－08－01
16	计量违法行为处罚细则	2015－08－25
17	社会公正计量行(站)监督管理办法	1995－07－05
18	进口计量器具监督管理办法实施细则(修订)	2015－08－25
19	能源计量监督管理办法	2010－11－01
20	标准物质管理办法	1997－07－10
21	计量检定印、证管理办法	1987－07－10
22	注册计量师制度暂行规定	2006－06－01
23	仲裁检定和计量调解办法	1987－10－12

(2)国务院有关行业部门制定发布的行业或专业性计量规章。如《国家机械工业委员会计量管理办法》《冶金工业计量管理暂行规定》《纺织工业计量管理实施细则》《铁路专用计量器具新产品技术认证管理办法》等都是行业性计量规章。表 5-4 列出了部分行业计量规章。

表5-4　我国行业计量行政规章一览表（部分）

序号	计量规章名称	实施日期
1	水利部计量工作管理办法	1994－05－01
2	关于进一步推进供热计量改革工作的意见	2010－02－02
3	关于加强煤矿安全计量工作的意见	2006－06－26
4	海洋计量工作管理规定	2008－01－16
5	国防科技工业计量监督管理暂行规定	2000－02－29
6	铁路专用计量器具新产品技术认证管理办法	2005－04－01
7	中国民用航空部门计量检定规程管理办法	1996－10－11

（3）各省（区、直辖市）政府以及省（区）政府所在地的市和经国务院批准的较大的市政府，可以根据法律和国家行政法规制定规章。如《北京市计量监督管理规定》《浙江省进口计量器具管理办法》《武汉市度量衡器监督管理细则》《宁波市港口计量器具管理办法》等都是地方计量规章，见表5-5。

表5-5　地方省级计量行政规章一览表（部分）

序号	计量规章名称	实施日期
1	吉林省用能和排污计量监督管理办法	2009－09－01
2	福建省人民政府关于加强计量工作的若干意见	2008－12－25
3	甘肃省贸易计量监督管理办法	2007－12－01
4	湖南省计量计费监督管理办法	1996－08－06
5	宁夏回族自治区眼镜业监督管理办法	2002－02－01
6	北京市计量监督管理规定	2001－07－01
7	广东省医疗卫生计量器具管理办法	1991－06－03
8	上海市计量校准机构管理办法	1996－01－15

任何部门或地方制定发布的计量规章均不得与国家计量法律、法规相抵触。

上述我国计量法规体系3个层次中，《计量法》是计量法规体系的核心和最高法律依据。所有计量法规和计量规章都是为了保证实施《计量法》而制定、发布的子法。

至于其他部门或地方政府以及计量行政部门制定的有关计量方面的文件是计量规范性文件，它们不是计量法规体系的组成部分，而是计量法规体系的补充。

依据 WTO/TBT 规则，这些计量规范性文件应减少到最低限度，如必须制订，也应提前预告、公开发布，以符合透明度原则。

第三节　计量技术法规

技术法规是"规定技术要求的法规，直接规定或引用或包括标准、技术规范或规程的内

容而提供技术要求的法规"。（GB/T 20000.1《标准化工作指南　第1部分：标准化和相关领域的通用术语》）

《计量法》第十条明确规定："计量检定必须按照国家计量检定系统表进行""计量检定必须执行计量检定规程"。

国家计量检定系统表是指"在一个国家内，对给定量的测量仪器有效的一种溯源等级图，包括推荐（或允许）的比较方法或手段。"它们一般以技术规范形式表示，又称为"国家溯源等级图"。

计量检定规程是指"为评定计量器具的计量特性，规定了计量性能、法制计量控制要求、检定条件和检定方法以及检定周期等内容，并对计量器具作出合格与否的判定的计量技术法规。"(JJF 1001)

由于《计量法》赋予它们具有法律效力，使其成为我国的计量技术法规。

本节就我国计量检定系统表和计量器具检定规程的构成及其制定作一个简明的介绍。

一、计量检定系统表

计量检定系统主要是指国家计量检定系统表（简称检定系统），它是计量技术法规。它以文字、框图、表格形式表示，规定从国家计量基准（标准）、各等级计量标准直至工作计量器具的检定主从关系。内容应包括计量基准、标准、工作计量器具的名称、测量范围、准确度和检定方法等。反映了测量某个量的各级计量器具概况，因此又称之为"计量器具溯源等级图"。

1. 检定系统表的制定

为了把实际用于测量工作的计量器具的量值与国家基准所复现的单位量值联系起来，以确保工作计量器具应具备的准确度和溯源性并提供最科学、合理、经济的检定或溯源途径就必须制定检定系统表。

检定系统表由国家计量行政部门负责制订。制定检定系统表应根据该量值传递情况和今后的发展趋势，既要考虑到各等级之间自上而下的科学性，又要考虑到自下而上的溯源性。一般来说，一项国家计量基准基本上对应一个检定系统表。迄今，我国已制定了96个检定系统表，其编号和名称见表5-6。

表5-6　国家检定系统（表）一览表

序号	文件号	检定系统名称
1	JJG 2001	线纹计量器具检定系统表
2	JJG 2002	圆锥量规锥度计量器具检定系统表
3	JJG 2003	热电偶检定系统表
4	JJG 2004	辐射测量仪检定系统表
5	JJG 2005	布氏硬度计量器具检定系统表
6	JJG 2006	肖氏硬度（D标尺）计量器具检定系统表
7	JJG 2007	时间频率计量器具检定系统表

表 5-6（续）

序号	文件号	检定系统名称
8	JJG 2008	射频电压计量器具检定系统表
9	JJG 2009	射频与微波功率计量器具检定系统表
10	JJG 2010	射频与微波衰减计量器具检定系统表
11	JJG 2011	射频阻抗计量器具检定系统表
12	JJG 2012	三厘米阻抗计量器具检定系统表
13	JJG 2013	射频与微波相移计量器具检定系统表
14	JJG 2014	射频与微波噪声计量器具检定系统表
15	JJG 2015	脉冲波形参数计量器具检定系统表
16	JJG 2016	黏度计量器具检定系统表
17	JJG 2017	水声声压计量器具检定系统表
18	JJG 2018	表面粗糙度计量器具检定系统表
19	JJG 2019	平面度计量器具检定系统表
20	JJG 2020	273.15～903.89K 计量器具检定系统表
21	JJG 2021	磁通计量器具检定系统表
22	JJG 2022	真空计量器具检定系统表
23	JJG 2023	压力计量器具检定系统表
24	JJG 2024	容量计量器具检定系统表
25	JJG 2025	显微硬度计量器具检定系统表
26	JJG 2026	维氏硬度计量器具检定系统表
27	JJG 2027	(0.001～2.0)特拉斯磁感应强度计量器具检定系统表
28	JJG 2028	漫透射视觉密度(黑白密度)计量器具检定系统表
29	JJG 2029	色度计量器具检定系统表
30	JJG 2030	色温度(分布温度)计量器具检定系统表
31	JJG 2031	曝光量计量器具检定系统表
32	JJG 2032	光照度计量器具检定系统表
33	JJG 2033	光亮度计量器具检定系统表
34	JJG 2034	发光强度计量器具检定系统表
35	JJG 2035	总光通量计量器具检定系统表
36	JJG 2036	弱光光度计量器具检定系统表
37	JJG 2037	空气声声压计量器具检定系统表
38	JJG 2038	听力计量器具检定系统表
39	JJG 2039	高准确度测量活度及光子发射率计量器具检定系统表

表 5-6（续）

序号	文件号	检定系统名称
40	JJG 2040	医用核素活度计量器具检定系统表
41	JJG 2041	测量 α、β 表面污染的计量器具检定系统表
42	JJG 2042	液体闪烁放射性活度计量器具检定系统表
43	JJG 2043	(60～250)kV X 射线空气比释动能计量器具检定系统表
44	JJG 2044	γ 射线空气比释动能计量器具检定系统表
45	JJG 2045	力值(≤1MN)计量器具检定系统表
46	JJG 2046	湿度计量器具检定系统表
47	JJG 2047	扭矩计量器具检定系统表
48	JJG 2048	(500～1000)K 全辐照计量器具检定系统表
49	JJG 2049	橡胶国际硬度计量器具检定系统表
50	JJG 2050	超声功率计量器具检定系统表
51	JJG 2051	直流电阻计量器具检定系统表
52	JJG 2052	磁感应强度(恒定弱磁场)计量器具检定系统表
53	JJG 2053	质量计量器具检定系统表
54	JJG 2054	振动计量器具检定系统表
55	JJG 2055	齿轮螺旋线计量器具检定系统表
56	JJG 2056	长度计量器具(量块部分)检定系统表
57	JJG 2057	平面角计量器具检定系统表
58	JJG 2058	燃烧热计量器具检定系统表
59	JJG 2059	电导率计量器具检定系统表
60	JJG 2060	pH(酸度)计量器具检定系统表
61	JJG 2061	基准试剂纯度检定系统表
62	JJG 2062	(13.81～273.15)K 温度计量器具检定系统表
63	JJG 2063	液体流量计量器具检定系统表
64	JJG 2064	气体流量计量器具检定系统表
65	JJG 2065	石油螺纹计量器具检定系统表
66	JJG 2066	大力值计量器具检定系统表
67	JJG 2067	金属洛氏硬度计量器具检定系统表
68	JJG 2069	镜向光泽度计量器具检定系统表
69	JJG 2070	(150～2500)MPa 压力计量器具检定系统表
70	JJG 2071	压力(－2.5～2.5)kPa 计量器具检定系统表
71	JJG 2072	冲击加速度计量器具检定系统表

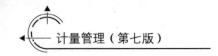

表 5-6（续）

序号	文件号	检定系统名称
72	JJG 2073	损耗因数计量器具检定系统表
73	JJG 2074	交流电能计量器具检定系统表
74	JJG 2075	电容计量器具检定系统表
75	JJG 2076	电感计量器具检定系统表
76	JJG 2077	摆锤式冲击能计量器具检定系统表
77	JJG 2078	激光功率计量器具检定系统表
78	JJG 2079	中子源强度计量器具检定系统表
79	JJG 2080	14MeV 中子吸收剂量计量器具检定系统表
80	JJG 2081	热中子注量率计量器具检定系统表
81	JJG 2082	工频电流比例计量器具检定系统表
82	JJG 2083	光谱辐射亮度、光谱辐射照度计量器具检定系统表
83	JJG 2084	交流电流计量器具检定系统表
84	JJG 2085	交流电功率计量器具检定系统表
85	JJG 2086	交流电压计量器具检定系统表
86	JJG 2087	直流电动势计量器具检定系统表
87	JJG 2088	脉冲激光能量计量器具检定系统表
88	JJG 2089	^{60}Co γ 射线辐射加工级水吸收剂量计量器具检定系统表
89	JJG 2090	顶焦度计量器具检定系统表
90	JJG 2091	塑料球压痕硬度计量器具检定系统表
91	JJG 2092	塑料洛氏硬度计量器具检定系统表
92	JJG 2093	常温黑体辐射计量器具检定系统表
93	JJG 2094	密度计量器具检定系统表
94	JJG 2095	(10～60)kV X 射线空气比释动能计量器具检定系统表
95	JJG 2096—2017	基于同位素稀释质谱法的元素含量计量检定系统表

注：自 2003 年后，"检定系统"改称为"检定系统表"

2. 检定系统表的内容及表述形式

检定系统表由封面、扉页、引言、计量基准器具、计量标准器具、工作计量器具、检定系统框图等构成。JJG 1104《国家计量检定系统表编写规则》具体明确地规定了它的编写要求，其中：

（1）范围

主要说明检定系统表的适用范围。如 JJG 2001《线纹计量器具检定系统表》的范围明确写明："本检定系统适用于长度专业、工业用线值计量器具，以及大地测量方面使用的线值计量器具。"

（2）计量基准

主要说明国家量值传递体系顶端的构成和计量基准的能力,内容一般应包括:

① 名称、量值或测量范围;

② 计量标准器的名称;

③ 计量标准器量值的不确定度($k=2$ 或 $p=95\%$);

④ 传递量值时需要的测量仪器和测量方法;

⑤ 传递量值时需要的测量能力;

⑥ 若该计量基准复现和保存的不是基本单位量值,则需说明来自基本单位的量值传递途径和方法,并在计量器具检定系统表框图中用虚线示出。

如有必要设副基准和/或工作基准等时,还应包括下列全部或部分内容:

① 副基准和/或工作基准等的名称、量值或测量范围;

② 计量标准器的名称;

③ 计量标准器量值的不确定度($k=2$ 或 $p=95\%$);

④ 传递量值时需要的测量仪器和测量方法;

⑤ 传递量值时需要的测量能力;

⑥ 与计量基准中的计量标准器比对的方法或来自基准的量值传递途径和方法。

（3）计量标准

说明国家量值传递体系中部的构成、按等/级划分(必要时)及各种或各等/级计量标准的能力,内容包括:

① 计量标准的名称和测量范围;

② 计量标准器的名称;

③ 计量标准器量值的不确定度($k=2$ 或 $p=95\%$);

④ 传递量值时使用的测量仪器和测量方法;

⑤ 传递量值时的最佳测量能力。

（4）工作计量器具

说明国家量值传递体系低端的构成、等/级划分(必要时)及各种或各等/级工作计量器具的能力,内容包括:

① 各种典型工作计量器具的名称和测量范围;

② 相应工作计量器具的准确度等/级或计量特性要求(例如最大允许误差、灵敏度、重复性等),或其表达式。

此外,在检定系统表的工作计量器具部分应附加下列说明:

工作计量器具可能会有新的产品或不同的名称,在检定系统表中不可能全部列出。对未列入检定系统表的工作计量器具,必要时可根据其被测量、测量范围和工作原理,参考相应检定系统表中列出的工作计量器具的测量范围和工作原理,确定适合的量值传递途径。

（5）检定系统表框图

检定系统表框图自上而下由三大部分组成:计量基准,计量标准和工作计量器具,用点划线将它们分开。

各种标准器或计量器具的名称、量值或测量范围、量值的不确定度或计量特性参数,均填入□内。

各种计量基准、计量标准或工作计量器具,在进行量值传递或开展检定工作时所使用的测量仪器、测量方法和最佳测量能力,均填入椭圆⬭内。

标准器具之间的量值传递关系,在框格之间由实线连接表示。

检定系统表框图的格式参见图 5-3。其中虚线框表示在必要时可能具有的部分。具体示例见图 5-4。

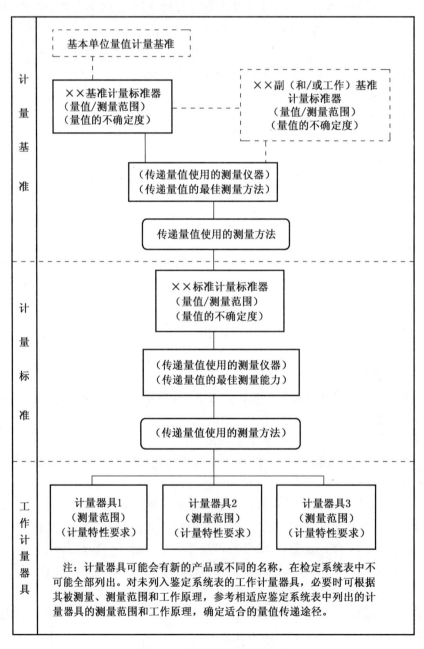

图 5-3　检定系统表框图格式

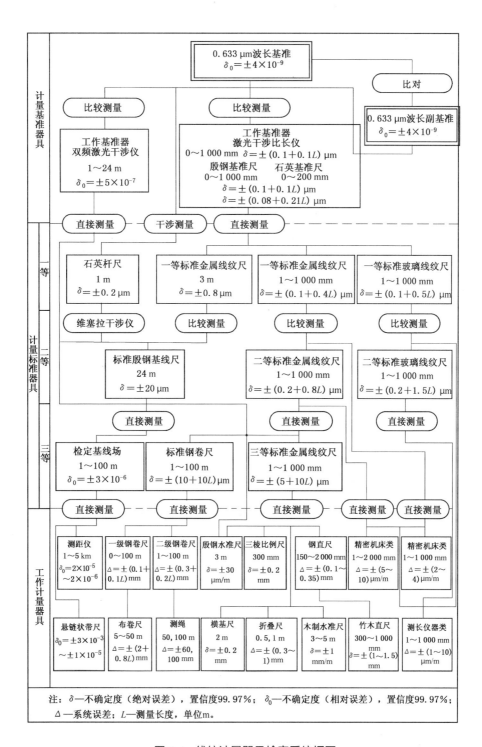

注：δ—不确定度（绝对误差），置信度99.97％；δ_0—不确定度（相对误差），置信度99.97％；
Δ—系统误差；L—测量长度，单位m。

图5-4　线纹计量器具检定系统框图

（6）等级间计量标准器的不确定度之比

检定系统表中从上到下的传递过程中，计量标准器的准确度随之降低。两个相邻等别之间的不确定度之比,建议在 2～10 之间。

在不同领域,技术发展会有较大的差异,因此计量基准的最佳测量能力与受检计量仪器的最大允许误差之间的差异会不同。实际应用中,两个相邻等别之间的不确定度之比的选择应考虑上述因素,根据需要和可能而定,并尽可能选择比较大的值。

(7) 特性评定结果的不确定度与最大允许误差的绝对值之比

计量标准的最佳测量能力是评定示值误差的不确定度 U_{95} 的不确定度来源之一。

评定示值误差的不确定度 U_{95} 与被评定测量仪器的最大允许误差的绝对值 MPEV 之比应小于或等于 1：3,即

$$U_{95} \leqslant 1/3MPEV$$

注:在一定情况下,评定示值误差的不确定度 U_{95},可取包含因子 $k=2$ 的扩展不确定度 U 代替。

各地、各部门可以根据国家计量检定系统表结合本地、本部门计量管理的实际情况制定本地、本部门范围内使用的计量检定系统表,作为本地、本部门量值传递或溯源的技术规范,但不属于技术法规。图 5-5 可作为编制地方检定系统表的参考依据。

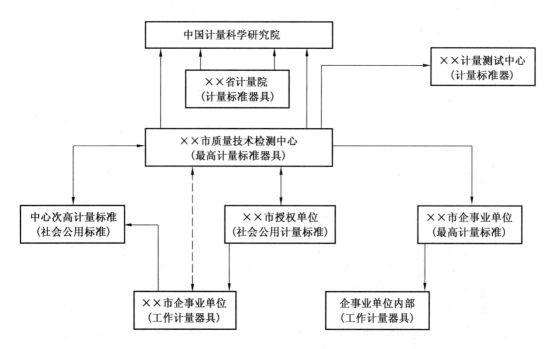

图 5-5　××市计量器具量值传递与溯源示意图

二、计量检定规程

国家计量检定规程是指对计量器具的计量特性、检定项目、检定条件、检定方法、检定周期以及检定结果处理所做的技术规定。国家计量检定规程是作为检定依据的具有国家法定性的技术文件,简称检定规程。

在尚无国家检定规程作为依据时,为评定计量器具的计量性能,地方和部门也可自行制定计量技术文件。它们称为地方或部门计量技术规范。

1. 检定规程的特性

检定规程的水平标志着一个国家的计量技术和计量管理水平。因此,任何一种检定规程同时具有科学性和法制性。

(1) 科学性

检定规程的基本内容主要是计量器具的工作原理、测量技术和数据处理等。它既有科学理论方面的依据,又有实际测量经验的总结;它既要考虑现实的生产水平和测量技术水平,但又必须保证量值的统一。因此,必须使检定规程具有鲜明的科学性。具体说来,要做到:阐述原理清晰正确,测量方法科学简便,技术条件经济合理,误差分析严谨密,数据处理正确简捷,文字精练,逻辑严密。否则,就会带来计量检定时的混乱和测量数据的失真。

(2) 法制性

检定规程是量值传递中的计量技术法规。它所提出的技术要求、规定的检定方法都是有明确的限制和约束作用的。如在测量中要确定某一量值时,往往可以采用几种测量方法达到测量目的。但是在计量检定时,只能按检定规程中所规定的测量方法测量。因此,检定规程的条文如同行政法规那样必须斟字酌句,逻辑严谨,绝不能含混不清。以免引起误解,不能正确实施。

2. 检定规程的制定程序

(1) 起草

检定规程的起草归口单位一般是全国专业计量技术委员会。如其他单位起草,应把起草稿先报技术委员会审查。主要起草人即执笔人应具有本专业基础理论知识和技术知识,熟悉本专业计量器具的检定业务,有独立解决本专业计量技术问题的能力。

主要起草人在接受制订或修订检定规程的任务后,应先拟出计划,报技术委员会审查同意后,进行必要的调研、试验和分析等工作。

检定规程的编写应按 JJF 1002《国家计量检定规程编写规则》执行。做到:

① 符合我国有关法律、法规的规定;

② 适用范围必须明确,在其界定的范围内,按需要力求完整;

③ 各项要求科学合理,并考虑其实施的可操作性和经济性;

④ 积极采用国际法制计量组织(OIML)、国际标准化组织(ISO)等国际标准化机构发布的国际标准文件。

检定规程表述的基本要求是:

① 文字表述应做到结构严谨、层次分明、用词确切、叙述清楚;

② 所用的术语、符号、代号要正确、统一,始终表述同一概念;

③ 计量单位名称与符号、量的名称与符号、测量不确定度名称与符号,要符合有关规定;

④ 公式、图样、表格、数据应准确无误;

⑤ 相关规程有关内容的表述应协调一致。

其中正文部分包括:

概述　主要概要地叙述计量器具的用途、原理和构造(可包含必要的结构示意图)。

计量性能要求　应规定受检计量器具在计量器具控制各阶段中必须满足的计量要求，如准确度等级、最大允许误差、测量不确定度、影响量、稳定性、干扰量等。

通用技术要求　应规定为满足计量要求而必须达到的技术要求，如外观结构、防止欺骗、操作的安全性和适应性，以及强制性标记和说明性标记等方面的要求。

计量器具控制　规定对计量器具控制中有关内容的要求，一般包括首次检定，后续检定和使用中检查的检定条件、检定项目和检定方法、检定结果的处理、检定周期等方面要求。

① 检定条件　包括计量基准或计量标准，配套设备和环境条件等。

② 检定项目　即明确规定计量器具的受检部位和内容。有些计量器具可对使用中与修理后的检定项目与新制的检定项目区别规定。一般可用表5-6形式列出。

表5-6　检定项目一览表

检定项目	首次检定	后续检定	使用中检查

③检定方法　即对具体受检项目规定具体的操作方法、步骤和数据处理，必要时可举例说明。

④ 检定结果的处理　一般检定合格的计量器具应发给检定证书或加盖检定合格印；不合格的，则发给检定结果通知书并注明不合格项目。

⑤ 检定周期　一般应根据计量器具的计量性能、使用环境条件和频繁程度等因素规定最大的检定周期。

根据需要，检定规程还可以编写附录。附录的内容一般应为：

a. 检定规程正文技术内容的说明和补充；

b. 可试用的推荐性检定方法；

c. 各种专用检定装置和工具的说明与图形；

d. 检定证书、检定结果通知书和检定记录表的格式；

e. 有关的计算表、参数表；

f. 检定数据处理、数值修约和计算示例等。

起草检定规程稿的同时，还应起草编写说明、试验报告和误差分析等附件。

（2）征求意见

检定规程在报批前，应由起草单位先发给全国各有关部门、单位广泛征求意见。根据各方面意见，确定继续调研、试验并把意见分类、整理、分析、答复。在此基础上正式编写出检定规程报批稿和编写说明、试验报告和误差分析等附件报送国家计量部门审批。

（3）审定和复审

检定规程的审定，由技术委员会秘书处主持会审或函审，会审必须有《审查意见书》，明确复审期限（一般每5年复审一次）。

检定规程的复审由技术委员会组织进行。经复审的规程,由技术委员会把复审意见呈报国家计量行政部门审批、发布。复审意见中应提出检定规程继续生效、应修订或废除的理由。复审的形式可根据实际情况,组织有关专家讨论或采用通信方式征求有关单位和专家的意见等。

3. 检定规程的管理

依据《国家计量检定规程管理办法》,我国对检定规程的管理目前采取统一编号、分级管理、分类归口、分工负责的方法。

国家计量行政部门统筹安排、制定和下达检定规程的长远规划和年度计划。按照计量专业和准确度等级确定归口单位和归口项目,统一规定术语、编写方法、审定方式和审批后统一编写发布。我国检定规程的统一代号为JJG(汉语拼音缩写)。地方或部门计量器具检定规程的统一代号为JJG后面加一个带括号的地方或行业中文简称。国家计量检定规程的编号规则如下:

地方或行业部门计量检定规程的编号规则如下:

检定规程的编制一般由全国专业计量技术委员会承担,其职责是:

(1) 负责本委员会归口范围检定规程制(修)订工作的年度计划和长远规划,报国家计量行政部门批准下达后组织实施;

(2) 负责本委员会归口检定规程的起草、报批和复审;

(3) 负责本委员会归口检定规程讨论会、经验交流会等技术活动;

(4) 根据国务院财政和计量行政部门的有关规定,合理安排使用检定规程补助费;

(5) 审批颁布地方或部门计量器具检定规程;

(6) 收集有关的国内外情报资料,对提高检定规程的水平、技术政策和发展方向进行研究等。

制定行业/地方计量技术规范,应该符合国家有关法律、法规的规定;适用范围必须明确,在其界定的范围内,按需要力求完整;考虑操作的可行性及实施的经济性。但在相应的国家计量检定规程发布实施后,即行废止。

随着我国计量管理的改革和市场经济的发展,我国计量行政部门还对计量术语及定义、计量的命名与考核、计量保证方案等计量工作制定了一系列计量技术规范。

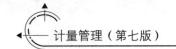

企事业单位根据生产发展的需要,在无上述计量检定规程/校准规范情况下,也可自行制定企业计量规程/标准规范或企业标准。但不属计量技术法规。如:上海宝山钢铁集团公司等企业为了使引进的专用计量仪器有检定和修理的技术依据,都制定了企业计量检定规程/标准规范或企业标准。

思 考 题

1. 什么是计量法律制度？它在我国法律体系中处于什么地位？发挥哪些作用？

2. 我国计量法律体系由哪几个层次构成？试举例说明。

3. 什么是计量技术法规？我国有哪些计量技术法规？

4. 计量器具的校准规范是否是技术法规？它与检定规程有何联系与区别？

5. 应如何确保计量法律制度的完善和实施？

第六章

计量管理体制

　　我国是一个历史悠久的文明古国。随着我国历代政治、经济体制的变迁,我国计量管理体制也有一个发展和改革演变的过程。

　　目前,我国计量管理体制的策划和建立遵循了下列 4 项原则。

1. 从我国的国情出发

　　我国的实际情况主要是两条:一是我国从秦朝开始就以行政管理为主实行计量(原为度量衡)管理,现在又是实行社会主义制度,国家可以和必须对全国的计量工作实行统一领导、统一管理、统一监督;二是我国历史悠久,土地辽阔,但科学文化水平和生产力水平还较低,底子薄,基础差,并且各地经济发展很不平衡,这就使我国各地计量器具、计量技术水平参差不齐,在相当长的一个历史时期内,先进和落后的计量器具将共存同用。因此,计量管理也必须是多层次的,不能"一刀切"。

2. 符合社会主义市场经济体制

　　经济体制决定和制约着计量管理体制。我国已确立社会主义市场经济体制,即社会主义条件下的市场经济体制。它具有以下特色:企业是市场主体,能独立自主地作出决策并承担经济风险;建立起优胜劣汰的市场体系和市场竞争机制,有宏观经济调控机制,对市场运行实行导向和监控;还有完备的经济法规,保证经济运行的有序化、法制化等。作为国民经济中的子基础体系——计量管理体制必须适应和符合社会主义市场经济体制的客观要求。

3. 从现有计量工作基础着手

　　中华人民共和国成立近 70 年来,我国的计量事业得到了很大的发展。国家计量基准中,7 个基本计量单位量值准,除摩尔(mol)外,其他 6 个基准的复现精度都已达到或接近国际先进水平。至今已基本建立县级以上政府计量行政部门和数千个地方与行业计量技术机构,并已形成了一支庞大的计量管理队伍和计量技术队伍。这些是我国计量管理和工作的基础。

4. 认真总结经验,借鉴国外的先进经验

　　我国计量管理的历史悠久,特别是中华人民共和国成立以来积累了丰富的经验,当然也有不少教训。我们应该认真总结,使我国的计量管理有很好的继承性和具有中国特色。

　　同时也应认真借鉴和引进国外计量管理方面的先进经验。如美国、日本和欧洲一些国家把计量管理和标准化、质量管理紧密结合起来,把计量测试和产品质量检验结合起来,这

样避免了计量、标准化、质量管理各成一家,独立发展而造成的浪费甚至互相抵消的弊病。

依据上述原则,我们可以初步表述我国的计量管理体制:

——按照我国行政区域在各级人民政府中建立各级计量行政管理部门,作为政府主管计量工作的行政职能机关和执法机构。

——以中国计量科学研究院为龙头,由大中城市计量技术机构为中心,合理规划与建立符合国家检定系统表要求的各级计量技术机构组成的计量技术保障体系。

——加强对各类计量器具产品的研制、开发、生产、修理的监督和指导,形成一个技术水平高、产品质量好的计量器具生产经营体系。

——以中国计量大学为龙头,各类设有计量类专业的高中等院校和培训中心为网点,各级计量职业教育为基础,形成一个纵横交错、层次合理的计量人才培训教育体系。

——建立一个信息灵敏、反馈及时、服务周到的全国计量信息网络等。

——由中国计量科学研究院牵头,各大区、省(市、自治区)计量测试技术机构参加而组成的计量科研管理体系。

——建立、发展和规范称重计量、流量、容量和商品房面积测量等社会公正计量机构,形成一个对重要商品量公正计量的中介服务网络体系。

——以中国计量测试学会为首,与各省(市、自治区)计量测试学会组成全国计量学术交流体系等。

综上所述,我国计量管理体系可由图 6-1 来表示。

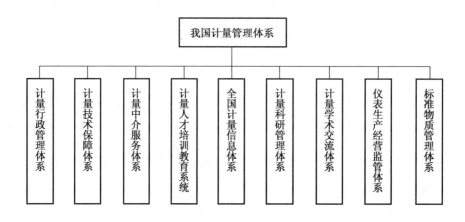

图 6-1　我国计量管理体系构成图

本章着重介绍其中的计量行政管理、计量技术保障、计量中介服务和计量学术交流四个体系。

第一节　计量行政管理体系

《中华人民共和国计量法》(简称《计量法》)总则中规定我国要按行政区域建立各级计量行政管理部门。从而在全国组成一个计量行政管理体系。

从图 6-2 中可以看到我国计量行政管理系统一般分为四级。

一、国务院计量行政部门

依据《计量法》,国务院计量行政部门负责推行国家法定计量单位;管理国家计量基准和标准物质;组织制订计量检定系统、检定规程和管理全国量值传递/溯源;指导和协调各部门各地区的计量工作。并对各地各部门实施计量法律、法规和规章的情况进行监督检查,规范和监督商品量的计量行为。

二、省(市、自治区)政府计量行政部门

各省(市、自治区)计量行政管理部门的主要职责是:

(1) 贯彻实施国家有关计量工作的方针、政策和法律、法规,在不与国家计量法规相抵触的前提下,起草和制定本地区的计量地方法规和计量管理方面的地方计量法规,对违反计量法律、法规的行为进行处理。

(2) 组织规划和建立本地区各级社会公用计量标准器具及计量测试机构,认真按检定系统表组织进行量值传递/溯源,保证本地区计量单位制和量值的统一。

(3) 制定和组织实施本地区计量事业发展规划和协调本行政区域各地各部门计量工作。

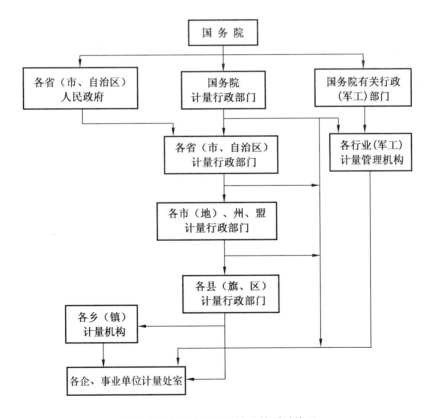

图 6-2 我国计量行政管理体系结构图

(4) 组织本行政区域内各类计量人员的培训、教育和考核。

（5）组织计量器具新产品型式评价，监督检查各地各部门计量工作情况，积极为社会提供计量测试服务。

（6）规范市场计量行为，开展商品量监督。

1999年我国各省（市、自治区）级以下计量行政部门实行垂直管理体制后，还要负责领导各市（盟、州、地区）计量行政部门。2011年，省级以下计量行政管理部门由垂直管理改为地方政府分级管理体制，但在业务上接受上级计量行政管理部门的指导和监督。

三、市（盟、州）计量行政部门

市（盟、州）计量行政部门（处、所）是市（盟、州）政府主管计量工作的职能机构，其内部组织机构一般根据本市（盟、州）实际需要设置。

市（盟、州）人民政府计量行政部门的主要职责是：

（1）宣传贯彻国家和省（市、自治区）有关计量工作的方针、政策和法规，负责起草本市（盟、州）计量管理规章制度和有关计量方面的文件监督实施。

（2）制定本市（盟、州）计量工作的长远规划和近期计划，组织领导和监督协调本市（盟、州）的计量工作。

（3）组织本市（盟、州）的量值传递并负责监督检查执行情况。根据需要建立各项社会公用的计量标准项目，为本市（盟、州）工农业生产、科研和群众生活服务。

（4）负责本市（盟、州）计量器具生产、修理、使用和销售等方面的监督管理。

（5）组织本市（盟、州）各类计量技术人员和管理人员的业务、技术培训、考核和发证工作。

（6）负责本市（盟、州）计量情报的收集、管理、研究、利用和计量技术咨询服务活动等。

（7）领导各县（区）计量行政部门，协调各县（区）计量行政管理工作。

我国的工业城市一般是当地政治、经济和文化中心。市级计量行政管理也要相应强化，使其在我国计量管理网络中起到"中心作用"。

四、县（区、旗）计量行政部门

县（区、旗）计量行政部门是我国计量行政管理体系中基础一级，也是任务最重、数量最多的计量行政管理部门。它们的主要职责与市级政府计量行政部门基本相同。但县级计量管理工作的重点是要把与人民群众生活十分密切的法制计量监督管理，以及把法定计量单位的贯彻实施工作认真抓好。

在江苏、山东、上海、浙江、福建等我国沿海经济发达地区，根据实际需要，已在部分乡、镇人民政府内设置计量管理机构或专职计量管理人员，以加强对本乡、镇的工农业生产及社会经济活动中法制计量及辖区内的工业计量管理工作，使计量行政管理伸展到乡、镇一级。

第二节　计量技术保障体系

经过60多年的建设，我国已基本上建立起先进科学的计量技术保障体系，并正在改革中逐步完善，该体系的设置，既要考虑原来按行政区域建立起来的各级计量测试机构，又要

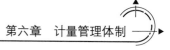

结合国家量值传递/溯源体系,符合国家计量系统表的规定。它们担负着为我国计量法制监督提供技术保障的繁重任务,同时又要对社会提供各种计量测试技术服务。

进入我国计量技术保障体系的计量测试机构必须至少具备下列 4 个方面的要求:

(1) 进行量值传递与溯源必须具有的国家计量基准、(各级)计量标准(标准物质)器具;

(2) 计量检定/校准工作必须按照国家计量检定系统表和计量检定规程或计量校准规范进行;

(3) 要有从事量值传递与溯源工作的计量技术机构和称职的计量检定与校准人员;

(4) 要建立文件化的质量体系,通过国家实验室认可,确保检定或校准数据(报告)的准确性和公正性。

目前,我国计量技术保障体系的构成如图 6-3 所示。

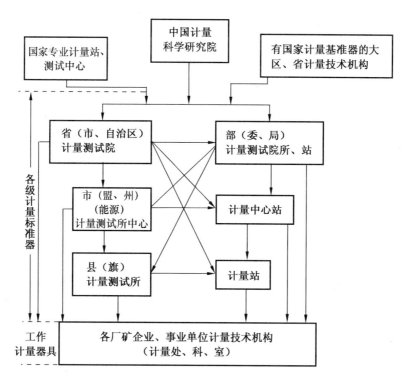

图 6-3　我国计量技术保障体系构成图

一、中国计量科学研究院

1955 年成立的中国计量科学研究院是我国计量测试技术研究的国家一级基地。2005 年国家标准物质研究中心并入中国计量科学研究院;计量院拥有和平里和昌平两个院区。其中,和平里院区占地 7.4 万 m^2,建筑面积 6.1 万 m^2,主要用于保存国家计量基准标准,开展量值传递服务。昌平院区于 2009 年 8 月正式启用,占地 55.3 万 m^2,现有建筑面积 4.8 万 m^2,侧重于计量基础前沿研究,是科技创新、国际合作和人才培养基地。院区拥有一批具备隔震、恒温、恒湿、洁净、屏蔽等实验环境条件的高精密测量实验室。计量院现有长度计量科学与精密机械测量技术、热工、力学（与含声学）、电磁、信息与电子、光学与激光、化学计量与分析、时间频率、电离辐射、纳米新材料新能源环境、医学生物计量管理与战略发展、工程计量与检测等 14 个研究所，及信息与实验室条件保障部、实验基地综合管理部、物业管理与技术服务中心 3 个服务保障机构。

截至 2017 年，中国计量科学研究院在职职工 1000 余人，专业技术人员 700 余人。其中，中国工程院院士 2 人，研究员 78 人，副研究员、高级工程师 355 人。192 人具有博士学位，223 人具有硕士学位，硕士以上人员占科技人员总数 59%。

中国计量科学研究院现有国家计量基准 130 项，标准 323 项，有证标准物质 1453 项（一级 591 项，二级 862 项），国际计量局（BIPM）公布的国际互认的校准和测量能力 1423 项，国际排名第四、亚洲排名第一。随着技术能力的持续提升，中国计量科学研究院的服务水平不断增强。2016 年，中国计量科学研究院为社会提供 24 万台/件仪器的量值传递与溯源服务。

中国计量科学研究院主要承担下列基本任务：

（1）开展计量科学基础研究，以及计量技术前沿、测量理论、测量技术和量值传递、溯源方法的研究。

（2）开展计量管理体系和相关法规的研究、计量科学发展规划和战略研究，以及国家测量体系、量值传递和溯源体系建设的研究。

（3）研究、建立、保存、维护国家计量基准和国家计量标准，复现单位量值，研制国家重要有证标准物质。研究、建立和负责维护国家守时系统。开展量值传递和溯源工作。

（4）开展计量基准、计量标准和标准物质的国际量值比对，实现国际等效。开展国内量值比对工作，承担计量技术机构考核、计量标准考核和能力验证工作，承担测量方法和测量结果的可靠性评价工作。

（5）承担国家质检中心、国家级重点实验室等技术机构的量值溯源工作，承担计量器具型式评价实验和产品质量监督抽查工作。

（6）开展高新技术和新发展领域量值溯源体系和相关技术的研究工作；开展工程计量测量仪器设备的研究与开发。

（7）承担相关国际建议、国际标准和国家标准研究和制修订工作，承担相关计量技术规范的制修订，开展测量数据和方法的分析与验证。

（8）开展对法定计量技术机构的技术指导，承担对高级计量专业人才的培养工作。

（9）承担与该院职责有关的对外合作与交流工作等。

1999 年 10 月 14 日，由国际计量委员会（CIPM）发起，38 个国家（地区）的国家计量院在巴黎共同签署了《各国计量基(标)准互认和各国计量院签发的校准与测量证书互认协议》（即 CIPMMRA 协议）。互认协议通过建立国家测量标准之间的等效度，从而提供国家计量院之间校准与测量证书的相互承认，最终为政府或其他团体间的国际贸易、商务、法律事务乃至全球经济提供安全可靠的技术支撑。国际互认协议的技术基础是各国计量基标准之间的等效性，主要技术活动是关键比对，输出成果为校准与测量能力（CMC）。随着全球经济一体化的迅速发展，我国 CMC 排名跃居国际第四位，亚洲第一位。

此外，该院还牵头组建中国校准服务联合体（CUC），以技术优势创造校准品牌，立足于国内外校准/检测市场。

二、国家专业计量站、国家产业计量测试中心和国家城市能源计量中心

1. 国家专业计量站

我国至今已授权有关工业部门建立了国家轨道衡计量站、国家原油大流量计量站、国家高电压计量站、国家海洋计量站、国家大容器计量检定站、国家铁路罐车容积检定站、中央气象仪器检定所以及军工口各专业计量站等一系列专业计量站（所）。它们分别负责各自专业领域的计量技术和量值传递工作。详见表6-1。

表6-1　国家专业计量站一览表

序号	专业计量站名称		建站时间	开展项目
1	国家轨道衡计量站		1979	动、静态称量轨道衡；动态检衡车组；静态检衡车；大砝码检衡车
2	国家铁路罐车容积计量检定站		1985	铁路计量罐车
3	国家大容量计量检定站	运城站	1984	立式（含浮顶）计量罐、卧式计量罐、球形计量罐
		抚顺站		
4	国家蒸汽流量计量检定站（烟台）		1988	悬翼式、涡轮式蒸汽流量计
5	国家高电压计量检定站（武昌）		1975	电流互感器 电压互感器
6	国家原油大流量计量检定站（大庆）		1984	原油用、天然气用流量计；标准体积管、流量计、标准喷嘴
7	国家海洋计量检定站（天津）		1984	温度计（表）、盐度计、海流计、船用 pH 计、浮标传感器等
8	国家水大流量计量站（开封）		1984	口径 500mm～1600mm 流量 200m³/h～1600m³/h 的流量计
9	国家纤维计量检定站		1990	棉花水分测定仪、纤维检验专用砝码、衡量仪等
10	国家矿山安全计量检定站（重庆）		1992	瓦斯报警器、测定仪、矿用风速表、风压表、粉尘测量仪等
11	国家通信计量检定站		1992	电平表、图示仪、串杂音测试器、阻抗测量仪等
12	国家船舶舱容积计量检定站		1993	载重量为 4000t 以下船舶舱
13	国家船舶大容积计量检定站（上海）		1994	载重量为 5000t 以上船舶舱
14	国家气象计量检定站		1995	各类气象用气压表、压力表、温度计、干湿表等
15	国家家用电器计量检定站		1995	检漏仪、洗净率检测装置等
16	国家高新技术计量站（深圳）		1985	数字电子产品
17	国家纺织计量站		1993	纺织专用计量器具检定、校准
18	国家重大技术装备几何量计量站（德阳）		2007	重大技术装备几何量
19	国家计量器具软件测评中心		2015	计量器具软件进行测评和测试、提供预警信息等工作

注：表中未注明地点的计量站均在北京。

2. 国家产业计量测试中心

产业是具有某种同类属性的经济活动的集合或系统。早在《国家"十二五"重点专项规划 2002》就提出："构建国家产业计量测试平台。"的要求；国务院《关于加快发展生产性服务业促进产业结构调整升级的指导意见 2014》又提出"建设一批国家产业计量测试中心，构建国家产业计量测试服务体系；"国务院《关于加快科技服务业发展的若干意见 2014》也提出"构建产业计量测试服务体系，加强国家产业计量测试中心建设，建立计量科技创新联盟。"的要求。至 2017 年，已批准筹建一些战略新兴产业计量测试中心，见表 6-2 如下。

表 6-2　国家产业计量测试中心（部分）

序号	产业计量测试中心	依托单位	序号	产业计量测试中心	依托单位
1	运载火箭	北京航天计量测试技术研究所	7	核电仪器仪表	上海市计量测试技术研究院
2	航天器	北京东方计量测试研究所	8	节能家电	山东省计量科学研究院
3	航空器	中航北京长城计量测试所	9	精密机械加工装备	江苏省计量科学研究院
4	海洋油气资源开发装备	浙江省计量科学研究院、浙江大学	10	石油加工	辽宁省计量科学研究院
5	卫星导航与授时	北京市计量检测科学研究院	11	新能源汽车储供能产品	安徽江淮汽车集团股份有限公司技术中心安徽省计量科学研究院
6	光伏	福建省计量科学研究院			

国家产业计量测试中心应符合下列条件：

（1）拥有一支为产业发展提供计量技术保障服务的专业技术和管理人才队伍。

（2）具有符合产业发展需求的计量标准和专用测量装备、计量技术资源，实验室环境，具备产业专用计量器具的计量检定和计量校准能力。

（3）具有优质的服务产业的区域优势和基础条件，熟悉产业发展的计量技术需求，具备为产业发展服务的计量测试技术能力，且所在地具有良好的产业基础。

（4）具有良好的计量科技创新基础，具备产业专用测量仪器装备的研制能力，取得测量仪器装备的研制成果。

（5）能够提供保证产业计量测试中心建设实施的专项资金、技术支撑和后勤保障。

（6）建立独立运行的校准实验室质量管理体系等。

国家产业计量测试中心的主要任务为提供专用测量仪器校准服务、关键参数测量技术服务、产业计量科技创新服务、产品全寿命周期计量保证服务、形成运行有效的创新服务体系等。

有些省也筹建一些省级产业计量测试中心。

3. 国家城市能源计量中心

国家城市能源计量中心主要指通过构建城市能源计量数据服务、技术服务、技术研究、人才培养等公共服务平台,为政府、社会提供计量数据服务、能源计量量值传递和溯源、能源审计、能效检测等节能技术服务的计量技术机构。

三、大区国家计量测试中心

大区国家计量测试中心是由原国家质量监督检验检疫总局根据中共中央[1962]402 号文件批准建立,承担跨地区量值传递及检定测试任务的国家法定计量技术机构,是国家级量值传递体系和科研测试基地的组成部分,也是国家级量值传递和科研测试的基地之一。至今已有华东、东北、中南、华南、西北、华北与西南 7 个大区国家计量测试中心,其主要任务是:

(1) 负责研究建立大区最高计量标准,进行量值传递,开展计量检定、校准及测试任务;

(2) 承担国家、地区经济建设急需的重大计量科研、测试任务,研制开发高准确度的计量标准器及测试仪器;

(3) 承担制、修订国家计量技术法规任务,研究解决区域性计量管理课题;

(4) 组织大区内计量技术与管理经验的交流和计量技术人员的培训;

(5) 开展大区间、大区内的计量标准比对工作,组织区域内省级计量标准核查工作;

(6) 为实施计量监督提供技术保证。

(7) 承办计量监督工作及国家质量总局下达的计量技术和管理的有关任务。

四、地方各级计量测试技术机构

各省、市、自治区计量行政部门根据本省、市、自治区的计量事业需要设立的省、市、自治区计量测试研究院(所),为省、市、自治区法定计量技术机构,也是本省、市自治区的计量测试中心,负责本行政区域内的量值传递工作。

它们大多数拥有仅次于国家计量基准或工作基准水平的计量标准器,主要承担在一些社会法制计量专业领域内满足本省(市、区)内各地、市、县计量技术机构和企事业单位计量标准的量传检定要求。

省、市、自治区以下的地方各级、各类计量测试技术机构,应从满足地方经济发展的客观需要出发,以工业城市为中心统一规划设置,以便就地就近组织量值传递校准,成为计量测试机构所在地区的国家法定计量检定机构。省、市、区或地、市、县在同一地的,一般只设一个法定计量技术机构,以免机构重叠、业务交叉扯皮。这些法定计量技术机构的主要职责是:

(1) 建立社会公用计量标准,进行量值传递校准;

(2) 承担计量技术培训和考核;

(3) 进行计量仲裁检定;

(4) 为实施计量监督提供技术保证等。

有条件和必要的乡、镇也可设立小型、精干、适应当地企业计量工作需求的社会公用计量技术机构。

五、专业计量技术委员会

技术委员会是在一定专业领域内从事有关计量技术工作的技术性组织,负责在本专业领域内制定国家计量技术法规和开展国家计量基准、标准国内量值比对的归口管理工作。为了保证全国量值的准确、一致,充分发挥计量专家在计量活动中的技术支撑作用;国家质量监督检验检疫总局统一规划和组建全国专业计量技术委员会。至今,我国成立的专业计量技术委员会见表6-3。

表6-3　全国专业计量技术委员会一览表

序号	代号	技术委员会名称	序号	代号	技术委员会名称
1	MTC1	法制计量管理	18	MTC18	电磁
2	MTC2	几何量长度	19	MTC19	时间频率
3	MTC3	流量	20	MTC20	生物
4	MTC4	几何量工程参量	21	MTC21	临床医学
5	MTC5	无线电	22	MTC22	惯性技术
6	MTC6	振动冲击转速	23	MTC23	医学
7	MTC7	力值硬度重力	24	MTC24	标准物质
8	MTC8	容量	25	MTC25	铁路专用计量器具
9	MTC9	质量密度	26	MTC26	低碳
10	MTC10	衡器	27	MTC27	气象专用计量器具
11	MTC11	压力	28	MTC28	海洋专用计量器具
12	MTC12	温度	29	MTC29	纳米与新材料
13	MTC13	声学	30	MTC30	公路专用计量器具
14	MTC14	光学	31	MTC31	水运专用计量器具
15	MTC15	电离辐射	32	MTC32	
16	MTC16	环境化学	33	MTC33	
17	MTC17	物理化学	34	MTC34	卫星导航应用专用

依据《全国专业计量技术委员会章程》,全国专业计量技术委员会职责为:

(1) 根据国家有关方针政策及经济社会发展的需要,定期向国家质检总局提出本专业发展趋势报告和采取相应措施的建议。

(2) 结合经济社会发展的实际需要,向国家质检总局提出本专业领域内制定、修订和宣传贯彻国家计量技术法规的规划和年度计划的建议,并按照国家质检总局批准的计划组织实施。

(3) 根据《国家计量基准、标准量值国内比对管理办法》,以及本专业领域内计量基准、标准量值传递和溯源的需要,向国家质检总局提出本专业领域内计量基准、标准年度比对计划,并按照国家质检总局批准的计划组织实施。

（4）定期向国家质检总局提出本专业国家计量技术法规制定、修订进展情况、实施情况和计量基准、标准现状的报告，提出奖励项目建议。

（5）受国家质检总局委托，技术委员会参与国际法制计量组织（OIML）有关国际建议的制定工作，参加国际学术交流活动和各项计量基准、标准量值的国际比对等有关工作等。

六、部门或行业计量测试技术机构

国务院和省、市、自治区各行业主管部门根据本部门的特殊需要，可以建立本部门或本行业的计量测试技术机构，负责本部门或本行业使用的计量标准并组织其量值传递。其各项最高计量标准须向有关人民政府计量部门申请考核，取得合格证后方能批准使用。其中，有些计量测试技术机构也可由政府计量行政部门授权，向外进行量值传递和对强制检定计量器具执行强制检定，以满足社会计量监督管理的需要。但根据《计量法》规定，这些被授权进行计量检定和测试工作的计量技术机构，必须接受授权单位即政府计量部门的监督。

至2017年，全国共有法定计量技术机构4037个，全年强制检定计量器具8326万台（件）。这些法定计量技术机构由各级计量技术行政部门依法设置或者授权建立并经计量技术行政术部门依据JJF 1069《法定计量检定机构考核规范》考核合格。

第三节　计量中介服务体系

随着社会主义市场经济的逐步建立和发展，各类中介服务组织也逐步建立和发展了起来，这些市场中介服务组织是市场经济运行中以公平、公开、公正为准则，为参与市场活动的供需双方提供服务的机构。

这些中介服务机构除了提供服务之外，还有沟通供需双方关系，监督供需双方各自行为以及为其提供公证等作用。因此，有助于加快生产要素的流通速度，减少流通环节，降低交易，是市场经济体制中必不可少的机构。

一般来说，市场中介服务机构是指会计师、审计师和律师事务所、公证和仲裁机构，信息咨询机构，资产和资信评估机构，证券、期货交易机构，行业协会、商会等。

目前，我国计量中介服务机构是指从事社会计量公正检测、咨询、仲裁服务的机构，如社会公正计量行（站）、计量协会、计量认证与实验室认可咨询中心、计量技术开发公司等及其他从事计量中介工作活动的组织。它们已初步构成了一个计量中介服务体系。现简要地介绍其中一些主要的计量中介服务机构。

一、社会公正计量行（站）

随着社会主义市场经济体制的逐步建立和完善，企业、事业单位，社会团体，个人对商贸领域中的计量问题提出了计量公正、准确、便利的客观需求。

为了向贸易双方提供公平、准确的计量数据，也为了向社会各界提供公用的计量设备和计量测试服务，规范市场交易行为，保护交易各方的合法权益，广东、黑龙江等各省先后成立社会称重公正计量站，尔后，又先后建立了眼镜屈光度检测公正计量站、黄金饰品称重公正计量站、蒸汽流量公正计量站，以后还要成立容量、商品房面积测量等重要商品量的社会公正计量站,形成一个规范化的公正计量检测网络。

1995 年 7 月 5 日,国务院计量行政部门为了加强和规范对社会公正计量行(站)的监督管理,确保其提供计量数据的准确可靠,发布了《社会公正计量行(站)监督管理办法》,该《办法》明确说明"社会公正计量行(站)是指经省级人民政府计量行政部门考核批准,在流通领域为社会提供计量公正数据的中介服务机构"。

1. 社会公正计量行(站)的建立条件

建立社会公正计量行(站)必须具备下列两个条件:

(1) 具有法人资格,并是独立于交易双方的第三方。

(2) 具有提供计量公正服务的能力,并取得省级计量行政部门的计量认证合格证书。具体地说,要求社会公正计量行(站)做到:

① 计量检测设备及配套设施满足计量检测的要求,并可溯源到社会公用计量标准;

② 工作环境适应计量检测的要求;

③ 计量检测人员经考核合格;

④ 具有保证计量检测工作质量的质量体系。

2. 社会公正计量行(站)的义务

社会公正计量行(站)应履行下列 3 项义务:

(1) 认真遵守有关社会公正计量方面的法律、法规、规章和规范性文件,并接受计量行政部门的监督;

(2) 正确维护、保养与按时检定计量检测设备,保证它们在使用期内准确、可靠;

(3) 妥善保管计量检测数据原始记录等计量技术资料,并对其出具的计量数据承担法律和经济责任。

这样,社会公正计量行(站)为社会提供的计量数据可作为贸易结算或贸易纠纷仲裁的公正数据。如上海公正燃气计量站,是一个具有独立法人资格的计量中介机构,设有 5 个分站。该站坚持按规范办事,用数据说话,尽职、尽心、尽力地为燃气供需双方提供计量中介服务,取得了良好的社会效益和经济效益。

二、中国计量协会及其地方、行业计量(计控)分会

为了促进计量工作的科学管理,加快计量技术开发,推动计量中介服务,由计量管理部门,计量技术机构,企事业计量单位,计量器具产品生产、经营、修理与技术服务部门及广大计量工作者自愿联合组成的中国计量协会,经民政部批准,于 1992 年 9 月正式成立。

其主要任务为:宣传贯彻国家计量法律法规、方针政策、宣传计量工作在经济建设、科技进步和社会发展中的地位和作用,提高全社会的计量意识;围绕计量工作,组织调研、理论研讨和经验交流活动,为政府计量管理部门提供决策参考,承担国家质检总局委托的任务;对计量器具生产企业进行指导和服务,促进计量器具产品提高质量、创建名牌;开展计量业务培训,普及计量知识,提高计量管理人员和计量技术人员的业务水平;加强计量宣传工作,推广先进经验,编辑出版有关计量工作的书刊和资料;开展与国外计量组织的交流与合作;维护会员的合法权益。

中国计量协会下设冶金、化工、机械、纺织 4 个分会，水表、加油设备、能源计控、机动车计量检测技术、电能表、燃气表、热能表 7 个工作委员会。

中国计量协会还承担全国法制计量管理计量技术委员会秘书处工作，其工作职责为：

（1）向国家质检总局提出综合性、通用性的国家计量技术规范及特殊领域（如机动车计量检测领域）的国家计量技术规范的制定、修订的规划和年度计划的建议；

（2）组织相关国家计量技术规范的制定、修订和宣贯工作；

（3）根据归口的专业领域内计量基、标准量值传递和溯源的需要，向国家质检总局提出本专业领域内国家计量比对年度比对计划，并组织实施；

（4）参与国际法制计量组织（OIML）有关国际建议的制定工作，参加国际学术交流活动等有关工作；跟踪研究国际建议、国际标准、国家标准等相关国际、国内技术文件，保持国家计量技术规范与上述文件的协调衔接；

（5）参与计量方针、政策的调研及咨询工作；

（6）解释本专业领域内国家计量技术规范条文和国家计量比对结果；组织对本专业领域国家计量技术规范进行复审并提出继续有效、修订或者废止的建议。

行业计量（管理）协会是在国务院有关行政部门组织起来的以本行业企、事业单位计量机构和个人自愿参加的行业性协会，在政府与企事业之间起纽带作用。其主要任务是：

（1）接受委托起草行业计量管理规范、办法等；

（2）开展计量管理和技术的经验交流活动；

（3）根据企业需要，开展计量咨询服务和培训教育等活动；

（4）出版、发行计量刊物，加强计量信息交流等。

目前，化工、冶金等部门都已成立行业计量管理协会。冶金计量协会下设计量管理、技术咨询和教育培训等专业委员会，并编辑发行《冶金计量与自动化信息刊物》；化工计量管理协会，下设组织、技术、教育咨询等委员会，并编辑、发行《化工计量信息报》。它们都为行业性计量学术活动做了大量的工作，也收到了较大的效益。

地方计量分会是在地方计量行政部门支持下，由本地区各企事业单位计量机构和计量人员自愿参加的民间团体。其主要工作是：

（1）开展计量技术与管理方面的经验交流活动；

（2）根据需要，组织计量协作和计量技术咨询、攻关活动；

（3）开展计量业务培训等活动。

三、中国计量技术开发总公司

中国计量技术开发总公司创立于 1988 年，现已在北京、山东、江苏、秦皇岛、珠海、云南等地设立有 6 个分公司、一个中外合资企业和 4 个内联企业。主要经营计量测试仪器设备及辅助设备的研制、安装、销售（展销）、维修等业务，还为国内外企业推荐先进的仪器设备，建立起贸易渠道。

该公司成立以来，已先后开发了矿山、化工、冶炼、机械加工等方面的计量技术产品，并在实际生产中得到应用与普及，为有关企业提高了产品质量和经济效益。

此外，我国一些行业与地方计量部门也组织了类似的计量技术开发公司或计量器具生

产、销售公司,从事有关计量中介服务工作。

四、计量咨询和认证认可机构——中启计量体系认证中心

近几年来,有些地方计量行政部门独立或与法律部门合办开展计量法律咨询服务的事务所。

对向社会提供公正数据的技术机构的计量检定和测试的能力、可靠性和公正性所进行的考核和证明称之为计量认证。

对有能力进行某项或某类试验的实验室的正式承认称为实验室认可。

随着社会主义市场经济的发展,计量认证与校准实验室认可将逐步趋于一体,我国于1994年9月20日,成立由参与实验室认可的有关部门、团体、实验室的代表与专家组成的中国实验室国家认可委员会,(简称CNAL),现在已纳入中国合格评定国家认可委员会(简称CNAS)。为了帮助有关企事业单位开展计量认证和校准实验室认可。各地先后设立了一些咨询机构,它们为我国实施计量法律,开展计量认证和实验室认可起到了重要的咨询服务方面的中介作用。

2005年6月,为加强对测量管理体系认证工作的管理,保证计量单位的统一和量值的准确可靠,推动我国企业计量工作的发展,根据《计量法》《认证认可条例》,制定《测量管理体系认证管理方法》。

测量管理体系认证是指由测量管理体系认证机构证明企业能够满足顾客、组织、法律法规等对测量过程和测量设备的质量管理要求,并符合GB/T 19022—2003《测量管理体系 测量过程和测量设备的要求》的认证活动。为此,国家认监委以批准成立由中国计量测试学会牵头2005年组建的中启计量体系认证中心,及其各地、各行业的30多个分中心,形成了覆盖全国的测量管理体系认证网络。

五、计量书刊、规程的出版、发行机构

计量书刊、规程的出版、发行机构是我国重要的计量服务机构。目前主要有:

1. 中国质检出版社

原中国计量出版社成立于1979年7月1日,主要出版国家计量检定规程、国家计量技术规范、计量测试技术、计量应用技术、技术监督与管理等方面的图书和大中专教材,以及相关的科技图书和音像制品。

为了便于各地读者和企事业单位就近购买计量图书和检定规程,中国计量出版社发行部除了在北京设立计量书店、售书门市部外,还在各地计量部门设立了50多个发行网点(发行站)。2009年,与中国标准出版社合并为中国质检出版社。

2. 《中国计量》杂志及各地各行业的计量技术与管理杂志

《中国计量》创刊于1995年10月,是一份政策性、管理性、技术性和信息性的计量综合月刊,它以宣传《计量法》为基本宗旨,立足国内、面向基层、联系国际,宣传报道我国计量技术与管理方面的新动向、新技术、新经验和新成果,同时介绍国际上先进的计量管理新方法、新成就,从而沟通国际与国内、中央和地方、政府与企业、企业与市场、市场与消费者的联系,

起到计量中介服务的作用。

此外,中国计量测试学会及各行业与地方计量部门、学会也办有各类计量类杂志(其中,个别杂志已停刊),如《计量技术》《国外计量》《计量测试技术文摘》《计量学报》《工业计量》《航空测试技术》《测控技术》《上海计量测试》等,它们也为计量中介服务做了大量工作。

此外,中国计量测试学会及各地计量测试学会、拥有计量相关专业的大中专院校、培训中心、情报信息机构与科研和仪表类专业机构等也是我国计量中介服务体系的重要组成部分。随着我国经济体制改革的深入发展,社会主义市场经济体制的建立和完善,计量中介服务体系也必将更加完善和规范。

第四节　计量学术与教育体系

我国计量学术与教育体系主要是由中国计量测试学会和各地计量测试学会,中国计量大学及各高等院校的相关专业院系等所组成。

一、中国计量测试学会

1. 宗旨和任务

中国计量测试学会是中国科协所属的全国性学会之一;是计量技术和计量管理工作者按专业组织起来的群众性学术团体;是计量行政部门在计量管理上的助手,也是计量管理部门与管理对象联系的桥梁。

中国计量测试学会开始组建于1961年2月19日。原名称为中国计量技术与仪器制造学会。1978年11月经中国科协批准才改称为中国计量测试学会。50多年来,通过积极开展国内外计量学术交流活动已成为一个拥有以全国大专业院校、科研院所、检验测试单位、高新技术企业为主体的团体会员单位500多个。会员总数约8500人,其中高级会员1200多人,院士17人。会员中具有高级技术职称人员占到90%,聚集了我国计量测试领域中一大批具有较高学术、科研水平的高新技术人才。

中国计量测试学会章程规定其宗旨是:遵守宪法、法律法规和国家政策,遵守社会道德风尚;以马列主义、毛泽东思想、邓小平理论、"三个代表"重要思想和科学发展观为指导,认真贯彻落实党的十八大、十八届三中、四中全会以及习近平总书记的一系列重要讲话精神,团结和动员计量测试领域广大科技工作者,科学把握社会发展趋势,以推动经济社会持续稳步发展为重任,坚持"科学、创新、发展"的原则,推动科技强国、创新驱动、可持续发展战略。鼓励科学技术创新,激励科技人才辈出,促进计量测试科技进步和科技人才建设;加强科学技术普及、国内外学术研讨与交流,增强计量测试社会影响力和国际影响力;反映科技工作者的意愿,维护科技工作者的合法权益,为推动科技进步、支持经济发展、保障国防建设以及促进人类文明发展、实现中华民族伟大复兴做出积极贡献。

中国计量测试学会的主要任务是:

(1) 开展国内外学术交流活动。参加国际测量技术联合会每年组织的总理事会会议和学术交流活动,每年组织参加"中日韩计量学术研讨会",及其他国际计量领域的学术交流研讨会。组织参加海峡两岸定期学术交流活动,与台湾计量工程学会共同编辑"海峡两岸计量名词术语"的工作。组织国内计量领域重点学术课题的交流与研讨。

（2）受国家质检总局的委托,设立了"国家计量技术法规审查部",负责全国计量规程、规范的审查工作。

（3）受国家质检总局的委托,设立"全国标准物质管理委员会办公室",负责全国标准物质定级和许可证的申请、复查、评审及考核工作。

（4）受国家质检总局和国家人社部的委托,管理"质量技术监督行业职业技能鉴定工作",在全国开展多行业的人才培训、考证工作。

（5）受国家质检总局和国家人社部委托,开展"全国注册计量师的教材、考试大纲及命题的编写,组织考试、判卷等工作"。

（6）经国家质检总局、国家认监委批准组建的"中启计量体系认证中心"是学会的下属单位,开展测量管理体系认证工作。

（7）编辑出版《计量学报》学术期刊。《计量学报》是学会正式出版发行的学术性期刊（双月刊）。全年约刊登论文 125 篇左右。所刊登的论文被 Elsevier Scopus、中国核心期刊（遴选）数据库、中国期刊全文数据库等国内外知名数据库或检索性期刊收录,保持着较高的学术水平,在我国计量科技领域具有很高的权威性和影响力。

（8）依据《国务院社团管理条例》和国家民政部《社团登记规定》等要求,根据国际测量技术联合会宪章规定和对成员国组织的要求,举办相应的学术交流和计量日知识讲座等活动。

（9）参与国家质检总局和中国科协组织的各项活动。

2. 组织机构

中国计量测试学会是国家一级学会,2017 年下设 4 个工作委员会,2 个杂志社,3 个计量网站,23 个专业委员会。组织机构如图 6-4 所示。

各专业委员(分)会根据工作需要并经理事会批准可设立若干个技术委员会协助专业委员会开展活动。我国各省(市、自治区)及大多数市都成立了计量学(协)会,这些地方计量学(协)会,是我国计量学术系统的重要组成部分,也是各级计量行政部门在计量管理上的有力助手。此外,中国计量测试学会还设有《中国计量在线》《中国计量》《中国流量》3 个网站。国家计量技术法规审查部、技术监督行业职业资格鉴定指导中心、全国标准物质管理委员会等实体机构。

二、中国计量大学及四川、广西等高等计量专业学校

中国计量大学创办于 1978 年,是我国质量监督检验检疫行业唯一的本科院校,是一所具有鲜明的计量、标准、质量、检验、检疫特色的浙江省重点建设大学,有硕士学位授予权、工程硕士专业学位授予权、外国留学生和港澳台学生招生权。现设有几何量、热工、无线电、光学等各类计量测试和测控技术专业,机械设计制造与自动化,通信工程,计算科学与技术,电气工程及其自动化,法学,安全工程,工业工程,测试计量技术及仪器,产品质量工程,标准化工程等 52 个本科专业,有硕士学位授权 32 个、工程硕士授权领域 4 个。

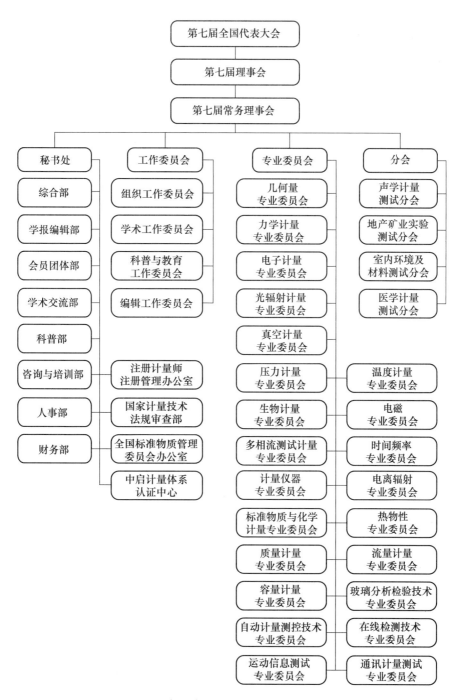

图 6-4　中国计量测试学会组织机构构成图

在有关省(区)计量行政部门的支持下,我国先后在长春、保定、济南、南宁、峨眉山等市设立了培养计量专业人才的高、中等专业院校。如河北大学质量技术监督学院、西华大学质量技术监督学院、广西计量专科学校等;沈阳、福州、武汉、乌鲁木齐等省市技术监督部门还设立了培训中心,专门负责对企事业单位计量人员的职业教育。

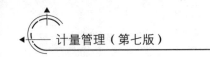

此外，内蒙古工业大学、南京航空航天大学、西安理工大学等很多高等院校也设有计量测试或测量控制与仪器等计量类专业，哈尔滨科技大学等院校与计量行政部门联合开办了计量或技术监督专业自学考试，中国计量学院曾在全国各地开设计量本专科函授站。

无论是计量方面的学历教育机构，还是非学历的计量职业教育机构，都是我国计量学术教育体系的必不可缺的组成部分。同时，也都是计量科研体系的重要组成部分，对逐步提高我国计量人员业务素质，培养与造就一大批计量专业人才队伍，提高我国计量管理水平发挥着不可替代的巨大作用。

思 考 题

1. 我国计量管理体制是一个什么样的体制？它有何优点和缺陷？您认为应怎样进一步改革？

2. 我国计量技术机构有哪几级？它们各承担什么任务？

3. 为什么要成立地方计量学会和行业计量协会？它们对我国计量管理有什么作用？

4. 为什么要建立、发展和完善社会公正计量所（站），它对我国市场经济发展有何影响？

5. 为什么要重视计量教育体系的建立，它对我国计量管理水平的提高有何影响？

6. 我国主要的计量学术机构是什么？它有哪些工作机构及职责？

第七章 计量专业人才的教育、培训和管理

计量事业的发展,关键在于如何造就一支有现代化计量技术和管理知识的专业人才队伍。

我国的计量专业人才由下列计量技术和管理人员组成:

(1) 计量检定/校准人员;

(2) 计量测试人员;

(3) 计量管理人员;

(4) 计量执法人员等。

随着我国社会主义市场经济的发展,上述计量专业人员的数量越来越多,组成一支庞大的计量专业人才队伍。

人才是兴国之本、富民之基、发展之源。要牢固树立人才资源是第一资源的理念,坚持解放思想、解放人才、解放科技生产力,以改革创新精神推进人才队伍建设,以人才发展促进计量事业又好又快发展。要破除论资排辈、求全责备等观念,放开视野选人才,不拘一格用人才。做到人尽其才、才尽其用、用当其时、各展所长。

计量管理,以人为本;具备一支思想素质好,业务技术水平高的计量专业人才队伍是发展我国计量事业的战略任务。

要完成这项战略任务,就要狠抓计量管理人才和技术人才(以下简称为计量专业人才)的教育、培训和管理工作。

第一节 计量专业人才的素质结构

计量专业人才是指在各级计量管理机构和技术机构从事计量管理、计量监督、计量检定/校准和计量测试工作的管理人员和业务技术人员,他们的主要工作任务是:根据我国法律、法规和方针政策,按照本地区、本部门、本单位经济发展和科研工作的需要,组织、协调、监督和管理好计量方面的工作。如制定计量工作规划和计划,贯彻实施计量法律、法规,组织量值传递和计量协作,开展计量监督、计量管理、计量检定/校准、计量测试和计量技术交流等。

计量工作要求计量专业人才必须是熟悉计量技术基本知识,并具有较强的组织管理工作能力、政策水平较高的人才。否则,就不可能把计量工作做好。为此,对计量专业人才必须提出一定的素质要求。

具体来说,应在德、智、体等方面提出全面要求。

(1)"德"指计量人员除了具有为人民服务的思想品德外,还要热爱计量事业,正直诚实,有"一切凭数据说话"的实事求是精神,有认真负责,一丝不苟的工作作风,有公正无私、刚正不阿、忠于职守的品格。

(2)"智"就是要有计量技术和计量管理的基础理论知识,要掌握长度、力学、热工、电磁、化学等专业计量技术知识和基本技能,要懂得一些基本的现代管理科学知识,并有一定的组织、管理和协调能力,还要掌握一门外语,有阅读和翻译本专业外文资料的能力。

(3)"体"就是要有健康的体魄,能坚持正常的计量工作。

一、计量专业技术人才的素质结构

要达到上述"德""智""体"方面的要求,计量专业人才就必须具备表 7-1 中的知识结构和素质。

表 7-1　计量人才素质结构表

素质类别名称	素质要求	应学课程
思想品德和身体素质	1.热爱祖国,振兴中华,身强体壮,有旺盛的工作精神 2.热爱计量事业 3.初步掌握辩证唯物主义思想方法,具有一定的政策水平 4.勤奋钻研,刻苦工作,谦虚好学,团结合作	中国革命史 政治经济学 自然辩证法 公共关系学 体育 管理心理学等
科学文化知识素质	1.懂得数学、物理、化学等一般自然科学文化知识 2.有一定的写作和语言表达能力 3.掌握一门外语,具有一定的阅读和翻译能力	语文 写作基础 数学 物理 化学 逻辑学 外语等
计量专业技术素质	1.基本了解长度、力学、热工、电磁、化学等专业计量技术知识 2.了解误差理论和数据处理知识 3.掌握一类计量专业技术知识 4.了解质量工程科学知识	计量学概论 互换性与技术测量 误差理论与数据处理 长度或力学或温度计量等 质量工程学
计量管理知识素质	1.设计计量系统技能 2.计量管理专业知识 3.掌握调查研究,预测决策方法 4.熟悉有关技术监督法规 5.掌握技术经济分析方法 6.熟悉技术监督内容、要求和方法	计量管理 经济管理 系统工程 运筹学 技术监督法学 技术监督概论 企业管理等

从表 7-1 可以看出:计量专业人才的素质要求和知识结构,可以分为思想品质、文化知识、计量专业知识和管理知识 4 个方面。但对各类计量人才要求是各有侧重的。

计量管理人才不仅要掌握计量管理方面的法律、法规、规章和管理原则、方法等计量管理科学知识,而且还应懂得与计量管理关系较为密切的质量管理、标准化管理、企业管理与系统工程等现代化管理科学知识。作为企事业单位的计量管理人员的计量管理人才还必须熟知该单位的生产技术专业知识与相关的计量专业技术知识。

计量技术人才不仅应掌握所从事的计量专业技术知识,而且还要熟悉计量管理知识,以及有关的专业技术知识。作为企业计量技术人才也应懂得该企业的产品生产和检测技术知识。

二、各类计量专业人才的资格条件

我国计量专业人才一般可以分为计量监督员、计量检定员、计量师等。现分别介绍其资格条件。

1. 计量监督员

计量监督员是县级以上人民政府计量行政部门任命的,具有专门职能的计量人员,他们在规定的区域内,并在规定的权限内,可以对有违反计量法律法规行为的单位和个人进行现场处罚。根据《计量监督员管理办法》规定,计量监督员还必须具备表 7-2 中所列的素质条件。

表 7-2　计量监督员的素质条件

序号	素质	
	国家、省级计量监督员	市(州)、县级计量监督员
1	具有大专或相当于大专以上文化程度	具有中专(高中)或相当于中专(高中)以上文化程度
2	熟悉计量法律、法规	熟悉计量法律、法规
3	具备监督范围内专业知识	具备监督范围内一般的专业知识
4	掌握有关的检定规程和计量器具检定技术	掌握有关计量检定规程,能正确检定有关计量器具
5	从事计量工作 3 年以上,具有较强组织能力和较高的政策水平	从事计量工作 2 年以上,具有一定的组织能力和政策水平

2. 计量检定员

计量检定员是指经考核合格、持有计量检定证件和从事计量检定工作的人员。

根据《计量检定人员管理办法》(2015)规定,计量检定员的资格如表 7-3 所示。

表7-3　计量检定员的资格条件

序号	资格类别名称	要求
1	文化程度	具有中专(高中)或相当于中专(高中)以上文化程度
2	计量工作经历	连续从事计量专业技术工作满1年,并具备6个月以上本项目工作经历
3	计量法规知识	具备相应的计量法律法规以及计量专业知识
4	操作技能	熟练掌握所从事项目的计量检定规程等有关知识和操作技能
5	考核	经有关组织机构依照计量检定员考核规则等要求考核合格

各类计量检定人员的考核,由国务院计量行政部门统一命题,依据国家计量行政部门2015年9月11日发布的《计量检定人员考核规则》,由有关计量行政部门组织考核,计量检定人员考核的具体内容有计量基础知识、计量专业项目知识和计量检定操作技能三个科目。经考核合格者,由组织考核的政府计量行政部门发给计量检定证书(《计量检定员证》有效期为5年)。

有些专业计量检定员还要增加该专业知识,如卫生行政部门1991年11月4日发布的《电离辐射计量检定员管理规定》明确规定:电离辐射计量检定员必须具备下列条件:

(1) 政治思想好,遵纪守法,作风正派,工作认真;

(2) 熟悉计量法规和有关技术规范以及计量检定专业知识;

(3) 掌握所从事检定项目的操作技能;

(4) 具有大专以上或相当学历和中级以上专业技术职称;

(5) 从事放射卫生防护或电离辐射检测工作3年以上;

(6) 经统一考核合格。

目前,依法设置和依法授权的计量技术机构有计量检定员56198人,其他企、事业单位约有计量检定员10万人。

3. 计量工程师的资格条件

1994年8月4日,国家人事部门和计量行政部门联合发布了《计量、标准化和质量专业中、高级技术资格评审条件》对从事下列工作的计量工程技术人员提出了明确的中、高级技术资格评审条件:

(1) 计量单位、计量基准、计量标准的研究,计量测试技术研究,国内外计量技术动态和发展研究;

(2) 计量检定和测试,新产品定型鉴定;

(3) 计量器具、标准物质的研制与开发,检测仪器设备的维修;

(4) 计量标准考核,计量认证,计量技术法规的制、修订。

现把计量工程师的申报条件,外语和计算机应用能力和评审条件列于表7-4。

表 7-4 计量工程师资格条件

项目类别		条件与要求
申报条件	思想品质	遵纪守法,具备良好的职业道德和敬业精神
	学历和资历	大学本科或专科毕业,取得助理工程师资格并从事助理工程师工作 4 年以上
		获硕士学位,从事计量工程技术工作 3 年,经考核合格或获得博士学位,经考核合格
外语和计算机应用能力	外语能力	应具备在 2h 内翻译计量专业外文资料 3000 字符的能力
	计算机应用能力	熟悉计算机原理,并能熟悉操作
资格评审条件	专业理论知识 — 基础理论知识	较全面的掌握计量学基础、误差理论与数据处理等基础理论知识分别掌握下列专业理论知识 (1)几何量计量:机械原理、几何光学、量仪原理与设计、精密测量技术; (2)力学计量:理论力学、材料力学、实验力学、力学测量技术; (3)热工计量:热力学、传热学、热工测量仪表、温度测量技术; (4)电磁计量:电工学、电磁学、电磁测量仪表、电磁测量技术; (5)无线电计量:电磁场理论、电子技术、微波技术、无线电测量技术; (6)时间频率计量:电子技术、脉冲技术、数字电路、时间频率测量技术; (7)声学计量:理论力学、应用声学、声学测量技术; (8)光学计量:应用光学、光度学、辐射度学、色度学、光电测量技术; (9)电离辐射计量:原子核物理、放射性计量学、辐射计量学、核电子学、辐射保护技术; (10)化学计量:无机化学、有机化学、物理化学、分析化学
	相关专业知识	一般地了解标准化与质量管理等相关专业的知识
	法规知识	了解并能运用计量法律、法规和有关的国家计量检定系统、计量检定规程(规范)
	计量管理知识	了解计量管理工作的内容、要求和基本办法
	其他知识	了解本专业的国内外科技动态和发展趋势
	工作经历与能力 — 必备条件	(1)具备解决过本专业较复杂的技术问题和独立完成任务的经历; (2)参加过计量科研开发、计量检定测试或计量技术管理项目的全过程,曾独立完成过一项以上调研立项、方案论证、计划实施和技术总结等主要任务; (3)搜索、整理和分析所从事技术工作的过内外技术资料; (4)运用误差理论和数据处理方法,正确分析、处理计量检定和测试中的测量误差

表 7-4（续）

项目类别			条件与要求
资格评审条件	工作经历与能力	任助理工程师期间经历	任助理工程师期间,具备下列条件中的两条: (1)参加过两项以上地、市级科研课题或项目,至少担任其中一项的负责人,承担课题或项目中的主要技术工作,编写相应的技术报告; (2)参加过一项以上新技术引进消化项目或两项以上技术开发推广项目,承担其中主要部分专项技术工作,编写相应的技术报告; (3)作为起草人之一参加过一项以上国家计量检定规程(规范)或两项以上部门、地方计量检定规程(规范)的制、修订工作; (4)作为主要参加者参加过社会公用计量标准或企、事业单位最高计量标准工作的建标工作,负责其中主要部分专项技术工作,编写相应的技术报告; (5)独立承担计量检定、测试任务,正确记录和处理测量数据,并出具检定证书或测试报告; (6)运用所掌握的专业知识和实践经验,解决大中型企业或高等学校、科研机构中两项以上科研、生产中的非常规测试问题; (7)独立承担计量测试仪器、设备的维修任务,熟悉维修工作的一般程序和方法,具有较丰富的实践经验,及时排除常用仪器、设备的故障; (8)参加过两项以上计量法规或技术规范的贯彻实施工作,编写相应的技术资料; (9)参加过两项以上计量测试技术咨询、审查或考核工作,承担其中主要部分专项技术工作,编写相应的技术报告或审查、考核报告
		任助理工程师期间业绩	任助理工程师期间取得下列业绩、成果中的两项: (1)参加完成的课题或项目有一项获得地、市级以上科技成果奖; (2)参加完成的引进消化项目或技术开发项目有一项达到国内先进技术水平,并获得较明显的效益; (3)参加起草的一项国家计量检定规程(规范)或两项部门、地方计量检定规程(规范)经审批付诸实施; (4)作为主要参加者建立社会公用计量标准或企、事业单位最高计量标准通过计量标准考核,投入实际应用; (5)负责完成的检定、测试任务,检测呈现符合规范,检测数据正确无误,并取得较明显的效益; (6)参加完成的非常规测试项目至少有一项达到国内先进技术水平,并具有推广应用价值; (7)熟练完成有关计量测试仪器设备的维修任务,维修质量可靠,及时满足计量检定、测试工作的需要; (8)参加完成的计量法规或技术规范的贯彻实施工作,解决了两项较复杂的技术问题; (9)参加完成的技术咨询、审查或考核工作至少有两项对企、事业单位提高经济效益或改进计量工作有明显作用

表 7-4（续）

项目类别			条件与要求
资格评审条件	工作经历与能力	论文论著或总结	有以下体现学术水平的论文、论著或总结之一： (1)在国内外公开发行的学术刊物或省、部级学术会议上发表一篇论文，或有相应水平的科研报告、技术总结； (2)作为主要著者或译者出版过学术、技术论著或译著

注：高级计量工程师的资格条件项目与计量工程师相同，但要求更高。

4. 计量标准考评员的资格条件

计量标准考评员是指经省级以上质量技术监督部门培训、考核合格并注册，具有从事计量标准考核资格的人员。

为了加强计量标准考评员的管理，保证计量表考核质量，原国家质量技术监督局于1999年11月17日发布了《计量标准考评员管理规定》。计量标准考评员应具备的条件及管理如表7-5所示。

表 7-5　计量标准考评员资格条件及管理

项目/类别		一级考评员	二级考评员
条件	1	具有高级工程师以上技术职称	具有工程师以上技术职称
	2	从事有关专业计量技术工作八年以上，有较高的计量技术水平和较丰富的实践经验	从事有关专业计量技术工作5年以上，有一定的计量技术水平和实践经验
	3	具有相关专业项目计量检定员证	具有相关专业项目计量检定员证
	4	熟悉计量法律、法规、规章及计量标准考核工作规定	熟悉计量法律、法规、规章及计量标准考核工作规定
	5	有较强的组织管理能力和文字语言表达能力	有一定的组织管理能力和文字语言表达能力
培训		国家计量行政管理部门统一组织培训	
考核		国家计量行政管理部门统一命题考核	
注册		国家计量行政管理部门	省级计量行政管理部门

5. 计量检测体系考评员的资格条件

计量检测体系考评员是经培训并考核合格的有能力实施计量检测体系确认的人员。专门负责计量检测体系的确认。依据 JJF 1112《计量检测体系确认规范》第10章的规定，其个人素质、知识和技能等要求见表7-6。

表 7-6　计量检测体系考评员资格条件

项目	条件与要求
个人素质	(1)有思想,即公正、可靠、忠诚、诚实和谨慎; (2)思想开明,即愿意考虑不同的意见和观点; (3)善于交往,即能灵活地与人交往; (4)善于观察,即主动地认识周围环境和活动; (5)感知力,即能本能地了解和理解环境; (6)适应力强,即容易适应不同的环境; (7)坚韧不拔,即对实现目标坚持不懈; (8)明断,即根据逻辑推理和分析及时得出结论; (9)自立,即在同其他人有效交往中独立工作并发挥作用
一般知识和技能	(1)确认原则、程序和技术 ——运用确认原则、程序和技术; ——对工作进行有效地策划和组织; ——按商定的时间表进行确认; ——优先关注重要问题; ——通过有效地面谈、倾听、观察和对文件、记录和数据的评审来收集信息; ——理解确认中运用抽样技术的适应性和后果; ——验证所收集信息的准确性; ——确定确认证据的充分性和适应性,以支持确认发现和结论; ——评价影响确认发现和结论可靠性的因素; ——使用工作文件记录确认活动; ——编制确认报告; ——维护信息的保密性和安全性; ——通过个人的语言技巧进行有效的沟通。 (2)管理体系和参考文件 ——体系在不同组织的运用; ——体系各组成部分之间的相互作用; ——计量体系确认规范; ——使用的程序或其他用作确认准则的管理体系文件; ——引用文件之间的区别及优先顺序; ——用于文件、数据和记录的授权、安全、发放、控制的信息系统和技术。 (3)组织状况 ——组织的规模、结构、职能和关系; ——总体运行过程和相关术语; ——受确认方的文化和习惯。 (4)适用的法律法规和其他要求 ——国家有关的法律法规; ——合同和协议; ——国际公约和惯例; ——与组织有关的其他要求

表 7-6（续）

项目	条件与要求
专业知识和技能	(1)有关计量的知识和技能 ——计量术语； ——通用测量原理及其他运用； ——测量不确定度理论及其运用； ——测量过程控制方法及其运用。 (2)有关质量的知识 ——质量术语； ——质量管理原则及其运用。 (3)有关产品(包括服务)和经营管理的知识 ——过程、产品的要求； ——经营管理、能源管理等的要求； ——特定行业的过程和规定

注1：考评员组长的知识和技能还应有策划确认、组织和指导考评员，编制确认报告等方面的知识和技能。

注2：计量检测体系的考评，将逐步为测量管理体系认证替代。

6. 实验室认可评审员的资格条件

实验室认可评审员是经 CANS 注册，能对申请认可的实验室进行评审的人员，其中能担任评审组长的又为主任评审员。

依据 CNAS 有关评审员和技术专家管理规则的规定，实验室认可评审员的资格条件见表 7-7。

表 7-7 实验室认可评审员的资格条件

项目类别	条件与要求
学历	大专以上
技术职称	中级以上
工作经历	大专学历，6 年，其中至少 3 年以上从事专业技术或技术管理工作； 本科以上，4 年，其中至少 2 年以上从事专业技术或技术管理工作
身体及健康状况	良好，无影响工作的疾病
个人素质	——良好的职业道德； ——公正、诚实和严谨的工作态度； ——思想开明，成熟，具有很强的判断和分析能力； ——坚韧，能客观地观察情况，全面地理解实验室及各部门在整个组织中的作用； ——有较强的口头表达能力，能有效地与人沟通； ——有决断和全面判断力

表 7-7（续）

项目类别	条件与要求
专业知识及其运用能力	(1)专业技术知识 ——在注册的专业技术领域内有丰富的知识和实践经验,有专业的判断能力和评价能力; ——熟悉其专业领域的法律、法规和技术标准。 (2)认可准则 ——正确理解认可准则,掌握认可所依据的基础理论; ——能在实际评审中正确和熟练运用认可准则。 (3)评审原则和技巧 ——熟练掌握并运用评审的原理、方法和技巧; ——掌握质量体系的一般原理、过程以及常用的技术。 (4)认可要求 ——掌握认可规则、政策和要求并能熟练运用
培训	CNAL 培训合格,获得合格证书

第二节 计量专业人才的教育和培训

我国计量专业人才的培训和教育应该采取多层次、多渠道、多形式、理论学习和实践训练相结合的方法,有计划、有步骤、有组织地进行各级计量人员的在职学习培训和脱产正规教育,逐步建立一支既懂计量技术,又善于计量管理的计量专业人才队伍,以不断促进我国计量事业的发展。

一、我国计量人员的现状

60 多年来,我国计量事业随着经济建设的发展,获得了较快的发展。

据国家计量行政部门统计:

2012 年全国计量行政部门已有 3082 个,法定计量技术机构 708 个。县级以上计量行政机构中,具有大专以上文化程度的人员占 83.13％,计量事业机构人数达 22441 人;具有高、中级职称人员占技术机构职工总数的 39.52％。

今后随着我国经济体制的改革深入,广大企业逐步走上质量效益型道路,各级计量人员尤其是工商企业的计量人员还会有更大的增加,而且计量管理人员数量的增长,大体上为计量技术人员增长量的 1/4 左右。

但是我国计量专业技术和管理人员队伍仍明显地存在着计量专业人才缺乏、队伍素质仍较低的情况,因此仍需要进行大规模、多层次、多形式的教育和培训,以适应我国计量事业和现代化建设事业的需要。

二、计量专业人才的教育和培训

1. 计量专业学历教育

目前,我国各类计量技术和检定/测试人员大多数来自计量专业学历教育,如:

——中国计量科学研究院招收的计量专业硕士研究生教育;

——中国计量大学等高等院校开设的测控技术与仪器专业的本科、硕士学历教育;

——高职、中专甚至中等技工学校举办的计量测试等专业及工种的大、中专学历教育。

2. 计量专业人才的职业资格教育

我国对计量检定员、计量标准考评员、实验室认可评审员等各计量专业人才实行计量专业职业资格教育。他们均应经过国家计量行政部门或其授权的职业鉴定机构统一组织培训,统一命题考试/考核,获得合格证书后,方可从事相关计量专业技术与管理工作。

2006年6月1日起,我国正式实施注册计量师制度。人事部和国家质量监督检验检疫总局已联合发布了《关于印发〈注册计量师制度暂行规定〉〈注册计量师资格考试实施办法〉和〈注册计量师资格考核认定办法〉的通知》。

《注册计量师制度暂行规定》(2013年修订)共5章35条,包括总则、注册条件、注册程序、监督管理、附则等内容。根据《规定》从事计量检定、校准、检验、测试等计量技术工作的专业技术人员,实行职业准入制度,纳入全国专业技术人员职业资格证书制度统一规划。注册计量师资格实行全国统一大纲、统一命题的考试制度。《注册计量师资格考试实施办法》和《注册计量师资格考核认定办法》是对《规定》的补充和完善。

注册计量师分为一级注册计量师和二级注册计量师。其资格考试报名条件、考试课程、资格考核认定条件、具备执业能力、权利和义务如表7-8所示。

表7-8 注册计量师考试申报条件

项目名称	一级注册计量师	二级注册计量师
考试报名条件	1.取得理学类或工学类专业大学专科学历,工作满6年,其中从事计量技术工作满4年	取得工学类中专学历后,从事计量技术工作满2年
	2.取得理学类或工学类专业大学本科学历,工作满4年,其中从事计量技术工作满3年	
	3.取得理学类或工学类专业双学士学位或研究生班毕业,工作满3年,其中从事计量技术工作满2年	
	4.取得理学类或工学类专业硕士学位,工作满2年,其中从事计量技术工作满1年	取得理学类或工学类专业大学专科及以上学历或学位,从事计量技术工作满1年
	5.取得理学类或工学类专业博士学位,从事计量技术工作满1年	
	6.取得其他类专业相应学历、学位的人员,其工作年限和从事计量技术工作年限相应增加2年	
考试课程	《计量法律法规及综合知识》《测量数据处理与计量专业实务》和《计量专业案例分析》	《计量法律法规及综合知识》和《计量专业实务与案例分析》

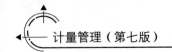

表 7-8（续）

项目名称		一级注册计量师	二级注册计量师
资格考核认定条件		中国科学院院士或中国工程院院士；或聘为高级专业技术职务	聘为工程类或工程研究类中级专业技术职务
	同时具备下列条件（1 学历和业务工作年限）、（2 技术业绩）、（3 学术水平）项中各一项条件：	1. 学历和业务工作年限： ①取得理学类、工学类专业大学专科学历后，累计从事计量技术工作满 15 年。 ②取得理学类、工学类专业大学本科学历后，累计从事计量技术工作满 12 年。 ③取得理学类、工学类专业硕士学位，累计从事计量技术工作满 10 年。 ④取得理学类、工学类专业博士学位，累计从事计量技术工作满 7 年	
		2. 技术业绩： ①担任主要技术负责人（排名前 3 名），主持完成 1 项以上计量基准或计量标准的研制工作，其研究成果已作为国家计量基准、计量标准投入使用。 ②获得与计量专业相关的国家科技进步奖项的主要技术负责人（排名前 5 名）。 ③获得与计量专业相关的省（部）级科技进步（科技成果）一等奖项的主要技术负责人（排名前 3 名）。 ④获得 2 项以上与计量专业相关的省（部）级科技进步（科技成果）二等奖项的主要技术负责人（排名前 3 名）。 ⑤获得 3 项以上与计量专业相关的省（部）级科技进步（科技成果）3 等奖项的主要技术负责人（排名前 3 名）	
		3. 学术水平： ①作为主要负责人（排名前 3 名），完成 1 项以上已颁布实施的国家计量技术法规制订工作。 ②在有国内统一刊号（CN）的期刊或在有国际统一书号（ISSN）的国外期刊上，作为第一作者发表过计量技术相关论文 3 篇及以上（每篇不少于 2000 字）。 ③在正式出版社出版有统一书号（ISBN）的计量技术相关专业著作，本人独立撰写的章节在 5 万字以上	
	具备执业能力：	(1) 熟悉国家计量法律、法规、规章及相关法律规定，有较丰富的计量技术工作经验； (2) 了解国际相关标准或技术规范，掌握计量技术发展前沿情况，具有独立解决本专业复杂、疑难技术问题的能力； (3) 熟练运用本专业计量技术法规，使用相关计量基准、计量标准，完成量值传递等技术工作，正确进行测量不确定度分析与评定，出具的计量技术报告准确无误； (4) 具有较强的本专业计量技术课题研究能力，能够应用新技术成果，指导本专业二级注册计量师工作	(1) 熟悉国家计量法律、法规、规章及相关法律规定，有一定的计量技术工作经验； (2) 熟练运用本专业计量技术法规和使用相关计量基准、计量标准，较好地完成本专业量值传递（计量基准、计量标准器具校准除外）等技术工作； (3) 能正确出具本专业计量技术报告（计量基准、计量标准器具校准除外）

表 7-8（续）

项目名称	一级注册计量师	二级注册计量师
权利	(1)使用本专业相应级别注册计量师称谓； (2)依据国家计量技术法律、法规和规章，在规定范围内从事计量技术工作，履行相应岗位职责； (3)接受继续教育； (4)获得与执业责任相应的劳动报酬； (5)对不符合规定的计量技术行为提出异议，并向上级部门或注册审批机构报告； (6)对侵犯本人权利的行为进行申诉	
义务	(1)遵守法律、法规和有关管理规定，恪守职业道德； (2)执行计量法律、法规、规章及有关技术规范； (3)保证计量技术工作的真实、可靠，以及原始数据和有关资料的准确、完整，并承担相应责任； (4)在本人完成的计量技术工作相关文件上签字； (5)不得准许他人以本人名义执业； (6)严格保守在计量技术工作中知悉的国家秘密和他人的商业、技术秘密； (7)接受继续教育，提高计量技术工作水准。	

3. 计量专业人才的继续教育

为了不断提高计量专业技术与管理人员的业务水平和能力，由高等院校、计量学会/协会、培训进修机构及有关企事业单位采用下列形式进行计量方面的继续教育：

（1）计量专业学术/技术研讨/交流活动；

（2）计量类专题培训/进修班；

（3）计量检定/标准方面的标准、规程/规范宣贯。

4. 计量专业人才的教育和培训方法

计量人员的培训和教育方法是灵活多变的，可以因人因地制宜采用。但根本的方法应该是理论联系实际的方法。

目前，为了切实做好计量人员的培训和教育工作，需要重点解决和注意下列 8 个方面的问题。

（1）组织编写科学、系统而又实用的计量教材。

（2）结合计量人员特点和需要，组织编写一套起点适当、循序渐进、理论正确、实用有效的计量教材（包括教学大纲、教材教学参考资料、教学进度表等），搞好教材基本建设。

（3）采用师生互动，教学相成的培训和教育方法。

（4）无论是计量专业学历教育还是举办计量人员学习班，或是计量函授培训，由于学员一般都来自计量工作第一线，具有一定的计量工作实践经验，所以应采取教学相成，共同讨论的教学方法，以收到良好的教学效果。

（5）联系实际，学用结合着重培养独立工作能力。

（6）由于计量工作实践性特别强，必须采取各种方法，如邀请有实践经验的计量管理干

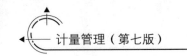

部和技术干部上课或作学术报告,甚至可以让有实践经验的学员上台讲解。此外,还可安排一些专题讲座,以开阔学员事业,吸取新鲜知识。直接从高(初)中入学的计量本科,大、中专学生更应在学习期间深入计量工作实践,多做实验和实际操作,多深入计量机构见习,以培养一定的独立工作能力。

(7) 认真安排毕业设计和实习。

(8) 为了进一步培养学员的组织管理能力和工作才能,应该在毕业(结业)前安排一定时间的毕业设计或实习。结合实际,进行地区、部门和企业计量系统的设计,写出设计总结和论文,并认真进行答辩。

第三节　计量专业人才的注册和管理

计量人才的注册和管理,主要是做好计量人才的合理使用,考核晋升、奖罚等工作。由于计量工作业务技术性强,要求人员稳定,因此,加强计量人才的注册和管理就更加重要。

一、注册发证

目前,我国计量行政部门对计量专业人才实行职业资格注册制度。专业技术人员职业资格是对从事某一职业所必备的学识、技术和能力的基本要求,职业资格包括从业资格和执业资格。从业资格是政府规定专业技术人员从事某种专业技术性工作的学识、技术和能力的起点标准;执业资格是政府对某些责任较大,社会通用性强,关系公共利益的专业技术工作实行的准入控制,是专业技术人员依法独立开业或独立从事某种专业技术工作学识、技术和能力的必备标准。

如计量检定员的注册申请人应在符合下列 4 项条件后向计量行政部门提交申请表及身份证、学历证明等材料复印件。

(1) 具有中专(含高中)或相当于中专(含高中)毕业以上文化程度;

(2) 连续从事计量专业技术工作满 1 年,并具备 6 个月以上本项目工作经历;

(3) 具备相应的计量法律法规以及计量专业知识;

(4) 熟练掌握所从事项目的计量检定规程等有关知识和操作技能;

(5) 经有关组织机构依照计量检定员考核规则等要求考核合格。

又如注册计量师,是指经考试取得相应级别注册计量师资格证书,并依法注册后,从事规定范围计量技术工作的专业技术人员。为加强计量专业技术人员管理,提高计量专业技术人员素质,保障国家量值传递的准确可靠,人事部和国家质检总局联合下发了《注册计量师制度暂行规定》(2013 年修订);从 2006 年起,我国从事计量检定、校准、检验、测试等计量技术工作的专业技术人员实施注册计量师这一资格制度。我国注册计量师分一级注册计量师和二级注册计量师。注册计量师的注册要求如表 7-9 所示。

表 7-9　注册计量师注册要求

项目名称	一级注册计量师	二级注册计量师
注册审批机关	市场监管总局	省级质量技术监督部门
初始注册条件	1.取得所申请注册执业的计量专业项目考核合格证明或《中华人民共和国计量法》规定的《计量检定员证》； 2.受聘于一个经批准或授权的计量技术机构(含企、事业单位设置的计量技术机构)	
受理时间	20 个工作日	
初始注册材料	1.相应级别注册计量师注册申请表； 2.相应级别注册计量师资格证书及复印件； 3.计量专业项目考核合格证明或《计量法》规定的《计量检定员证》及复印件； 4.逾期申请注册人员的继续教育证明材料； 5.申请人与聘用单位签订的劳动或聘用合同及复印件； 6.居民身份证及复印件	
送达时间	10 个工作日	
有效期	3 年	
延续注册条件	(1)完成规定的继续教育内容； (2)经聘用单位考核合格	
延续注册材料	1.相应级别注册计量师注册申请表； 2.相应级别注册计量师资格证书及复印件； 3.规定完成继续教育的证明； 4.聘用单位考核合格证明及《注册证》； 5.申请人与聘用单位签订的劳动或聘用合同及复印件； 6.居民身份证及复印件	
变更注册条件	具备下列条件之一： (1)申请变更执业单位的,应当与原注册执业单位解除聘用关系,并被新的执业单位正式聘用； (2)申请变更专业项目类别的,应当提供相应计量专业项目考核合格证明及聘用单位同意证明	
变更注册材料	1.注册计量师变更注册申请审批表； 2.《注册证》； 3.申请新增计量专业项目类别的,提交相应的计量专业项目考核合格证明和聘用单位同意新增计量专业项目的证明； 4.申请变更执业单位的,提交与新聘用单位签订的劳动或聘用合同及复印件、工作调动证明、与原聘用单位解除劳动或聘用关系证明；工作单位更换名称的,提交工作单位出具的证明	
不予注册 (有下列情形之一的)	1.不具有完全民事行为能力的； 2.刑事处罚尚未执行完毕的； 3.因在计量技术工作中受到刑事处罚的,自刑事处罚执行完毕之日起至申请注册之日止不满 2 年的； 4.法律、法规规定不予注册的其他情形	

表 7-9（续）

项目名称	一级注册计量师	二级注册计量师
注销 （有下列情形之一的）	1. 不具有完全民事行为能力的； 2. 申请注销注册的； 3. 注册有效期满且未延续注册的； 4. 被依法撤销注册的； 5. 受到刑事处罚的； 6. 与聘用单位解除劳动或聘用关系的； 7. 聘用单位被依法取消计量技术工作资质的； 8. 因本人过失造成利害关系人重大经济损失的； 9. 应当注销注册的其他情形	

二、合理使用

人才的管理，首先应有合理的人才结构或能级结构，各级计量机构的能级结构是个值得研究和探讨的课题。

根据我国现代化建设和计量事业的发展需要，各级政府计量行政部门和主要企业的计量人员中，应合理设置高、中、初级专业技术职务的比例。

合理使用，首先就是要根据实际需要配备相应的各类计量管理干部和技术人员。配备时要遵循以下两个原则：

1. 内行原则

就是说，计量人员必须是对他们管理或从事的那一部分计量工作是懂行的。

2. 适才适用原则

就是说任何人都各有所长也各有所短，不可能十全十美，完美无缺。使用时，就应用其所长，避其所短，做到适才适职，人尽其才。

其基本方法有：

（1）设岗合理

应按实际情况，合理确定工作流程与划分岗位。

（2）职能相称

即指人的能力、水平等与所任职务或从事的岗位相适应。现代管理学中的"能级原理"指出，管理岗位有层次，能级之分，人的才能也有层次、类型之别。人的能力，水平与所任的职务、岗位相一致，工作起来才得心应手，才能充分施展才华。

（3）唯才所宜

根据每个人的特点安排在合理的岗位上，使其长处充分发挥，短处也不妨碍工作，这也可以称为用长避短。使职工在工作上取得成就与满足，除其长处需与所任职务相配合外，还需顾及其性格、智力、特点与体能与所任的职务相符合，如只注意其长处与职务的配合，而疏忽其他条件与职务的相当，则无法获得成就与满足。

（4）情感吸引

在其他条件相同的情况下，只干自己感兴趣的工作，其效率比干不感兴趣的工作效率要高。应根据实际需要对职工所选工种确实是可以发挥其特点和作用的，在工作变动时尽可能满足其要求，以尽可能挖掘职工潜在的能力。

（5）敢用能人

应着眼大局，辩证地看待人的历史和优缺点，力排众议，敢用人才。列宁说："人们缺点多半是同人们的优点相联系的。"敢用能人，还要敢于用强于自己的人，这就必须去掉私心，以事业为重，具有包容性，而不能武大郎开店，专用比自己短的人。

（6）授权信任

用人的关键在于信赖，这件事至关重要；应该信任用的人，授予他相应的权力，充分发挥他的主观能动性和创造性。如果对其处处设防，反而会损害事业的发展。倘若对下级这也限制，那也约束，他们在工作中畏首畏尾，那么，本来出类拔萃的人才也会变成庸才。

（7）善于激励

激励方式会因人、因事、因时不同，但有一些共同的激励方法。如金钱激励、目标激励、尊重激励、培训激励、荣誉激励、晋升激励等，正面的激励作用远大于负面的激励，所以要以正面的激励为主，也要适当的约束人。

（8）合理搭配

各种不同的人有机地组合起来，形成合理的群体结构；在人员构成上必须考虑以下几方面的结构。即知识结构、专业结构、智能结构、性别结构、年龄结构和性格结构，建立合理的群体结构，能使每个人在总体协调下释放出最大的能量，是合理使用人的一个重要方面，也是用人的一项重要艺术。

（9）双向选择

社会主义市场经济和经济全球化，都要求人才的全面流动和自主择业；允许人才在全社会范围内的合理流动，使社会合理地使用人才；另一方面，作为劳动者个人，也有了自主择业的自由，可以选择最适合自己的岗位。

（10）权责相当

在拥有用人权的同时，也要承担相应的责任，杜绝买官卖官，任人唯亲，排斥异己的现象。

合理地使用人，是一个永恒而重要的话题，任何一个单位和组织，只有真正做到人尽其才，才可能实现自我的目标。

三、认真考核

计量人员的考核方法可以是多种多样的，但主要还是评审法。就是在同级计量人员中进行分析比较，根据统一的考核标准，对其品德、才能和知识、工作成绩进行综合性评价。具体来说，考核内容有以下 4 个方面：

1. 工作贡献

主要是在计量工作中的工作业绩和实际效果。

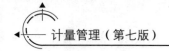

2. 技术水平

主要是指专业基础知识水平、计量专业技术水平、外语程度、计量方面论文、专著发表情况等。

3. 业务能力

主要指计量业务工作中的创造思维能力、调查研究和系统设计能力、计划和决策能力、解决实际问题的能力、组织和管理能力，以及其口头或文字表达能力等。

4. 工作态度

主要指工作中勤奋程度、工作热情、负责态度等。

对上述四个方面的考核内容，可以采取评分法进行考核。即把每项内容分解成若干条具体内容，对每项具体内容分成几个分数等级，制定其工作标准，然后由评审考核部门对每项对比评分。在分数分配上应以工作贡献为主。

近年来，运用现在科学管理发展起来一种新的人事管理科学方法——人员素质评测工程，也完全适用于计量人员的考核。

而对各级政府计量行政部门的计量管理干部，则将采用公务员的考核方法。

思 考 题

1. 计量专业人才应有什么样的素质要求？计量管理人才与计量技术人才在素质要求上有何相同与不同？

2. 应怎样加强计量专业人才的培训和教育？

3. 为什么要加强对计量人才的注册和管理？

4. 目前，我国有哪几类计量专业人才应实行职业资格注册制度？

第八章

计量工作规划、计划和统计

计量管理中,国家、行业和地方计量部门经常要在总结过去计量工作的经验基础上,编制今后一段时期计量管理的目标、任务和措施,这就是计量工作的规划和计划。

计量工作规划和计划是对一个计量系统在一定时期内的总目标以及为实现这个目标所需要的人、财、物信息的决策和组织实施的总体设计。而统计则是制定规划和计划的重要基础工作,是规划和计划实施后的信息反馈。

本章着重介绍编制计量工作的规划和计划以及计量统计工作的原则、程序和内容。

第一节　计量工作规划、计划的编制原则和程序

计量工作规划和计划是相互联系的。规划制约计划,计划补充规划。它们编制的原则基本相同,只是规划处于战略决策地位,计划处于战术执行地位。

一、编制计量工作规划、计划的主要原则

编制计量工作规划、计划应遵循以下 5 项原则。

1. 整体性原则

计量系统是国民经济的一个子系统,计量系统规划的总体目标是溯源和服从于国民经济长远发展的战略目标的需要。根据这一整体性原则,"计划"就是保证"规划"总体目标的实现。只有坚持整体性原则,计量系统对国民经济主系统才能发挥出整体功能。比如,在我国《1963—1972 年科学技术发展规划》中,明确指出计量是一项重点项目,根据"科技要发展,计量须先行"的要求,计量规划和计划的总体目标是建立健全国家急需的计量基准和标准,并组织好量值传递,以保证经济建设和国防建设的顺利进行。实施的结果建立了 156 项国家计量基准、标准,它们的建立和组织传递保证了国民经济建设的急需,并在某些方面赶上了世界先进水平。

2. 调查研究,从实际出发的原则

编制规划、制定计划一定要调查研究,从我国国情及本行业、本地区的实际情况出发,防止盲目照搬外国、外行业、外地区的经验。这是中华人民共和国成立以来经过实践(经验和教训)充分证明了的一条基本原则。

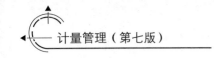

3. 需要和可能相结合的原则

根据国民经济需要,计量工作规划、计划中有的需超前规划,对于基础部分有的需同步规划,有的还要事后追补计划,一切要根据资源(即物力、人力、能源和信息)情况合理设计分阶段目标,而且要留有余地。

4. 突出重点,兼顾经济的原则

规划和计划的总体目标和具体目标都是一组目标体系,彼此之间的位置不是相互平行,也不是线性的,必有一个或两个起主导作用的重点目标或重点工作。要全力抓住重点目标,组织协调各方力量保证实现,从而带动全局。

5. "宏观控制和分级管理"相结合的原则

由于计量工作具有广泛的社会性,计量系统又是"分层联系"的开放系统,因此宏观间接控制和分级管理是需要的。

(1) 全国的计量事业发展规划和计划,对各级计量管理部门不具有直接指令性计划的作用,而是宏观间接控制的指导性计划。各级计量部门要服从各政府和经济主管部门的规划、计划的直接领导。这种分级编制规划、计划的优点是便于各地区各部门密切结合各自的特点,灵活机动地组织实施。适用于计量这个多层次的复杂系统。

(2) 在规划、计划中如何从横向方面充分调动社会力量,是编制规划、计划和组织实施的一条重要方针。只有将各专业力量和社会力量统筹安排,把过去被条块分割的计量资源合理地组织起来,才能最佳地起到保证国民经济建设的需要。

二、计量工作规划与计划的制定程序

计量工作规划与年度工作计划制定的程序应与国民经济规划与计划同步,一般说来有以下 6 步:

(1) 学习计量工作方针、政策、法律、法规,研究计量工作现状及发展趋势。

我国计量工作主要是两个方面:一是对国家贸易结算,安全防护,医疗卫生,环境监测,资源保护,法定评价,公正计量方面的计量器具实行法制管理;二是加强计量科学技术研究,推广先进的计量科学技术和计量管理方法,我们必须紧紧围绕这两个方面,研究和确定科学计量工作发展趋势和要求。

(2) 调查研究,分析计量工作具体情况;总结经验,分析问题,找出差距,明确方向。

这就是先要通过调查研究,了解我国或一个行业,一个地区,甚至一个单位的计量工作现状,找出差距,以明确今后的工作方向。

(3) 确定计量工作方针、工作目标任务和要求。

依据客观条件和可能实现的需求,确定一段时期的计量工作方针、工作目标、工作任务及其要求,目标要量化,任务应具体,要求具有可实现性。

(4) 确定完成计量工作目标和任务应该实施的具体措施。

针对计量工作目标和任务,确定实现计量工作目标和任务的具体措施,措施应具体、明确,落实到责任部门/人员,配置必需的资源条件,并有明确的期限。

（5）调配资源，明确有关部门/单位分工及其职责。

在落实计量工作的具体措施时，要调配和分配人力、物力和财力等资源，明确归口部门及协作部门，主要责任人和协助人员的职责，以落实到人。

（6）编制计量工作规划或计划草案，广泛征求意见，并进行可行性论证后审定发布。

由起草组/人，编制计量工作规划或计划草案，广泛征求意见，必要时进行可行性论证，最后由领导审定，发布。

计量工作规划与计划发布实施之后，应在实施过程中进一步补充、完善或修改，必要时，可以调整局部项目和进度。

总之，计量工作的规划和计划要采用"PDCA"循环即"滚动计划法"，使计量工作沿着科学有序的轨道迅速发展。

第二节 计量工作规划和计划的内容

计量工作规划和计划的主要内容，一般是分析现状，确定奋斗目标，提出重点任务和实现这些任务的步骤、方法和措施等。现以我国《计量发展规划（2013—2020 年）》为例，简叙其内容结构。

一、分析现状

具有中国特色的计量发展与管理制度逐步形成。国家计量基准、社会公用计量标准、量传溯源①体系不断完善，保证了全国单位制的统一和量值的准确可靠；专用、新型、实用型计量测试技术研究水平和服务保障能力进一步增强；计量法律法规和监管体制逐步完善；国际比对和国际合作进一步加强，我国计量测量能力居于世界前列。但是，计量工作的基础仍较为薄弱。国家新一代计量基准持续研究能力不足；量子计量基准相关研究尚处于攻坚阶段，与发达国家仍有很大差距；社会公用计量标准建设迟缓，部分领域量传溯源能力仍存在空白；法律法规和监管体制滞后于社会主义市场经济发展需要，监管手段不完备，计量人才特别是高精尖人才缺乏。

21 世纪第二个十年，是我国全面建成小康社会、加快推进社会主义现代化建设的关键时期，是深化改革开放、加快转变经济发展方式的攻坚时期。计量发展面临新的机遇和挑战：世界范围内的计量技术革命将对各领域的测量精度产生深远影响；生命科学、海洋科学、信息科学和空间技术等快速发展，带来巨大计量测试需求；国民经济安全运行以及区域经济协调发展、自然灾害有效防御等领域的量传溯源体系空白需尽快填补；促进经济社会发展、保障人民群众生命健康安全、参与全球经济贸易等，需要不断提高计量检测能力。夯实计量基础、完善计量体系、提升计量整体水平已成为提高国家科技创新能力、增强国家综合实力、促进经济社会又好又快发展的必然要求。

---

① 量传溯源是量值传递和量值溯源的简称。量值传递指通过对测量仪器的校准或检定，将国家测量标准所实现的单位量值通过各等级的测量标准传递到工作测量仪器的活动，以保证测量所得的量值准确一致。量值溯源是量值传递的逆过程。

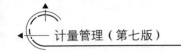

二、奋斗目标

计量工作规划和计划都应有在某一阶段内确立指导思想和发展目标，以明确工作方向。例如：

1. 指导思想

2013—2020 年期计量工作的指导思想是：

高举中国特色社会主义伟大旗帜，以邓小平理论、"三个代表"重要思想、科学发展观为指导，突出基础建设、法制建设和人才队伍建设，加强基础前沿和应用型计量测试技术研究，统筹规划国家计量基标准和社会公用计量标准发展，进一步完善量传溯源体系、计量监管和诚信体系，为推动科技进步、促进经济社会发展和国防建设提供重要的技术基础和技术保障。

2. 发展目标

到 2020 年，计量科技基础更加坚实，量传溯源体系更加完善，计量法制建设更加健全，基本适应经济社会发展的需求，并提出以下工作目标：

（1）科学技术领域

建立一批国家新一代高准确度、高稳定性量子计量基准，攻克前沿技术。突破一批关键测试技术，为高技术产业、战略性新兴产业发展提供先进的计量测试技术手段。提升一批国家计量基标准、社会公用计量标准的服务和保障能力。研制一批新型的标准物质[①]，保证重点领域检测、监测数据结果的溯源性、可比性和有效性。建设一批符合新领域发展要求的计量实验室，推动创新实验基地建设跨越式发展。

如：国家计量基标准、标准物质和量传溯源体系覆盖率达到 95％以上；

国家一级标准物质数量增长 100％，国家二级标准物质品种增加 100％；

国家计量基准实现国际等效比例达到 85％以上；

得到国际承认的校准测量能力达到 1400 项以上，其中 90％以上达到国际先进水平等。

（2）法制监管领域

完成《中华人民共和国计量法》及相关配套法规、规章制修订工作。建立权责明确、行为规范、监督有效、保障有力的计量监管体系，建立民生计量、能源资源计量、安全计量等重点领域长效监管机制。诚信计量体系基本形成，全社会诚信计量意识普遍增强。

如：完成《中华人民共和国计量法》修订；

得到国际承认的校准测量能力达到 1400 项以上，其中 90％以上达到国际先进水平；

国家重点管理计量器具受检率达到 95％以上；

全国范围内引导并培育 10 万家诚信计量示范单位等。

（3）经济社会领域

量传溯源体系更加完备，测试技术能力显著提高，进一步扩大在食品安全、生物医药、节

---

① 标准物质是具有足够均匀和稳定的特定特性的物质，其特性被证实适用于测量中或标称特性检查中的预期用途。

能减排、环境保护以及国防建设等重点领域的覆盖范围。国家计量科技基础服务平台(基地)、产业计量测试服务体系、区域发展计量支撑体系等初步建立,计量服务与保障能力普遍提升。如实现万家重点耗能企业能源资源计量数据实时、在线采集等。

三、重点任务和措施

在确立奋斗目标后,要明确主要工作任务,以确保提出的奋斗目标的实现。如我国2013—2020 年间计量工作的六项重点任务如下:

1. 加强计量科技基础研究

(1) 加强计量科技基础及国家计量基标准研究

加强计量科技基础及前沿技术研究,特别是物理常数等精密测量和量子计量基准研究,应对国际单位制中以量子物理为基础的自然基准取代实物基准的重大技术革命,建立新一代高准确度、高稳定性量子计量基准。突破关键技术,建立一批经济社会发展急需的国家计量基标准、社会公用计量标准。加快改造和提升国家计量基标准能力和水平。

(2) 加强标准物质研究和研制

开展基础前沿标准物质研究,扩大国家标准物质覆盖面,填补国家标准物质体系的缺项和不足。加强标准物质定值、分离纯化、制备、保存等相关技术、方法研究,提高技术指标。加快标准物质研制,提高质量和数量,满足食品安全、生物、环保等领域和新兴产业检测技术配套和支撑需求。完善标准物质量传溯源体系,保证检测、监测数据结果的溯源性、可比性和有效性。

(3) 加强实用型、新型和专用计量测试技术研究

加快新型传感器技术、功能安全技术等新型计量测试技术和测试方法研究,加快转化和应用,填补新领域计量测试技术空白。加快航空航天、海洋监测、交通运输等专用计量测试技术研究,提升专业计量测试水平。提高食品安全、药品安全、突发事故的检测报警、环境和气候监测等领域的计量测试技术水平,增强快速检测能力。将计量测试嵌入到产品研发、制造、质量提升、全过程工艺控制中,实现关键量准确测量与实时校准。加强仪器仪表核心零(部)件、核心控制技术研究,培育具有核心技术和核心竞争力的仪器仪表品牌产品。

(4) 加强量传溯源所需技术和方法研究

加强与微观量、复杂量、动态量、多参数综合参量等相关的量传溯源所需技术和方法的研究。加强经济安全、生态安全、国防安全等领域量值测量范围扩展、测量准确度提高等量传溯源所需技术和方法的研究。加强互联网、物联网、传感网等领域计量传感技术、远程测试技术和在线测量等相关量传溯源所需技术和方法的研究。加强计量对能源资源的投入产出、流通过程中的统计与测量,以及对贸易、税收、阶梯电价等国家政策的支持方式和模式研究。

2. 加强计量科技创新与管理

(1) 推进计量科技创新

大力推动计量科技与物理、化学、材料、信息等学科的交叉融合,完善学科布局。加强高校、科研院(所)以及部门科研项目的合作,开展重点领域、重点专业、重点技术难题专项合作

研究。改善对环境控制和设施配套有较高要求并与先进测量、高精密测量相适应的超高、超宽和洁净实验条件以及计量科技创新实验环境。构建以计量前沿科研为主体、计量科研创新发展为手段、服务产业技术创新为重点、推动创新型国家建设为宗旨的"检学研"相结合的计量技术创新体系。

（2）加快科技成果转化

计量科研项目的立项、论证等要与高技术产业、战略性新兴产业的科研项目对接，把科研成果的转化作为应用型计量技术研究课题立项、执行、验收的全过程评审指标。加快计量科研成果的推广和应用。建立计量科研机构与企业技术机构交流平台，加强计量技术机构与企业联合立项、联合攻关、联合研发力度，开展计量科研成果展示、科研人员技术交流、技术合作或共同开发等，促进计量科研成果转化和有效应用。

（3）积极参与计量国际比对

积极参加计量基标准国际比对，增加作为主导实验室组织计量国际比对的数量，提高我国量值的国际等效性。加强对计量国际比对各环节管理，为参与和组织计量国际比对提供便利。积极参与国际同行评审，加快校准测量能力建设，提升我国在国际计量领域的竞争力和国际影响力。

（4）制修订计量技术规范

及时制修订计量技术规范，满足量传溯源及计量执法需要。加大经济发展、节能减排、安全生产、医疗卫生等领域的计量技术规范制修订力度。加强部门（行业）和地方计量技术规范制修订工作管理，促进计量技术规范协调统一。增强实质性参与制修订国际建议①的能力，推动我国量值与国际量值等效一致。

（5）构建区域发展计量支撑体系

整合区域内现有计量技术机构、专业计量站、部门计量技术机构以及企（事）业单位的计量技术能力，结合主体功能区规划定位，加强计量技术服务与保障能力建设。建立满足区域发展需要的国家计量基标准和社会公用计量标准，完善量传溯源体系。加强相关计量测试技术的研究，开展计量检测等活动，提升现代计量测试水平和服务区域经济发展的能力。

3. 加强计量服务与保障能力建设

（1）提升量传溯源体系服务与保障能力

统筹国家计量基标准、社会公用计量标准建设，科学规划量传溯源体系。加速提升时间频率等关键量和温室气体、水、粮食、能源资源等重点对象量传溯源能力。加快食品安全、节能减排、环境保护等重点领域国家计量基标准和社会公用计量标准建设，填补量传溯源体系空白。全面提升各级计量技术机构量传溯源能力。根据需要合理配置计量标准，做好企（事）业单位的内部量传溯源工作，保证量值准确可靠。

（2）完善国家计量科技基础服务平台（基地）

以国家计量基标准和社会公用计量标准建设为主体，以量传溯源体系为基本架构，进一步完善国家计量科技基础服务平台（基地）。加强大型计量科学仪器、设备共享，营造开放、

---

① 国际建议：国际法制计量组织的出版物之一，旨在提出某种测量器具必须具备的计量特性并规定了检查其合格与否的方法和设备。

共享的计量研究实验环境。加强科技文献数据、计量科研数据和科研成果数据共享,促进科研成果的转化、推广和应用。强化平台(基地)信息化建设,不断充实国家计量基准和社会公用计量标准、计量科研成果、计量服务能力和水平等信息。

(3)构建国家产业计量测试服务体系

整合相关科研院所、高等院校、企(事)业单位等资源,在高技术产业、战略性新兴产业、现代服务业等经济社会重点领域,研究具有产业特点的量值传递技术和产业关键领域关键参数的测量、测试技术,开发产业专用测量、测试装备,研究服务产品全寿命周期的计量技术,构建国家产业计量测试服务体系。

(4)构建区域发展计量支撑体系

整合区域内现有计量技术机构、专业计量站、部门计量技术机构以及企(事)业单位的计量技术能力,结合主体功能区规划定位,加强计量技术服务与保障能力建设。建立满足区域发展需要的国家计量基准和社会公用计量标准,完善量传溯源体系,加强相关计量测试技术的研究,开展计量检测等活动,提升现代计量测试水平和服务区域经济发展的能力。

(5)构建国家能源资源计量服务体系

完善与能源资源计量相关的国家计量基准和社会公用计量标准体系建设,加强能源资源监管和服务能力建设,开展城市能源资源计量建设示范,开展能源资源计量检测技术研究、交流及计量检测技术研究成果转化,促进节能减排。开展计量检测、能效计量比对等节能服务活动,促进用能单位节能降耗增效。开展专业技术人才培训,提高专业素质,构建能源资源计量服务体系。

4. 加强企业计量检测和管理体系建设

依据测量管理体系有关标准和国际建议要求,完善计量检测体系认证制度,推动大、中型企业建立完善计量检测和管理体系。加强计量检测公共服务平台建设,为大宗物料交接、产品质量检验以及企业间的计量技术合作提供检测服务。生产企业特别是大、中型企业要加强计量基础设施建设,建立符合要求的计量实验室和计量控制中心,加强对计量检测数据的应用和管理,合理配置计量检测仪器和设备,实现生产全过程有效监控。积极采用先进的计量测试技术,推动企业技术创新和产品升级。新建企业、新上项目等,要把计量检测能力建设作为保证企业产品质量、提高企业生产效率、实现企业现代化和精细化管理的重要技术手段,与其他基础建设一起设计、一起施工、一起投入使用。

5. 加强计量监督管理

(1)加强计量法律法规体系建设

加快《中华人民共和国计量法》及相关配套法规、规章的制修订,建立健全有中国特色的计量监管体制和机制。全面梳理相关法规规章,形成统一、协调的计量法律法规体系。制定强制管理的计量器具目录,强化贸易结算、安全防护、医疗卫生、环境监测、资源管理、司法鉴定、行政执法等重点领域计量器具监管。制修订能效标识监管、过度包装监管等方面的行政法规或规章,推动相关监管制度的建立和实施。

(2)加强计量监管体系建设

进一步健全计量监管体系,提高监管效率,保证全国单位制统一和量值准确可靠。加强重点计量器具的监督,完善计量器具制造许可、型式批准、强制检定、产品质量监督检查等管理制度,提高计量器具产品质量。用简便、快速、有效的计量执法装备充实执法一线,完善计量监管手段,提高执法人员综合素质和执法水平。加强对计量检定技术机构监管,规范检定行为。建立强制检定计量器具档案。完善部门计量监管机制,加大监管力度。充分发挥新闻舆论、社会团体、人民群众等社会监督作用。

（3）推进诚信计量体系建设

在服务业领域推进诚信计量体系建设,加强诚信计量教育,树立诚信计量理念。强化经营者主体责任,培养自律意识,推动经营者开展诚信计量自我承诺活动,培育诚信计量示范单位。加强计量技术机构诚信建设,增强计量检测数据的可信度和可靠性。实施诚信计量分类监管,建立诚信计量信用信息收集与发布和计量失信"黑名单"制度,建立守信激励和失信惩戒机制。

（4）强化民生计量监管

加强对食品安全、贸易结算、医疗卫生、环境保护等与人民群众身体健康和切身利益相关的重点领域计量监管。在服务业领域推行计量器具强制检定合格公示制度,依法接受社会监督。强化食品安全等重点领域相关标准物质的制造、销售和使用中的监管,促进标准物质规范使用。强化对定量包装商品生产企业计量监管,改革完善定量包装商品生产企业计量保证能力监管模式,有针对性地开展计量专项整治,维护消费者合法权益。

（5）强化能源资源计量监管

加强对用能单位能源资源计量器具配备、强制检定的监管。开展能源资源计量审查、能效对标计量诊断等活动,培育能源资源计量示范单位。按照相关法律法规要求,强化用能单位能源资源计量的主体责任,引导用能单位合理配备和正确使用能源资源计量器具,建立能源资源计量管理体系,实现实时监测。加强对能源资源计量数据分析、使用和管理,对各类能源资源消费实行分类计量。积极采用先进计量测试技术和先进的管理方法,实现从能源采购到能源消耗全过程监管。

（6）强化安全计量监管

加强安全用计量器具提前预测、自动报警、检测数据自动存贮、实时传输等相关功能的研发和应用,提高智能化水平。加强与安全相关计量器具的制造监管,为生产安全、环境安全、交通安全等提供高质量的计量器具。加强重点行业安全用计量器具的强制检定,督促使用单位建立和完善安全用计量器具的管理制度,按要求配备经检定合格的计量器具,确保安全用强制检定计量器具依法处于受控状态。加强安全用计量器具的监督抽查。建立计量预警机制和风险分析机制,制定计量突发事件的应急预案。

（7）严厉打击计量违法违规行为

加强计量作弊防控技术和查处技术研究,提高依法快速查处、快速处理能力。加大计量器具制造环节监管,严厉查处制造带有作弊功能的计量器具。加强市场监管,对重点产品加大检查力度,严厉查办利用高科技手段从事计量违法行为。严厉打击能效标识虚标和商品过度包装行为。加强执法协作,建立健全查处重大计量违法案件快速反应机制和执法联动机制,加强行业性、区域性计量违法问题的集中整治和专项治理。建立健全计量违法举报奖励制度,保护举报人的合法权益。做好行政执法与刑事司法衔接,加大对计量违法行为的刑事司法打击力度。

6. 加强国际计量交流合作

建立国际计量交流合作平台,加强国际计量技术交流合作,促进我国量值国际等效,促进对外贸易稳定增长。扩大计量双边、多边合作与交流,参与重要国际合作计划和项目,扩大互认国和互认产品范围,满足"一次测试、一张证书、全球互认"的发展需求。

四、保障措施

2013—2020 年期间,我国主要采取下列 4 项保障措施:

1. 加强组织领导

各级人民政府要高度重视计量工作,把计量发展规划纳入到国民经济和社会发展规划中,及时研究制定支持计量发展的政策措施。各地要按照计量量传溯源体系特点和要求,整体规划计量发展目标,合理布局本地区计量发展重点,建立完善的计量服务与保障体系。各部门、各行业、各单位要按照规划要求,组织编制实施方案,分解细化目标,落实相关责任,确保规划提出的各项任务完成。要加强国家、地区、部门有关年度工作计划与规划的衔接,把规划的总体要求安排到年度计划中。

2. 加大投入力度

各级人民政府要增加对公益性计量技术机构的投入。发展改革、财政、科技、人力资源社会保障等部门要制定相应的价格、投资、财政、科技以及人才支持政策。加强对计量重大科研项目的支持,促进计量科技研发和重点科研项目、科研成果的转化和应用。增加强制检定所需计量检定设备投入,完善基层计量执法手段,提升计量执法能力和水平。支持开展计量惠民活动,把与人民生活、生命健康安全密切相关的计量器具的强制检定所需费用逐步纳入财政预算。

3. 加强队伍建设

依托重大科研项目、重点建设平台和国际合作项目,加大学科带头人培养力度。强化高层次科技人才开发,着力培养具有世界科技前沿水平的高级专家、高层次领军人才。加大优秀科技人才引进,重视青年科技英才培养,支持青年人才主持重点科技项目。加强计量相关学科、专业以及课程建设,完善全过程计量人才培养机制。加强计量技术人员相关职业资格制度建设,加强计量行政管理人才培养,提升计量队伍的业务水平和监管能力。加强计量文化建设,构建"度万物、量天地、衡公平"的计量文化体系。加强计量基础知识普及教育和宣传,形成公平交易、诚信计量的良好社会氛围。

4. 强化评估考核

加强对规划实施评估,定期分析进展情况。实施规划中期评估,评估后需调整的规划内容,由规划编制部门提出具体方案,报国务院批准后实施。规划编制部门要对规划最终实施总体情况进行全面评估并向社会公布规划实施情况及成效。地方各级人民政府、各有关部门要建立落实规划的工作责任制,按照职责分工,对规划的实施情况进行检查考核,对规划实施过程中取得突出成绩的单位和个人予以表彰奖励。

在计量工作规划中还可拟订一些具体的工作规划。如计量基/标准及量传溯源体系发展规划、科学计量发展规划、法制计量发展规划、国家计量技术法规制定修订项目规划表、计量测试中心建设与改造规划表及基本建设规划表等，作为计量发展规划的具体补充。

在实施五年计量工作规划中，可以在年度制定年度计划对其进行调整、修订或补充。

各地区、部门以及企事业单位的计量工作发展规划和计划基本上应按照上述程序及内容框架编制，并纳入地区、部门及企事业单位的技术监督工作发展规划和计划，乃至经济和科技发展规划、计划或企业发展规划、计划之中。

第三节 计量统计工作

统计工作是认识社会的重要手段，也是管理计量事业的有效工具。

2012年8月2日，国家计量部门依据《中华人民共和国统计法》发布了《质量监督检验检疫统计管理办法》，使我国计量统计工作有了统一的规定。

一、计量统计工作的过程

计量统计，是指根据国家统计法律法规，结合我国计量工作实际，制定统计项目、编制统计计划和方案、制定统计制度，开展统计调查、统计分析，提供统计资料和信息咨询等活动。各级计量部门应当加强计量统计科学研究，健全计量统计指标体系，完善计量统计制度，改进量统计方法，保证计量统计质量。

计量统计工作是指搜集、整理和分析计量统计资料的管理实践活动。其过程一般可分为以下四个阶段。

1. 计量统计项目确定

计量统计项目由国家或省级计量行政部门确定，计量统计项目应当互相衔接，避免矛盾、重复；并进行必要性、可行性、科学性、实用性、协调一致性等审查。

2. 计量统计调查

制定计量统计项目，应当同时制定该项目的统计调查制度并依照规定一并报经审批或者备案。

全国性的计量统计调查制度由国家计量行政部门拟定，调查对象属于计量行政系统内的，由国家计量行政部门审批，报国家统计局备案。如涉及其他行政部门的，则应报国家统计局审批。

地方计量统计调查制度，由地方计量行政部门的统计机构拟定，经地方计量行政部门或同级统计主管部门审批后实施，并报上一级计量行政部门备案。

在计量统计调查阶段，主要是搜集各种有关计量工作的客观事物数量特征的原始数据。如计量人员（按文化程度、技术职称、干部、工人分类）的统计数据；计量经费（财政拨款、检修费、生产收入等）收支数据；固定资产、计量标准名称、价值统计数据；计量器具检定台（件）统计数据等。

制定计量统计调查制度，应当按照统计项目编制计量统计调查计划和计量统计调查方案。对调查目的、调查内容、调查方法、调查对象、调查组织方式、调查表式、统计资料的报送和公布等作出规定。

计量统计调查计划应当列明项目名称、调查机关、调查目的、调查范围、调查对象、调查方式、调查时间、调查的主要内容等；计量统计调查方案应当包含供计量统计调查对象填报用的统计调查表和说明书、供整理上报用的统计综合表和说明书、统计调查需要的人员和经费及其来源。统计调查方案所规定的指标涵义、调查范围、计算方法、分类目录、调查表式、统计编码等，未经批准该统计调查方案的部门同意，任何单位或者个人不得修改。

开展计量统计调查，搜集、整理统计资料，应当以周期性普查为基础，以经常性抽样调查为主体，综合运用全面调查、重点调查等方法，充分利用行政记录等资料，并充分利用统计标准化、信息化技术。

3. 计量统计整理和管理

各级计量部门对统计调查取得的计量统计资料，应当运用科学方法，采用定量与定性相结合的方式进行统计分析。并建立健全计量统计资料的报送、保存、归档、使用等管理制度。

计量统计整理即按照统计研究的目的和要求，对原始资料进行审核、分组、汇总。在这个阶段里，计量统计的工作内容就是对各项计量统计项目的原始资料认真进行审核查对，确保统计资料的准确性，然后按国家计量行政部门的统一规定分组归类，逐级汇总上报或进行管理；保证计量统计资料的真实性、准确性、完整性、及时性。

计量统计资料的管理应按有关的档案管理制度或标准及保密制度等进行妥善保管，对尚未公布的或不宜公开的各项计量统计数字等要注意保密。

4. 计量统计资料公布和使用

计量统计资料的公布以及统计信息咨询应当严格按照统计法律法规和有关规定执行。

公布后，要以准确的计量统计资料为基础，以科学的统计方法为手段，研究客观

事物即计量的现状和发展过程，并进行科学的推论，从而认识事物即计量工作的本质和规律，预测计量工作发展的前景，以采取正确的计量工作方针、政策，推动我国计量事业健康的发展。

二、计量统计工作的基本任务

计量统计工作的基本任务就是对计量事业发展情况进行统计调查、开展统计分析、提供统计资料、实行统计监督。各级计量部门和机构，计量器具生产经营销售单位及个人，均要依照《统计法》和国家计量行政部门的《统计工作管理办法》等有关规定，如实提供统计资料，不得虚报、瞒报、拒报、迟报，更不准伪造和篡改统计资料。

三、计量统计管理体制及各级部门的职责

我国计量统计工作实行统一管理，分级负责的管理体制。

国家计量行政部门负责管理、协调全国的计量统计工作。

县级以上地方政府计量行政部门负责管理、协调本行政区域内的计量统计工作。

国务院各有关行政部门的计量管理机构，负责管理、协调本部门的计量统计工作。

国家计量行政部门的统计主管机构设在综合计划司,其主要职责为:

(1) 组织、指导和协调全国计量统计工作;

(2) 制定全国计量统计调查计划及有关工作制度;

(3) 建立全国计量统计报表与统计指标体系;

(4) 组织、收集、整理、提供全国性计量统计资料,进行统计分析,统计预测和统计监督;

(5) 定期提供统计调查资料,报告计量统计工作基本情况、提出建议,并负责向国家统计局报送基本统计资料;

(6) 组织和建立全国计量统计信息传输自动化工作;

(7) 组织全国计量统计人员的培训、考核和奖励等。

地方计量行政部门的统计工作一般设在办公室,其统计方面的职责是:

(1) 认真执行统计法规和统计制度,保证准确及时地提供计量统计资料;

(2) 支持计量统计人员独立行使以下职权:

统计调查权,即召开有关调查会议,调查收集有关统计资料等方面的权利。

统计报告,即将计量统计资料进行整理分析,向上级有关部门提供统计报告等方面权利。

统计监督权,即对计量工作进行统计监督。检查虚报、漏报、瞒报计量统计资料的行为,提出改进计量统计工作的建议等方面的权利。

国务院各有关行政部门的计量统计管理人员也具有上述职责和职权。

四、计量统计制度

计量统计工作是计量管理中一项重要工作,也是国家统计工作中的一个组成部分。为了有效地开展计量统计工作,应该制定一系列计量统计制度。

计量统计制度由国务院计量行政部门统一制定。如统计项目的确定、统计资料的分类方法、呈报时限以及统计资料的归档管理等都应有一系列的工作制度,以保证计量统计项目分类目录、统计调查表格、统计项目编码等还要制订成统一的统计标准,以便于汇总、计算和管理。

目前,我国计量部门统一规定的计量统计项目及表格主要有以下五种(见表8-1～表8-5)。

表8-1　计量器具检定情况统计年报表

填报单位：　　　　　　　　　　　　　　　　　　　　　　　　　单位:台、件

类别	项目					
	上年度实际检定数	上年度结转数	本年度收检数	本年实际检出数	年末结存数	备注
总计						
长度						
力学						
热学						

表 8-1（续）

填报单位：　　　　　　　　　　　　　　　　　　　　　　　　　　　　　　单位：台、件

类别	项目					
	上年度实际检定数	上年度结转数	本年度收检数	本年实际检出数	年末结存数	备注
电磁						
光学						
声学						
化学						
放射性						
无线电						
时间频率						
填报单位负责人：			填表人：		实际报出日期：	

表 8-2　计量基准、标准建立情况明细表

填报单位：　　　　　　　　　　　　　　　　　　　　　　　　　　　　　　　　　日期：

序号	类别	项别	种别		范围及精度	建立情况					
			等级	标准器							
1	长度	线值	一等	量块	$<100mm\pm0.05\mu m$						
2											
⋮											

表 8-3　机构、人员情况

填报单位：　　　　　　　　　　　　　　　　　　　　　　　　　　　　　　　　　日期：

地区	机构数			人员情况											计量师	计量工	监督员	检验员
				文化程度				技术职务										
	合计	县（区）	企业	合计	大专	中专	其他	合计	高工	工程师	助工	技术员	其他					

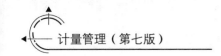

表 8-4　经费、固定资产总额统计表

填报单位：　　　　　　　　　　　　　　　　　　　　　　　　　　日期：

机构名称	经费													固定资产总额	
	收入						支出					科技三项费用			
	合计	国家年度财政拨款	上年度结转数	检定修理	生产收入	其他	合计	工资	设备费	业务费	其他	上年度结转数	收入	支出	小计	其中：仪器设备

表 8-5　计量法制管理基本情况统计表

填报单位：　　　　　　　　　　　　　　　　　　　　　　　　　　日期：

强制检定的计量器具			取得制造修理计量器具许可证单位数		计量器具新产品取得型式批准证书数		地方（部门）计量检定规程数	
项数	种数	台(件)数	本年度数	历年累计数	本年度数	历年累计数	个数	历年累计数

根据国家计量行政部门发布的《统计工作管理办法》规定，对计量统计工作符合下列表现之一的单位和个人应给予表扬或奖励：

（1）在改革和完善计量统计制度、统计方法等方面有贡献的；

（2）在完成规定的计量统计调查任务，保障计量统计资料准确性、及时性方面，做出显著成绩的；

（3）在进行计量统计分析、统计预测和统计监督方面有所创新，做出显著成绩的；

（4）在运用和推广现代计量信息技术管理方面做出成绩、有显著效果的；

（5）坚持实事求是，依法办事，同违反统计法规的行为作斗争，表现突出的。

但如有下列行为之一的，其情节较重但尚未构成犯罪的，应对直接责任及有关领导人给予通报批评或者行政处分：

（1）虚报、瞒报计量统计资料的；

（2）伪造、篡改计量统计资料的；

（3）拒报或屡次迟报计量统计资料的；

（4）违反计量统计机构、人员依法行使职权的；

（5）未经批准和核定，自行编制发布计量统计数字或公布计量统计资料的；

（6）违反有关保密规定，造成一定损失的。

只要我们认真依据《中华人民共和国统计法》及有关计量统计法规、规章开展计量统计工作，计量统计工作就一定能在计量管理中发挥重要作用。

思 考 题

1. 为什么要编制计量工作规划和计划?

2. 怎样编制企业计量工作规划和计划?

3. 我国计量工作至 2020 年奋斗目标是什么? 有哪些主要任务?

4. 试结合你的工作单位,阐述一下该单位应怎样开展计量统计工作。

第九章 计量基准与计量标准的管理

计量基准是指用以复现和保存计量单位的量值,经国务院计量行政部门批准,作为统一全国量值最高依据的计量器具。

计量标准是用以定义、实现、保存或复现量的单位或一个或多个量值作为标准的实物器具、测量仪器、标准物质或测量系统(VIM)。我国实际计量工作中,计量标准是指除计量基准之外的各等级计量标准器与标准物质,并分为社会公用计量标准、行业计量标准和企事业单位的计量标准。

本章以我国相关法律、法规、规章和规范为依据,着重叙述国家计量基准和各级社会公用计量标准器具的管理。

第一节　计量基准的管理

国家计量基准器具,简称计量基准。计量基准是由国家计量行政部门根据我国国民经济发展和科学技术进步的客观需要,统一规划组织建立的,是国家法定的统一全国量值的最高依据,是一个国家计量科学技术水平的体现。为此,我国计量行政部门于 1987 年 7 月 10 日发布了《计量基准管理办法》,并在 20 世纪 90 年代后制定了《3.39μm 波长基准操作技术规范》等178 项国家计量基准与副基准的操作技术规范,以加强对计量基准的管理。

一、计量基准的建立

计量基准一般分为国家基准(即主基准)、副基准和工作基准。但由于计量领域涉及的专业很广,各专业又各有其特点,因此,还有常用的:

作证基准

——用于核对主基准的变化,或在它丢失或损坏时代替它的一种基准。

参考基准

——用来和较低准确度比较的副基准。

比对基准

——用来比对同一准确度等级基准的基准。

中间基准

——当基准间彼此不能直接比较时,用于比较的副基准。

但是,无论哪种哪类基准,都必须依法鉴定合格后,由国务院计量行政部门审查批准认可。

一般来说:"计量基准由国务院计量行政部门根据国民经济发展和科学技术进步的需要,统一规划,组织建立"。

属于基本的、通用的,为各行业服务的计量基准,建立在国家法定计量检定机构(如中国计量科学研究院)。

属于专业性强,仅为个别行业所需要,或者工作条件要求特殊的计量基准,可授权有关部门建立在有关技术机构(见《计量基准管理办法 2007》第四条)。

必要时,有关部门或机构,可以根据国民经济或科学技术发展需要,研制计量基准。

无论什么计量基准,都应符合表 9-1 中各项要求后方可建立。由国务院计量行政部门颁发计量基准证书,准予开展量值传递。

表 9-1　建立计量基准的要求

要求	内容
行政要求	能够独立承担法律责任
人员要求	具有从事计量基准研究、保存、维护、使用、改造等项工作的专职技术人员和管理人员
技术要求	具有保证计量基准量值定期复现和保持计量基准长期可靠稳定运行所需的经费和技术保障能力; 具备参与国际比对、承担国内比对的主导实验室和进行量值传递工作的技术水平
管理要求	具有相应的质量管理体系
环境要求	具有保存、维护和改造计量基准装置及正常工作所需实验室环境(包括工作场所、温度、湿度、防尘、防震、防腐蚀、抗干扰等)的条件

计量技术机构申报计量基准,应当提供以下文件:

(1) 申请报告;

(2) 研究报告;

(3) 省部级以上有关主管部门主持或认可的科学技术鉴定报告和相应证明文件;

(4) 试运行期间的考核报告、复现性和年稳定性运行记录;

(5) 检定系统表方案;

(6) 计量基准操作手册;

(7) 主体设备、附属设备一览表及影像资料。

二、计量基准的使用与维护

保存、维护计量基准的计量技术机构,应当定期或不定期进行以下活动:

(1) 排除各种事故隐患,以免计量基准失准;

(2) 参加国际比对,确保计量基准量值的稳定并与国际上量值的等效一致;

(3) 定期进行计量基准单位量值的复现。

计量基准在使用过程中应始终由专人保存，精心维护、准确操作。如我国质量计量基准的操作必须认真实施下列技术规范：

——《千克基准砝码操作技术规范》；

——《千克作证基准砝码操作技术规范》；

——《千克副基准砝码操作技术规范》；

——《千克副基准砝码操作技术规范》。

为了使我国计量基准的量值与国际上的量值，尤其是国际计量基准的量值保持一致，应统一安排计量基准的国际比对或定期检定。比对和检定结果副本，应报国务院计量行政部门备案。

保存、使用计量基准的单位应定期检查计量基准的技术状况，保证正常工作，属于复现基本单位量值的计量基准，一般不得用于测试工作。

计量基准的保存、使用单位不得自行中断计量检定。如因故必须中断的，须履行下列批准手续：

（1）中断时间在 30 天之内的，由本单位领导批准；

（2）中断时间超过 30 天的，由国务院计量行政部门批准。

被授权建立计量基准的有关技术机构，拟终止检定工作的，必须经国务院计量行政部门批准。未经批准不得擅自终止检定工作。

三、计量基准的更新和改装

任何单位和个人，未经国务院计量行政部门批准，不得随意拆卸或改装计量基准，需要进行技术改造的，其技术改造方案要进行可行性论证并由国务院计量行政部门批准后实施。

计量基准改造、拆迁完成，并通过稳定性运行实验后，需要恢复该计量基准的，由国务院计量行政部门批准。

可以对计量基准进行定期复核和不定期监督检查，复核周期一般为 5 年。

复核和监督检查的内容包括：计量基准的技术状态、运行状况、量值传递情况、人员状况、环境条件、质量体系、经费保障和技术保障状况等。

经国际比对或定期检定需要改值的计量基准，由保存、使用计量基准的单位提出改值方案。

随着计量科学技术的发展，需废除原计量基准的，由国务院计量行政部门决定，并撤销原计量基准证书。

四、计量基准计量技术机构及其工作人员行为要求

从事计量基准保存、维护或使用的计量技术机构及其工作人员，不得有下列行为：

（1）利用计量基准进行不正当活动；

（2）未履行计量基准有关报告、批准制度；

（3）故意损坏计量基准设备，致使计量基准量值失准、停用或报废；

（4）不当操作，未履行或未正确履行相关职责，致使计量基准失准、停用或报废；

（5）故意篡改、伪造数据、报告、证书或技术档案等资料；

（6）不当处理、计算、记录数据，造成报告和证书错误。

违反上述规定的，由国家质检总局责令计量技术机构限期整改；情节严重的，撤销计量基准证书和国家计量基准实验室称号，并对有关责任人予以行政处分；构成犯罪的，依法追究刑事责任。

从事计量基准管理的国家工作人员滥用职权、玩忽职守、徇私舞弊，情节轻微的，依法予以行政处分；构成犯罪的，依法追究刑事责任。

截至 2017 年，我国《计量基准名录》收录的 177 项计量基准，涵盖几何、热工、力学、电磁、无线电、时间频率、光学、电离辐射、声学、化学等十个计量专业领域，有 12 项处于国际领先水平，115 项达到国际先进水平。

第二节　计量标准的建立和命名

计量标准是"具有确定的量值和相关联的测量不确定度，实现给定量定义的参照对象。"（JJF 1033）；也是国家根据生产建设和科研等各方面的需要，规定不同的准确度等级作为计量检定依据，进行量值传递的标准计量器具。它们一般依据 JJF 1022《计量标准命名与分类编码》规定命名为"××计量标准装置"或"××计量标准器（组）"。它们的准确与否，直接关系到量值传递的准确性、可靠性和量值的统一性，影响到产品质量和经济核算。因此，应该实行严格的管理。

计量标准管理的主要内容是计量标准的设置、考核及授权检定。为此，国务院计量行政部门于 1987 年 7 月 10 日发布、2018 年修订了《计量标准考核办法》，2016 年又修订了 JJF 1033《计量标准考核规范》，据此对计量标准器的考核、建立、命名、监督检查等提出管理要求。

一、计量标准器的考核

计量标准考核是"由国家主管部门对计量标准测量能力的评定和利用该标准开展量值传递资格的确认"（JJF 1033）。包括对新建计量标准的考核和对计量标准的复查考核。它是保障全国量值统一和计量器具准确可靠的一项重要技术措施。

1. 考核范围

计量标准器的考核范围是社会公用计量标准、部门（行业）和企业、事业单位的最高计量标准器，它们必须依据《计量标准考核办法》和 JJF 1033《计量标准考核规范》进行考核。

社会公用计量标准是实施计量监督具有公证作用的计量标准，它们由当地县级以上人民政府计量管理部门统一规划组织建立。建立后其最高等级的计量标准器，要向上级政府计量行政部门申请考核。

行业部门的各项最高计量标准，是指省级以上政府有关行业归口部门，根据本行业的专业特点或生产上使用的特殊需要建立的，在行业内开展计量检定，作为统一本行业量值的依

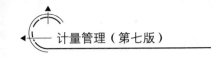

据,应由相应政府计量行政部门主持考核。

企业、事业单位的各项最高计量标准是指企业、事业单位根据生产、科研和经营管理的需要建立的,在本单位内开展计量检定,作为统一本单位量值的依据,应由相应的人民政府计量行政部门主持考核。

2. 考核程序

计量标准器的考核程序如图9-1所示。

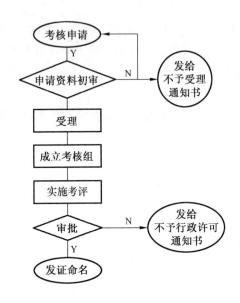

图 9-1 计量标准器的考核程序

3. 考核内容和要求

（1）考核申请

1）申请考核前准备工作

依据 JJF 1033 规定,申请部门或单位在申请考核前完成下列 6 项准备工作:

① 科学合理配置计量标准器及配套设备;

② 计量标准器及主要配套设备应当取得有效检定或校准证书;

③ 计量标准应当经过试运行,考察计量标准的稳定性等计量特性,并确认其符合要求;

④ 环境条件及设施应当符合计量检定规程或计量技术规范规定的要求,并对环境条件进行有效监测;

⑤ 每个项目配备至少两名具有相应能力的检定或校准人员,并指定一名计量标准负责人;

⑥ 建立计量标准的文件集。包括计量标准稳定性的考核、检定或校准结果的重复性试验、检定或校准的不确定度评定以及检定或校准结果的验证等内容。

2）计量标准申请资料提交

① 申请新建计量标准考核,要提交《计量标准考核（复查）申请书》原件一式两份和电子版一份;

② 计量标准考核(复查)申请书原件 2 份和计量标准技术报告原件 1 份,以及电子版;

③ 计量标准器及配套的主要计量设备有效检定或者校准证书,以及可以证明计量标准具有相应测量能力的其他技术资料复印件各 1 份;

④ 检定或校准人员能力证明复印件 1 套。

3) 申请计量标准复查考核

计量标准考核证书有效期届满前 6 个月,持证单位应当向主持考核的计量行政部门申请复查考核。递交以下申请资料:

① 计量标准考核(复查)申请书原件 2 份和计量标准技术报告原件 1 份,以及电子版;

② 计量标准考核证书有效期内计量标准器及配套的主要计量设备的有效检定或者校准证书,以及可以证明计量标准具有相应测量能力的其他技术资料复印件各 1 份;

③《计量标准封存(或注销)申请表》(如果适用)复印件 1 份;

④ 计量检定或校准人员的能力证明复印件 1 份。

(2) 初审和受理

受理考核申请的计量行政部门应对申报的技术资料进行初审,通过查阅申请资料是否齐全、完整,是否符合考核的基本要求,确定是否处理。

初审主要包括以下内容:

① 申请考核的计量标准是否属于受理范围;

② 申请资料是否齐全,内容是否完整,所用表格是否采用该规范规定的格式;

③ 计量标准器及主要配套设备是否具有有效的检定或校准证书;

④ 开展的检定或校准项目是否具有计量检定规程或计量或技术规范;

⑤ 是否配备至少两名具有相应能力的检定或校准人员。

申请资料齐全并符合本规范要求的,受理申请,发送受理决定书。

申请资料不符合本规范要求的:

① 可以立即更正的,应当允许建标单位更正。更正后符合本规范要求的,再受理申请,发送受理决定书。

② 申请资料不齐全或不符合本规范要求的,应当在 5 个工作日内一次告知建标单位需要补正的全部内容,经补充符合要求的予以受理;逾期未告知的,视为受理;

③ 不属于受理范围的,发送不予受理决定书,并将有关申请资料退回建标单位。

(3) 现场考评

计量标准的考评分为书面审查和现场考评。新建计量标准的考评首先进行书面审查,如基本符合条件,再进行现场考评。

计量标准考核内容为计量标准器及配套设备、计量标准的主要计量特性、环境条件及设施、人员、文件集以及计量标准测量能力的确认 6 个方面共 30 项要求(见表 9-2)。

表9-2　计量标准考评表

序号	考评内容及考评重点		考核结果				考评记事
			符合	有缺陷	不符合	不适合	
1	4.1　计量标准器及配套设备	*△4.1.1　计量标准器及配套设备配置科学合理、完整齐全，并能满足开展检定或校准工作的需要					
2		*△4.1.2　计量标准器及主要配套设备的计量特性符合相应计量检定规程或计量技术规范的规定，并满足开展检定或校准工作的需要					
3		*△4.1.3　计量标准的溯源性符合要求，计量标准器及主要配套设备均有连续、有效的检定或校准证书					
4	4.2　计量标准的主要计量特性	△4.2.1　测量范围表述正确					
5		△4.2.2 不确定度或准确度等级或最大允许误差表述正确					
6		*△○4.2.3　计量标准的稳定性合格					
7		△○4.2.4　计量标准的其他特性符合要求					
8	4.3　环境条件及设施	*4.3.1　温度、湿度、照明、供电等环境条件符合要求					
9		4.3.2　设施的配置符合要求；互不相容的区域进行了有效隔离					
10		4.3.3　环境条件进行了有效的监控					
11	4.4　人员	4.4.1　有能够履行职责的计量标准负责人					
12		*△4.4.2　配备了两名以上具有相应能力的检定或校准人员					
13	4.5 文件集	4.5.1　文件集的管理	4.5.1　文件集的管理符合要求				
14		4.5.2　计量检定规程或计量技术规范	*4.5.2　有有效的计量检定规程或计量技术规范				
15		4.5.3　计量标准技术报告	△4.5.3.1　计量标准技术报告更新及时，有关内容填写齐全，表述清楚				
16			△4.5.3.2　计量标准器及主要配套设备信息填写正确				
17			△4.5.3.3　计量标准的主要技术指标及环境条件填写正确				

表 9-2（续）

序号	考评内容及考评重点			考核结果				考评记事
				符合	有缺陷	不符合	不适合	
18	4.5.3 计量标准技术报告		△4.5.3.4 计量标准的量值溯源和传递框图正确					
19			△○ 4.5.3.5 检定或校准结果的重复性试验符合要求					
20			＊△4.5.3.6 检定或校准结果不确定度评定的步骤、方法正确,评定结果合理					
21	4.5 文件集		△○ 4.5.3.7 检定或校准结果的验证方法正确,验证结果符合要求					
22		4.5.4 检定或校准原始记录	△4.5.4.1 原始记录格式规范、信息量齐全,填写、更改、签名及保存等符合相应规定					
23			△4.5.4.2 原始记录数据真实、完整,数据处理正确					
24		4.5.5 检定或校准证书	△4.5.5.1 证书的格式、签名、印章及副本保存等符合要求					
25			△4.5.5.2 检定或校准证书结果正确,内容符合要求					
26		4.5.6 管理制度	4.5.6 制定并执行相关管理制度					
27	4.6 计量标准测量能力的确认	4.6.1 技术资料审查	△4.6.1 通过对技术资料审查计量标准具有相应测量能力					证明文件:
28		4.6.2 现场实验	＊4.6.2.1 检定或校准方法、操作程序、操作过程等符合计量检定规程或计量技术规范的要求					
29			＊4.6.2.2 检定或校准结果正确					
30			4.6.2.3 回答问题正确 提问摘要:					回答情况:

注:考评内容共六方面 30 项,各项目的考评结果请在相应栏目内打"√"。带 ＊ 的项目为重点考评项目,有 10 项;带 △ 的项目为书面审查项目,有 20 项;带 ○ 的项目为可以简化考评的项目,有 4 项。

书面审查的目的是确认申请资料是否齐全、正确,所建计量标准是否满足法制和技术的要求。考评员通过查阅建标单位提供的申请资料进行书面审查。如果考评员对建标单位所提供的申请资料存在疑问时,应当与建标单位进行沟通。

书面审查的内容见表 9-2《计量标准考评表》中带"△"的项目。

（4）审批命名

由主持考核部门审查,合格的下达准予行政许可决定书,并颁发《计量标准考核证书》（有效期 4 年）;考核不合格的向申请考核单位发送不予行政许可决定书,说明其不合格的主要原因,并退回有关申请资料。

依据 JJF 1022《计量标准命名与分类编码》,我国计量标准分成标准装置、检定装置、校准装置和工作基准装置 4 类。

它们的命名原则见表 9-3。

表9-3　计量标准命名原则

计量标准基本类型	命名原则
标准装置	以标准装置中的"主要计量标准器"或其反映的"参数"名称作为命名标识。被称为:××××标准装置
检定装置	以被检定或被校准"计量器具"或其反映的"参量"名称作为命名标识。被称为:××××检定装置
校准装置	以被校准"计量器具"或"参量"的名称为命名标识。被称为:××××检定装置
工作基准装置	以计量标准器或其反映的"参量"名称作为命名标识

（5）分类与编码

计量标准编码分四个层次,第一层次体现计量标准所属计量专业大类及专用计量器具应用领域,如几何量 01;力学 12;光学 28;纺织 51;交通运输 61 等;第二、三、四层次体现计量标准的计量标准器或被检定、被校准计量器具有相同原理、功能用途或可测同一参量的计量标准大类、项目及子项目,下一层次为上一层次计量标准的进一步细分。

计量标准的代码用八位数字表示,每个层次使用两位阿拉伯数字。若各层次代码不再细分,在它们的代码后面补"0",直至第八位。

第三节　计量标准考核的后续监管

计量标准在使用过程中,由有关政府计量部门按检定周期实行强制检定。其他计量标准则由使用单位按检定周期自行定期检定或送有关计量检定机构检定,但各级政府计量行政部门应当监督检查。

一、计量标准使用中的监督检查

计量标准使用中的监督检查主要内容是:

（1）计量标准是否具有规定周期内的检定合格证书;

（2）配套仪器设备是否齐全,性能是否符合技术要求;

（3）环境条件是否符合要求;

（4）技术档案是否齐全、整齐;

（5）检定人员是否具有相应的《计量检定员证书》；

（6）检定方法、数据处理是否按检定规程要求进行。

主持考核的计量行政部门应当不定期对有效期内的计量标准进行监督抽查。对《计量标准考核证书》有效期内的计量标准运行状况进行监督。抽查不合格的，限期整改，整改后仍达不到要求的，由注册考核的计量行政部门注销其《计量标准考核证书》并予以通报。

二、计量标准器的封存与撤销

在计量标准考核证书的有效期为 4 年。在计量标准有效期内，因计量标准器或主要配套设备出现问题，或计量标准需要进行技术改造或其他原因而需要暂时封存或撤销的，申请考核单位应当向主持考核的计量行政部门申报，按下述规定履行相关手续。

（1）建标单位应当填写《计量标准封存（或撤销）申请表》一式两份，报主管部门审核。主管部门同意封存或撤销的，在《计量标准封存（或撤销）申请表》的主管部门意见栏中签署意见，加盖公章。

（2）建标单位将主管部门审核后的《计量标准封存申请表》，连同《计量标准考核证书》原件报主持考核的计量行政部门办理相关手续。主持考核的计量行政部门同意封存的，在《计量标准考核证书》上加盖"同意封存"印章；申请考核单位和主持考核的计量行政部门各保存一份《计量标准封存申请表》。

（3）建标单位将计量行政部门审核后的《计量标准封存（或撤销）申请表》原件报主持考核的计量行政部门办理相关手续。主持考核的计量行政部门同意撤销的，收回《计量标准考核证书》。申请考核单位和主持考核的计量行政部门各保存一份《计量标准撤销申请表》。申请表，连同《计量标准考核证书》原件报国家质检总局计量司（考委秘书处）办理相关手续。

（4）封存的计量标准需要恢复使用，如《计量标准考核证书》仍然处于有效期内，申请考核单位应当申请计量标准复查考核；如《计量标准考核证书》超过了有效期则应按新建计量标准申请考核。

三、计量标准器或主要配套设备的更换

处于《计量标准考核证书》有效期内的计量标准，发生计量标准器或主要配套设备的更换（增加、减少），建标单位应按下述规定履行相关手续。

（1）更换计量标准器或主要配套设备后，如计量标准的不确定度或准确度等级或最大误差发生变化，应按新建计量标准申请考核。

（2）更换计量标准器或主要配套设备后，如计量标准的测量范围或开展检定或校准的项目发生变化，应当申请计量标准复查考核。

（3）更换计量标准器或主要配套设备后，如计量标准的测量范围、计量标准的不确定度或准确度等级或最大误差以及开展检定/校准的项目均无变化，应填写《计量标准更换申报表》一式两份，提供更换计量标准器或主要配套设备有效检定或校准证书复印件各一份，报主持考核的计量行政部门履行相关手续。

（4）如果更换的计量标准器或主要配套设备或易耗品（如：标准物质等），并且更换后不改变原计量标准的测量范围、准确度等级或最大允许误差，开展的简单或校准项目也无变更

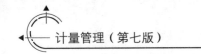
的,应当在《计量标准履历书》中予以记载。

处于《计量标准考核证书》有效期内的计量标准,发生除计量标准器或主要配套设备的更换外的其他更换,建标单位应按下述规定履行相关手续。

(1) 如果开展检定或校准所依据的计量检定规程或技术规范发生更换,应当在《计量标准履历书》中予以记载;如果这种更换使技术要求和方法发生实质性变化,则应当申请计量标准复查考核。

(2) 如果计量标准的环境条件及设施发生重大变化,例如:固定的计量标准保存地点发生变化、实验室搬迁等,应当向国家质检总局计量司(考核委秘书处)报告,国家质检总局计量司(考核委秘书处)根据情况决定采用书面审查或者现场考评的方式进行考核。

(3) 更换检定或校准人员,应当在《计量标准履历书》中予以记载。

(4) 如果申请考核单位名称发生更换,应当向国家质检总局计量司(考核委秘书处)报告,并申请换发《计量标准考核证书》。

四、计量标准的技术监督

主持考核的计量行政部门应当不定期对有效期内的计量标准进行计量比对,盲样试验或现场实验等方式,对《计量标准考核证书》有效期内的计量标准运行状况进行技术监督。

建标单位应参加有关计量行政部门组织的相应计量标准的技术监督活动,技术监督结果合格的,在该计量标准的复查考核时可不安排现场考评。

技术监督结果不合格的,建标单位应在限期内完成整改;并将整改情况报主持考核的计量行政部门;对无正当理由不参加有关计量行政部门组织的相应计量标准的技术监督活动,或整改后仍不合格的,主持考核的计量行政部门可将其作为注销《计量标准考核证书》的证据。

今后要进一步加强社会公用计量标准有效管理,统筹规划社会公用计量标准体系,合理利用社会优质计量资源,提升计量科技创新和计量标准研发能力。围绕保障贸易结算、安全防护、医疗卫生、环境监测等领域的法制计量需要,以及战略性新兴产业和高技术领域的计量需求,建立、改造升级一批社会公用计量标准,构建量值溯源链清晰、布局合理、技术先进、功能完善的社会公用计量标准体系,有效提升计量服务经济社会发展的能力和水平。

思 考 题

1. 建立计量基准有什么要求? 应如何使用和维护计量基准器?
2. 什么是计量标准器? 计量标准应怎样管理?
3. 计量标准器建立时应考核评审哪些要求?
4. 计量标准考核合格使用后如何进行后续监管?

第十章

标准物质的管理

标准物质的研制与应用起始于美国的钢铁业,1906年,原美国标准局(NBS)正式制备和颁布了第一批"铁"的标准物质。主要定值为总碳、石墨碳、化合碳、磷、硅、锰、总硫等成分,以促进钢铁企业提高产品质量。1911年,NBS又颁布了铜、铜矿石、糖等标准物质。而后,1922年在法国,1930年在德国,1933年在日本,1935年在英国先后设立了标准物质研制机构,开始颁布和使用标准物质。

标准物质是具有高度均匀性、良好稳定性和量值准确性的一种计量标准。在国外又叫标准参考物质或标准样品,1992年在日内瓦召开的ISO/REMCO(标准物质委员会)第十六次会议批准了ISO指南30《标准物质常用术语和定义》,该指南定义标准物质(RM)是指具有一种或多种准确确定的特性值(如物理、化学或其他计量学特性值),用以校准计量器具、评价测量方法或给材料赋值,并附有经批准的鉴定机构发给证书的物质或材料。还定义有证标准物质(CRM)的定义是赋有证书的标准物质,是一种或多种特性值用建立了溯源性的程序确定。使之可溯源到准确复现的用于表示该特性的计量单位,而且每个标准值都附有给定包含概率的不确定度。

2016年,我国发布了JJF 1005《标准物质通用术语和定义》,该规范明确定义了:

标准物质(RM)是具有足够均匀和稳定的特定特性的物质,其特性适用于测量或标称特性检查中的预期用途。

注:标准物质可以是纯的或混合的气体、液体或固体。例如,校准黏度计用的水,量热法中作为热容量校准物的蓝宝石、化学分析校准用的溶液。

有证标准物质(CRM)是附有由权威机构发布的文件,提供使用有效程序获得的具有不确定度和溯源性的一个或多个特性值的标准物质。

注:有证标准物质一般成批制备,其特性值是通过对代表整批物质的样品进行测量而确定,并具有规定的不确定度。

标准物质的上述定义告诉我们,它有3个显著特征:

(1)用于测量目的;

(2)具有量值的准确性;

(3)其量值的准确性可溯源到国家有关计量基准。

标准物质可以是固态、液态或气态。主要用于校准测量仪器,评价测量方法,确定材料或产品的特性量值,在量值传递和保证测量一致性方面有下列重要作用:

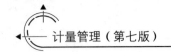

（1）在时间和空间上进行量值传递；

（2）保证部分国际单位制中的基本单位和导出单位的复现；

（3）复现和传递某些工程特性量和物理、物理化学特性量；

（4）在分析测量（包括纯度测量和化学成分测量）中应用相应的标准物质，可大大提高分析结果的可靠性；

（5）在产品质量保证中确保出具数据的准确性、公正性和权威性等。

本章专门阐述标准物质的分类、定级鉴定及其生产、销售和使用。

第一节　标准物质的分类、分级和编号

一、标准物质的分类

标准物质的分类方法主要有下列 5 种。

1. 按技术特性分类

按技术特性可分为：化学成分标准物质、物理特性与物理化学特性测量标准物质和工程技术特性测量标准物质。详见表 10-1。

表 10-1　按技术特性分类的标准物质

类号	分类名称	特点及主要用途
1	化学成分标准物质（也称成分量标准物质）	具有确定的化学成分，以技术上正确的方法对其化学成分进行准确的计量。用于成分分析仪器的校准和分析方法的评价。如金属、地质、环境等化学成分标准物质
2	物理化学特性标准物质	具有某种良好的物理化学特性，并经准确计量。用于物理化学特性计量仪器的刻度、校准或计量方法的评价。如 pH、燃烧热、聚合物相对分子质量等标准物质
3	工程技术特性标准物质	具有某种良好的技术特性，并经准确计量。用于工程技术参数和特性计量器具的校准、计量方法的评价及材料或产品技术参数的比较计量。如粒度标准物质、标准橡胶、标准光敏退色纸等

2. 按标准物质用途分类

按用途又可分为：产品交换用、质量控制用、特性测定用和科学研究用标准物质。

3. 按标准物质精度等级分类

按精度等级分为：一级标准物质（即基准物质）和二级标准物质（即标准物质）。但国外标准物质的分级名称不同，如表 10-2 所示。

表 10-2　中外标准物质分类名称表

中国	美国	俄罗斯	ISO
一级标准物质（基准物质）	标准参考物质（SRM）	基准样品	有检定证书的参考物质（CRM）
	研究物质	一级标准样品	
二级标准物质	一般物质	二级标准样品	参考物质（RM）

4. 按学科或专业分类

按标准物质学科或应用专业分类，可分为地质、物化、环境、钢铁、生化、纸张、医药等，详见表 10-3。

表 10-3　按学科或专业分类的标准物质

类号	分类名称	品种举例
1	地质学	岩石、矿石、矿物、土壤
2	物理化学	黏度、密度、电化学、热化学、热物理
3	核科学、放射性	同位素成分、射线能量
4	环境科学	环境气体、水质、粉尘
5	有色金属	铜、铝、锌、锡
6	钢铁	生铁、钢
7	聚合物	聚合物、橡胶
8	玻璃、陶瓷、耐火材料	水泥、玻璃、耐火材料
9	生物学和植物学	抗生素、果树叶
10	生物医学和药学	药品、血清
11	临床化学	胆固醇、尿酸
12	纸张	纸的反射颜色
13	石油	异辛烷、残余燃油
14	无机化工产品	无机试剂、化肥、纯气体
15	有机化工产品	纯有机化合肥、农药、致癌物
16	技术工程	粒度、硬度
17	物理学	热导、磁矩、温度固定点

5. 按标准物质属性和应用领域分类

我国目前按标准物质属性和应用领域分类分成 13 类，见表 10-4。

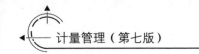

表 10-4　我国标准物质分类表

序号	名称
1	钢铁成分分析标准物质
2	有色金属及金属中气体成分分析标准物质
3	建材成分分析标准物质
4	核材料成分分析与放射性测量标准物质
5	高分子材料特性测量标准物质
6	化工产品成分分析标准物质
7	地质矿产成分分析标准物质
8	环境化学分析与药品成分分析标准物质
9	临床化学分析与药品成分标准物质
10	食品成分分析标准物质
11	煤炭石油成分分析和物理特性测量标准物质
12	工程技术特性测量标准物质
13	物理特性与物理化学特性测量标准物质

二、我国标准物质的分级及其代号

我国把标准物质分为两级，其代号和涵义见表 10-5。

表 10-5　我国标准物质分级代号和涵义

分级	1 级标准物质	2 级标准物质
代号	GBW	GBW（E）
涵义	用绝对测量法或两种以上不同原理的准确可靠的方法定值，其不确定度具有国内最高水平，均匀性良好，稳定性在一年以上，具有符合标准物质技术规范要求的包装形式	用与一级标准物质进行比较测量的方法或一级标准物质的定值方法定值，其不确定度和均匀性未达到一级标准物质的水平，稳定性在半年以上，能满足一般测量的需要，包装形式符合标准物质技术规范的要求

三、我国标准物质的编号

我国标准物质的编号规则如表 10-6 所示。

142

表 10-6　标准物质的编号规则

序号	类别	一级标准物质编号	二级标准物质编号
1	钢铁	GBW01101～GBW01999	GBW(E)010001～GBW(E)019999
2	有色金属	GBW02101～GBW02999	GBW(E)020001～GBW(E)029999
3	建筑材料	GBW03101～GBW03999	GBW(E)030001～GBW(E)039999
4	核材料与放射性	GBW04101～GBW04999	GBW(E)040001～GBW(E)049999
5	高分子材料	GBW05101～GBW05999	GBW(E)050001～GBW(E)059999
6	化工产品	GBW06101～GBW06999	GBW(E)060001～GBW(E)069999
7	地质	GBW07101～GBW07999	GBW(E)070001～GBW(E)079999
8	环境	GBW08101～GBW08999	GBW(E)080001～GBW(E)089999
9	临床化学与医药	GBW09101～GBW09999	GBW(E)090001～GBW(E)099999
10	食品	GBW10101～GBW10999	GBW(E)100001～GBW(E)109999
11	能源	GBW11101～GBW11999	GBW(E)110001～GBW(E)119999
12	工程技术	GBW12101～GBW12999	GBW(E)120001～GBW(E)129999
13	物理学与物理化学	GBW13101～GBW13999	GBW(E)130001～GBW(E)139999

我国计量行政部门在 1984 年发布的《一级标准物质编号办法》中规定标准物质的代号为 GBW（"国家标准物质"的汉语拼音缩写）。编号规则如图 10-1 所示。

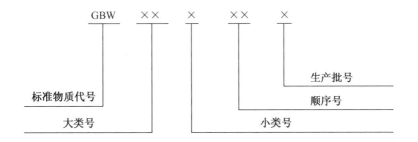

图 10-1　一级标准物质编号规则

一级标准物质的第一、第二位数是大类号,第三位数是小类号,第四、第五位数是顺序号,按审批时间先后顺序排列,第六位是生产批号,用英文小写字母表示,批号顺序与英文字母顺序应一致。

例如:GBW 02102a 铁黄铜,表示有色金属类中铜合金小类第 2 个批准的标准物质,第一批标样。

二级标准物质的编号规则如图 10-2 所示。

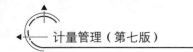

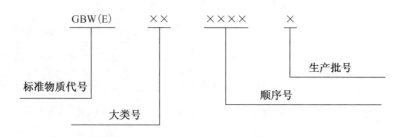

图 10-2　二级标准物质的编号规则

二级标准物质的第一、第二位数字是大类号，第三～六位数是该大类物质的顺序号，生产批号也用英文小写字母表示，批号顺序与英文字母顺序应一致。

如：GBW(E)110007b 表示煤炭石油成分分析和物理特性测量标准物质的第 7 顺序号，第二批生产的煤炭物理性质和化学成分分析标准物质。我们一般应该根据客观需要，在国家技术监督部门发布的《标准物质目录》选择相应的标准物质。

我国自 20 世纪 50 年代起就开始研究标准物质，1980 年在中国计量科学研究院内建立了标准物质研究所，1988 年改名为国家标准物质研究中心，2005 又归入中国计量科学院，负责研制高纯、痕量、起痕量化学成分和理化特性的国家级标准物质；研究标准测试方法，提供标准数据；还负责国家一级标准物质的认证和应用指导等。

此外，还有各部门的科研机构、大专院校及企业，相继研制成功和生产由国家审核批准的标准物质，截止到 2016 年我国已有一级标准物质 2265 种，二级标准物质 7471 种，它们广泛使用在冶金、地质、建材、核材料、化工、环境、农药、生物和工程特性测量等方面。到 2020 年，国家一级标准物质数量将增长 100%，国家二级标准物质品种将增加 100%。

第二节　标准物质的研制和定级鉴定

一级标准物质的研制规划和计划由国务院计量行政部门负责制定，组织实施；二级标准物质的规划、计划由国务院有关部门或省级人民政府计量行政部门负责制定，并向国务院计量行政部门备案后组织实施。

我国计量行政部门 1982 年发布了《一级标准物质的审定和授权生产办法》，1987 年 7 月又发布了《标准物质管理办法》。1994 年又发布了 JJF 1006《一级标准物质技术规范》，对标准物质的研制和定级作出了明确的规定：2001 年 4 月 9 日国家计量行政部门又委托中国计量测试学会组织成立"全国标准物质管理委员会"，承办下列工作：

（1）协助国家计量行政部门组织制定标准物质管理规章，研究标准物质量传体系；

（2）负责受理标准物质定级和制造许可证的申请，组织评审和考核；

（3）负责建立国家一级、二级标准物质档案，编制发放国家标准物质目录等。

一、一级标准物质的定级条件

一级标准物质应具备的定级条件是：

（1）定值方法应采用下列 3 个方法之一：

① 绝对测量法；

② 两种以上不同原理的准确可靠的方法；

③ 在只有一种定值方法的情况下，用多个实验室用标准协作定值。

（2）定值的准确度具有国内最高水平，均匀性在准确度范围之内。

（3）包装形式符合标准物质技术规范的要求。

（4）稳定性在一年以上或达到国际上同类标准物质的先进水平。

二、二级标准物质的定级

二级标准物质定级条件为：

（1）用与一级标准物质进行比较测量的方法或一级标准物质的定值方法定值。

（2）准确度和均匀性未达到一级标准物质的水平，但能满足一般测量的需要。

（3）稳定性在半年以上，或能满足实际测量的需要。

（4）包装形式符合标准物质技术规范的要求。

三、一级标准物质与二级标准物质的比较

一级标准物质和二级标准物质划分级别的主要依据是标准物质特性量值的准确度。此外，均匀性、稳定性和用途等对不同级别的标准物质有不同的要求。详见表 10-7。

表 10-7 一级标准物质与二级标准物质的比较

比较项目	一级标准物质	二级标准物质
生产者	国家计量机构或由国家计量主管部门确认的机构	工业主管部门确认的机构
特性量值的计量方法和定值途径	1.定义法计量定值 2.两种以上原理不同的准确可靠的计量定值 3.多个实验室用准确可靠的方法协作计量定值	1.两种以上原理不同的准确可靠方法计量定值 2.多个实验室用准确可靠的方法协作计量定值 3.用精密计量法与一级标准物质直接比较计量定值
准确度	根据使用要求和经济原理，尽可能达到较高准确度，至少比使用要求的准确度高 3 倍以上	高于现场使用要求的 3～10 倍
均匀性	取决于使用要求	取决于使用要求
稳定性	越长越好，至少 1 年	要求略低，如果鉴定好马上使用，可短至几个月或几周
主要用途	1.计量器具的校准 2.标准计量方法的研究与评价 3.二级标准物质的鉴定 4.高准确度计量的现场应用	1.计量器具的校准 2.现场计量方法的研究与评价 3.日常分析、计量的质量控制（现场应用）

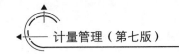

四、标准物质的申请与审批

1. 申请

凡研制、生产的标准物质能具备标准物质的定级条件，并能批量生产，满足使用需要的单位，均可向国务院计量行政部门委托的全国标准物质管理委员会提出申请。填报申请书，并提交标准物质样品 3 份和下列有关材料：

（1）制备设施、技术人员状况和分析仪器设备及实验室条件和实验室的溯源能力等质量保证体现情况；

（2）研制计划任务书；

（3）研制报告，包括制备方法、制备工艺、稳定性考察、均匀性检验、定值的测量方法、测量结果及数据处理；

（4）国内外同种标准物质主要特性的对照比较情况；

（5）试用情况报告；

（6）保障统一量值需要的供应能力和措施。

2. 认定

标准物质认定是通过溯源至准确复现表示特性量值单位的过程，以确定某材料或物质的一种或多种特性量值，并发放证书的程序。

接受申请的政府计量行政部门或有关主管部门，应指定或授权有关技术机构对申报的标准物质样品及有关材料进行初审，同时对样品进行核验和组织专家审议。

3. 审批

一级标准物质由国务院计量行政部门审批；二级标准物质由国务院有关部门或省级人民政府计量行政部门审批，并向国务院计量行政部门备案。

经正式批准的标准物质应颁发标准物质定级证书统一编号，列入标准物质目录并向全国公布。

《标准物质定级证书》是介绍标准物质的技术文件，是研制或生产标准物质单位向用户提出的保证书。主要内容研制或生产标准物质单位向用户提出的保证书。主要内容是标准物质的标准值及其精确度，以及叙述标准物质的制备程序、均匀性、稳定性、特殊量值及其测量方法、标准物质的正确使用方法和储存方法等，使用户对其有一个概括的了解。

凡经审定批准的一级标准物质均应填写《标准物质证书》，随同标准物质的发售提供给用户，证书内容包括封面、内容与说明和参考文献三部分。简介如下：

（1）封面

标准物质标准证书的封面如图 10-3 所示：

（2）内容与说明

① 序

标准物质的一般描述。主要介绍该标准物质的组成特征、技术特性与应用范围。

② 发售形式

最小包装单元的规格和形式。

③ 制备方法简述

简要介绍制备标准物质的材料来源、制备方法和制备程序以及制备注意事项。

④ 特性量值测量方法

简要介绍标准物质特性量值的测量方法。当被确定的特性量较多时,可列表示出。

GBW×× × ××

标准物质证书

名称　　　××××
牌号　　　××××

样品编号　××××
标准值　　××××
　　　　　××××
有效期限　××××
研制（生产）单位　××××
研制（生产）单位地址　中国××

图 10-3　标准物质标准证书的封面

⑤标准值及其准确度

给出被确定的标准物质特性量值(标准值)及其不确定度,并注明不确定度来源。

⑥ 均匀性检验

简要介绍均匀性检验方法和检验结果,同时给出最小取样值。

⑦ 正确使用及储存方法

扼要说明该标准物质的使用方法及储存条件。

⑧ 研制(或生产)协作单位和个人

列出参加该标准物质研制(或生产)并负有一定责任的主要单位和个人。

(3) 参考文献

向用户介绍必要的参考文献。

第三节　标准物质的生产、销售和使用

一、标准物质的生产

标准物质的数据一般采用比对法等多种方法鉴定，往往需要几家或十几家实验室共同比对才能获得。而且在比对和量值传递过程中要逐步消耗掉，有的只能用一次。因此，标准物质要定期制备、经常补充，生产标准物质的企业、事业单位应按《标准物质管理办法》有关规定，先经考核，取得《制造计量器具许可证》。否则，是非法生产。

生产过程中，生产单位必须对所生产的标准物质进行严格检验，保证其计量性能合格。对合格的标准物质应出具合格证和使用国家统一规定的标准物质证书标志。

二、标准物质的销售

标准物质由生产标准物质的单位或由省级以上政府计量部门及国务院各有关部门指定的单位销售，其他任何单位不得销售。

超过规定的有效期或经检验不合格的标准物质，一律不准销售。没有标准物质产品检验证书和合格证的不准销售。

三、标准物质的选择与使用

标准物质广泛使用在工业生产、商业贸易、环境保护、医疗卫生和科学研究部门，其中工业生产企业是最大的使用单位，用以控制生产过程和产品质量检验。此外，标准物质是商贸仲裁的依据，环境监测数据的溯源基准，临床化验的标准，科学研究的助手，必将在今后的国民经济建设乃至社会生活中发挥更广泛和更大的作用。

标准物质在使用过程中应注意下列事项：

（1）选择"目录"中发布的标准物质特性量值；

（2）在使用标准物质前应仔细、全面地阅读标准物质证书，只有认真阅读所给出的信息，才能保证正确使用标准物质；

（3）选用的标准物质基体应与测量程序所处理材料的基体一样，或者尽可能接近，同时，注意标准物质的形态，是固体、液体还是气体，是测试片还是粉末，是方的还是圆的；

（4）按标准物质证书中所给的"标准物质的用途"信息，正确使用标准物质；

（5）选用的标准物质稳定性应满足整个实验计划的需要，凡已超过稳定性的标准物质切不可随便使用；

（6）使用者应特别注意证书中所给该标准物品的最小取样量。最小取样量是标准物质均匀性的重要条件，不重视或者忽略了最小取样量，测量结果的准确性和可信度也就谈不上了；

（7）使用者切不可在质量控制计划中把标准物质当作未检验"盲样品"来使用；

（8）使用者不可以用自己配制的工作标准代替标准物质；

（9）所选用的标准物质数量应满足整个实验计划使用要求，必要时应保留一些储备，供

实验室计划实施后必要的使用;

（10）选用标准物质除考虑其不确定度水平,还要考虑到标准物质的供应状况、标准物质价格以及化学的和物理的使用性。

JJF 1507《标准物质的选择与使用》规定了标准物质及其作用、标准物质在校准中作用、标准物质在材料赋值中作用、标准物质在测量方法/程序确认中作用、标准物质在测量质量控制中的作用、标准物质的选择、标准物质的维护与使用等内容和要求。

四、标准物质的产品质量监督

《标准物质管理办法》规定:县级以上人民政府计量行政部门,对生产、销售的标准物质产品质量负责监督检查。因标准物质的量值和技术特性引起的纠纷,可按《仲裁检定和计量调解办法》中有关规定向有关人民政府计量行政部门申请计量调解或仲裁检定。

非法生产或销售标准物质的,则按《中华人民共和国计量法实施细则》有关规定追究其责任。

思 考 题

1. 什么是标准物质,标准物质是否都是计量标准物质?
2. 我国标准物质分为几级? 它们有什么区别?
3. 我国标准物质如何分类与编号,试举例说明。

第十一章
计量器具的监督管理

计量器具产品是一种特殊的工业产品。它的质量好坏直接关系到工农业生产经营的正常进行;关系到科学技术和国防现代化的实现。因此,必须严格保证计量器具产品质量合格。本章就计量器具新产品的研制、型式评价和型式批准,OIML 证书,计量器具产品生产中的质量监督及进口计量器具监督管理做简要的介绍。

第一节　计量器具新产品的监督管理

计量器具新产品是指本单位从未生产过的计量器具,或在全国范围内从未试制生产过的包括对原有产品的结构、材质等方面做了重大改进,导致性能、技术特性发生变更的计量器具。

为了加强对制造计量器具新产品的管理,国务院计量行政部门先后制定和发布了《计量器具新产品管理办法》(2005 年修订)和 JJF 1015《计量器具型式评价通用规范》及 JJF 1016《计量器具型式评价大纲编写导则》。1992 年,决定推行国际法制计量组织 OIML 证书制度,对我国计量器具新产品的研制、开发起到了很大的规范、推进和监督作用。

一、计量器具新产品的型式评价和型式批准

凡制造在全国范围内从未生产过的计量器具新产品,必须申请型式评价和型式批准。

型式评价是指根据文件要求对测量仪器指定型式的一个或多个样品性能所进行的系统检查和试验,并将其结果包括在型式评价报告中,以决定是否可对该型式予以批准。

型式批准是指根据型式评价报告所做出符合法律规定的决定,确定该测量仪器的型式符合相关的强制要求并适用于规定领域,以期它能在一定周期内提供可靠的测量结果。

型式评价和型式批准代表了我国政府计量行政部门对计量器具新产品所进行的法制监督管理,其程序如下。

1. 型式批准申请

制造计量器具新产品的企业、事业单位在研制、开发或试制成功计量器具新产品后,应具备下列条件,然后向所在地的省级人民政府计量行政部门提出型式批准申请。

(1) 具有独立法人地位的证明(如营业执照);

(2) 具有计量器具新产品设计任务书,技术图样,标准和检定规程,测试报告,试制总结

及产品使用说明书等技术文件资料；

(3) 已研制成 3 台以上样机（大型计量设备可研制 1~2 台）；

(4) 具备与计量器具新产品相适应的生产设备、技术人员和检验条件。

申请计量器具新产品型式批准的单位在递交"计量器具新产品型式评价和型式批准申请书"的同时，应递交有关技术文件资料，如：

① 产品照片；

② 产品使用说明书，它应说明新产品名称、型号、规格、原理、结构、技术、特征、技术指标、用途、使用环境条件及其先进性和实用性等；

③ 产品标准（含检验方法）；

④ 产品图样，如总装图、电路图及其主要零部件图；

⑤ 制造单位或技术机构所做的试验报告。

2. 受理初审

接受申请的省级人民政府计量行政部门，自接到申请书之日起在 5 个工作日内对申请资料进行初审，初审通过后，依照《计量器具新产品管理办法》的规定，委托有关技术机构进行型式评价，并通知申请单位。

3. 型式评价

型式评价一般应在接到样机和有关技术文件资料 3 个月内依据 JJF 1015《计量器具型式评价通用规范》完成。型式评价应拟定型式评价大纲。

型式评价大纲应依据 JJF 1016《计量器具型式评价大纲编写导则》编写。其一般构成和编写顺序如下：

(1) 范围；

(2) 引用文件；

(3) 术语；

(4) 概述；

(5) 法制管理要求；

(6) 计量要求；

(7) 通用技术要求；

(8) 型式评价项目表；

(9) 提供样机的数量及样机的使用方式；

(10) 试验项目的试验方法和条件以及数据处理和合格判据；

(11) 试验项目所用计量器具表；

(12) 附录 A 型式评价记录格式。

型式评价必须按型式评价大纲或国家计量检定规程中规定的型式评价要求进行。要全面分析申请单位提交的技术资料。重点要审查计量器具新产品的设计原理、结构、选材以及各项技术指标的科学性、先进性和实用性，并保证型式评价结果公正可靠。

如样机运送有困难，也可到生产或使用现场进行型式评价试验。

4. 提交报告

型式评价后,评价单位应向委托的政府计量行政部门提交下列文件:

(1) 型式评价大纲;

(2) 型式评价报告;

(3) 计量器具型式注册表等。

如果型式评价过程中发现计量器具存在问题的,由承担型式评价的机构通知申请单位,可在 3 个月内进行一次改进;改进后,再重新进行型式评价。

5. 型式批准

计量器具新产品型式评价合格后,由省级以上政府计量行政部门进行型式审查。审查应在接到型式评价报告之日起 10 个工作日内完成,根据型式评价结果和计量法制管理的要求,对计量器具新产品的型式进行审查。审查的主要内容是:是否属于国家禁止使用的计量器具,是否符合我国法定计量单位、检定系统以及其他计量管理规定。

经审查合格的向申请单位颁发型式批准证书;否则,发给型式不批准通知书。

必要时,还可安排对申请单位现场检查,即依据 JJF 1024《测量仪器可靠性分析》进行可靠性评定。

需申请全国通用型式的,由省级政府计量行政部门把审批文件和技术资料报国务院计量行政部门,经审核同意后,颁发全国通用型式证书并予公布。

我国计量器具的型式批准标志和编号由国务院计量行政部门统一规定,如图 11-1 所示。可使用在产品及其说明书上。

ABC–D

图 11-1 我国计量器具的型式批准标志和编号

图 11-1 中编号:

A——批准的年号;

B——计量器具类别代号(详见表 11-1);

C——三位数的顺序号(从 101 开始);

D——省(市、区)行政代码(按 GB 2260)。

表 11-1 计量器具类别及编号

计量器具类别	类别编号	计量器具类别	类别编号
长度	L	化学	C
热工、温度	T	声学	S
力学	F	电离辐射	A
电磁	E	(放射性)	
光学	O	时间频率	H
无线电	R		

下列特殊情况下,可对进口计量器具给予临时型式批准,待条件成熟后再做型式评价:

① 展销会留购的;

② 国内急需进口的;

③ 销售量极少的；

④ 国内暂不具备型式评价能力的。

6. 型式批准的监督管理

任何单位制造已取得型式批准的计量器具，不得擅自改变原批准的型式。对原有产品在机构、材质等方面做了重大改进导致性能、技术特征发生变更的，必须重新申请办理型式批准。

承担型式评论的技术机构，对申请单位提供的样机和技术文件、资料必须保密。违反规定的，应当按照国家有关规定，赔偿申请单位的损失，并给予直接负责人员行政处分；构成犯罪的，依法追究刑事责任。

申请单位对型式批准结果有异议的，可申请行政复议或提出行政诉讼。制造、销售未经型式批准的计量器具新产品的，由计量行政部门按有关法律法规的有关规定予以行政处罚。

一旦计量器具不符合国家法制计量管理要求，计量器具的技术水平落后，型式批准部门可以废除原批准的型式。

全国通用型式一经废除，任何单位不得再行制造。

二、积极推行国际法制计量组织（OIML）合格证书制度

1991 年 OIML 通过决议，从 1991 年起，在其成员国中推行计量器具的 OIML 合格证书制度。这是在自愿基础上，对符合国际法制计量组织建议要求的计量器具，进行证书签发、注册和使用的一种制度。其目的在于减少计量器具在国际贸易中各国重复进行型式批准的现象，以促进国际贸易和国际计量事业的顺利发展。我国作为 OIML 的成员国，按国际公约规定，有义务贯彻 OIML 决议，同时也有利于我国计量器具产品质量水平的提高，促进计量仪器的出口。因此，我国计量行政部门已于 1991 年发出《关于推行 OIML 证书制度的通知》。

该《通知》规定 OIML 中国秘书处设在国家计量行政部门，负责颁发 OIML 证书。并于 1992 年 6 月 9 日制定了实行 OIML 证书制度的有关程序。

"国际规程"（法文缩写 RI）是 OIML 协调和指导各成员国开展法制计量工作的主要技术法规之一，其中多数又是相应计量器具的国际检定规程，从 1968 年 10 月第三届国际法制计量大会批准第一个国际规程起，至今已先后批准了 100 多个国际规程，但是依据国际法制计量局（BIML）公布的目录，现在办理 OIML 证书的计量器具种类、国家及应采用的"国际规程"还仅仅是一部分。

我国计量行政部门规定，凡要求获得表 11-2 所列我国可发计量器具 OIML 证书的企事业单位均可自愿向 OIML 中国秘书处提出申请，并按下列 3 种情况颁发 OIML 证书即由 OIML 成员国的授权机构签发，证明由提交的检测样品所代表的某种计量器具的型式符合 OIML 国际建议有关要求的文件。允许使用 OIML 证书标志（见图 11-2）在其产品包装和使用说明书上。

图 11-2　OIML 证书标志

表 11-2　OIML 中国秘书处发证范围

序号	计量器具名称	依据标准（国际建议）	授权技术机构
1	非自动衡器	R76-1,R76-2	中国计量科学研究院
2	称重传感器	R60	中国计量科学研究院
3	连续累计自动衡器（皮带秤）	R50	中国计量科学研究院
4	自动重量分选秤	R51	中国计量科学研究院
5	重力式自动装料衡器	R61	中国计量科学研究院
6	非连续累计自动衡器	R107	中国计量科学研究院
7	动态汽车衡	R134	中国计量科学研究院
8	燃气表	R31	北京市计量检测科学研究院
9	加油机	R117,R118	北京市计量检测科学研究院 上海市计量测试技术研究院
10	高精度线纹尺	R98	
11	带有弹性敏感元件的真空计和压力计	R109	
12	电能表	R46	浙江省计量科学研究院 上海市计量测试技术研究院

（1）凡已获得我国计量器具型式批准证书的表 11-2 所列计量器具生产单位，可直接向秘书处申请发证，经秘书处审查，确认符合有关国际规程要求者，由原型式评价和批准机构按 OIML 规定的格式填写试验报告，交秘书处审核发证；对需补充试验者，在选定已授权的定型鉴定技术机构补做试验，并按 OIML 的规定要求出具试验报告，交秘书处审核发证。

（2）凡没有办理计量器具型式批准手续的老计量器具产品生产单位，可直接向秘书处提出申请，由秘书处指定授权技术机构按有关国际规程要求进行试验，并向秘书处提交试验报告。经审核确认符合要求后发给 OIML 证书，不符合要求者则书面通知申请者，并说明不合格原因。

（3）对上表中所列计量器具种类内的新产品，如要求得到 OIML 证书者，可按《计量器具新产品管理办法》规定，在向省级计量行政部门申请定型鉴定的同时，申请 OIML 证书，接受申请的省级计量行政部门，应委托由秘书处指定的授权计量技术机构进行试验，并提交试验报告，经审查确认符合要求者，可发给 OIML 证书。

国外厂商向我国申请 OIML 证书者，要先按《进口计量器具监督管理办法》取得我国进口计量器具型式批准证书后，再按上述规定办理。

截至 2016 年 12 月，OIML 中国秘书处共颁发 OIML 证书 111 份，包括 MAA 证书 38 份（R76 14 份，R60 24 份）。2018 年 1 月 1 日起实施新的 OIML 证书制度，这将对 OIML 在全球推进 OIML 证书制度，中国及 OIML 各成员国积极参与国际多边计量互认安排产生重大影响。

实际上，OIML 证书制度是计量器具的一种产品认证制度，它既有效地推动与促进了计量器具生产企业的产品质量和质量管理水平的提高,又为 OIML 证书在 OIML 成员国中相互承认,消除他们之间贸易中的技术壁垒创造了条件。上海大和衡器有限公司于 1993 年 9 月获得了我国第一张 OIML 证书,深感在获证过程中,企业标准水平、计量检测体系与质量体系等 3 个方面有很大的促进和提高,使"大和衡器"成为国内著名的衡器生产企业。

第二节　计量器具使用中的监督管理

计量器具,尤其是工作计量器具量大面广,它们的管理也要有重点、有区别,不能一视同仁。根据《计量法》,工作计量器具分成两大类:一类是用于贸易结算、安全防护、医疗卫生、环境监测等方面并被列入强制检定目录的工作计量器具;另一类是非强制检定的工作计量器具。现分别叙述它们的管理办法。

一、强制检定工作计量器具的管理

用于贸易结算的计量器具如各种衡器,直接关系到国家和群众的经济利益。而对于医疗卫生和安全防护用的计量器具,关系人民的健康和生命财产的安全。因此,《计量法》明确规定,用于贸易结算、安全防护、医疗卫生、环境监测方面的工作计量器具,由县级以上人民政府计量行政部门实行强制检定。强制检定的具体工作计量器具种类名称由国务院发布的《中华人民共和国强制检定的工作计量器具目录》和国家计量行政部门发布的《强制检定的工作计量器具明细目录》规定,如表 11-3 所示(至今共 62 类)。

表 11-3　强制检定工作计量器具目录

序号	名称	序号	名称	序号	名称
1	尺	14	计量罐、计量罐车	27	眼压计
2	面积计	15	燃油加油机	28	汽车里程表
3	玻璃液体温度计	16	液体量提	29	出租汽车里程计价表
4	体温计	17	食用油售油器	30	测速仪
5	石油闪点温度计	18	酒精计	31	测振仪
6	谷物水分测定仪	19	密度计	32	电能表
7	热量计	20	糖量计	33	测量互感器
8	砝码	21	乳汁计	34	绝缘电阻、接地电阻测量仪
9	天平	22	煤气表	35	场强计
10	秤	23	水表	36	心、脑电图仪
11	定量包装机	24	流量计	37	照射量计(含医用辐射源)
12	轨道衡	25	压力表	38	电离辐射防护仪
13	容重器	26	血压计	39	活度计

表 11-3（续）

序号	名称	序号	名称	序号	名称
40	激光能量、功率计（含医用激光源）	48	火焰光度计	56	电子计时计费装置
41	超声功率计（含医用超声源）	49	分光光度计	57	棉花水分测量仪
42	声级计	50	比色计	58	验光仪
43	听力计	51	烟尘、粉尘测量仪	59	微波辐射与泄漏测量仪
44	有害气体分析仪	52	水质污染监测仪	60	燃气加气机
45	酸度仪	53	呼出气体酒精含量探测器	61	热能表
46	瓦斯仪	54	血球计数器		
47	测汞仪	55	屈光度计		

1. 什么是计量器具的强制检定

国务院 1987 年发布的《中华人民共和国强制检定的工作计量器具检定管理办法》第二条明确规定：

强制检定是指由县级以上人民政府计量行政部门所属或者授权的计量检定机构，对用于贸易结算、安全防护、医疗医生、环境监测方面，并列入《中华人民共和国强制检定的工作计量器具目录》（即表 11-3）的计量器具实行定点定期检定。

强制检定的含义是：

（1）强制检定的工作计量器具种类和名称由国家法规规定，检定周期与检定规程由政府计量部门根据其实际使用情况规定，使用单位必须按周期申请检定。

（2）政府计量行政部门对强制检定的工作计量器具直接按周期实行检定，或授权于某单位代表政府计量部门严格进行强制检定，任何使用单位或个人均不能拒检，拒检就是违法。

（3）强制检定工作计量器具应固定检定单位并定期定点送检。

2. 强制检定的程序

依据国务院发布的《中华人民共和国强制检定的工作计量器具检定管理办法》规定：

（1）使用强制检定的工作计量器具的单位和个人，必须按规定向当地政府计量行政部门呈报《强制检定的工作计量器具登记册》，并申请周期检定。当地不能检定的，向上一级政府计量行政部门指定的计量检定机构申请周期检定，未申请检定或经检定不合格的，任何单位或者个人不得使用。

（2）政府计量行政部门要根据计量检定规程，结合计量器具的实际使用情况，确定强制检定的周期。安排所属的或授权的计量技术机构按时实行定点周期检定，对不需进行周期检定的执行使用前的一次性检定。即首次检定。

（3）执行强制检定的计量技术机构，对检定合格的计量器具发给国家统一规定的检定证书，或在计量器具上标以检定合格印或发给检定合格证。强检标志见图 11-3。

图 11-3　中国强检标志

对检定不合格的,则发给检定结果通知书或注销原检定合格印。

（4）县级以上政府计量行政部门,按照有利于管理、方便生产和工作的原则,可结合本辖区实际情况,授权有关单位执行强制检定任务。但被授权执行强制检定的机构其相应的计量标准必须接受国家计量基准或社会公用计量标准的检定。授权单位要对其强制检定的质量认真进行监督。如被授权单位成为计量纠纷中当事人一方时,由政府计量行政部门进行仲裁。

（5）未按规定申请强制检定或检定不合格、超过检定周期继续使用的,责令停止使用,并可处以罚款。

1991年,国家计量行政部门又颁布了《强制检定的工作计量器具实施检定的有关规定》,该《规定》根据我国强制检定工作中存在的一些实际问题,进一步明确了强制检定的运用范围和实施强制检定的形式,如强制检定采取只作首次强制检定和周期检定两种形式。如强制检定采取只作首次强制检定和周期检定两种形式。而只作首次强制检定,按实施方式又分为失准报废和限期使用到期轮换两种方式。如竹木直尺、玻璃体温计、啤酒量杯、液体量提只作首次强制检定,失准报废。直接与供气、供水、供电部门进行结算用的生活煤气表、水表和电能表只作首次强制检定,限期使用,到期轮换。

二、非强制检定的工作计量器具的管理

未列入强制检定工作计量器具目录的为非强制检定的工作计量器具。一般是用于生产和科研的工作计量器具。

它们由使用单位依据《计量法》自行定期检定校准,或送到有关单位溯源检定。这就是说:在符合《计量法》各项规定的前提下,允许使用非强制检定的工作计量器具的企业、事业单位,根据这些计量器具的实际使用情况,建立计量器具的管理制度,自行定期检定/校准。

任何测量仪器,由于材料的不稳定、元器件的老化、使用中的磨损、使用或保存环境的变化、搬动或运输等原因,都可能引起计量性能的变化。这就需要期间核查以核定变化量的大小,以避免计量的不准确。

期间核查是计量器具日常管理中的一项重要技术工作,它是指为保持测量仪器校准状态的可信度,而对测量仪器示值（或其修正值或修正因子）在规定的时间间隔内是否保持其在规定的最大允许误差或扩展不确定度或准确度等级内的一种核查。实质上是核查系统效应对测量仪器示值的影响是否有大的变化,其目的与方法同 JJF 1033《计量标准考核规定》中所述的稳定性考核是相似的。只要可能,计量技术机构应对其所用的每项计量仪器进行期间核查,并保持相关记录;但针对不同的测量仪器,其核查方法、频度是可以不同的。

期间核查的常用方法是由被核查的对象适时地测量一个核查标准,记录核查数据,必要时画出核查曲线图,以便及时检查测量数据的变化情况,以证明其所处的状态满足规定的要求,或与期望的状态有所偏离,而需要采取纠正措施或预防措施。

期间核查与校准或检定的不同之处,见表11-4。

表 11-4　期间核查与校准或检定的不同

序号	期间核查	校准或检定
1	在实际工作环境下，在两次校准或者鉴定之间，对预先选定的统一核查标准进行定期或不定期的测量，以考察测量数据的变化情况，确认其校准状态是否继续可信	标准条件下，通过计量标准确定测量仪器的校准状态
2	由本计量技术机构人员使用自己选定的核查标准按照自己制定的核查方案进行	由有资格的计量技术机构用经考核合格的计量标准按照规程或规范的方法进行
3	核查只是在使用条件下考核测量仪器的计量特性有无明显变化，由于核查标准一般不具备高一级计量标准的性能和资格，因此不具有溯源性	校准或检定的核心是用高一级计量标准对测量仪器的计量性能进行评估，以获得该仪器量值的溯源性
4	只要求核查标准的稳定性高，并可以考察出示值的测量过程综合变化情况即可，只需用较少的时间和较低的测量成本	必须使用经溯源的计量标准进行，校准或检定所用的计量标注的准确度应高于被校或被检仪器的准确度，成本比较高
5	为制定合理的校准间隔提供依据和参考	按 JJF1139《计量器具检定周期确定原则和方法》和计量器具检定规程/校准规范规定的周期检定或校准

因此，每个企事业单位对非强制检定工作计量器具也要认真建立计量器具登记卡，做好入库检定、发放检定、周期检定、返回检定和巡回检定工作，正确使用和正常维护保养，建立健全并落实各项计量器具的管理和使用制度，以确保工作计量器具在检定/校准周期内准确合格，合格率达到100%。

三、计量器具仲裁检定和计量调解

在经济活动和社会生活中，常常因计量器具的准确度问题而引起纠纷。这种对计量器具准确度的争执以及因计量器具准确度所引起的纠纷称为计量纠纷。为了对各种计量纠纷进行合理的仲裁检定与调解，国家计量行政部门于 1987 年 10 月 12 日制定发布了《仲裁检定和计量调解管理办法》，对计量器具的仲裁检定和计量调解作出了一些具体规定。

1. 仲裁检定

仲裁检定是指用计量基准或社会公用计量标准所进行的以裁决为目的的计量检定、测试活动。这就是仲裁计量纠纷或判决有关计量纠纷方面的案件，以国家计量基准或社会公用计量标准检定、测试的数据为仲裁的依据，这个检定和测试活动过程统称为计量仲裁检定。

计量仲裁检定由县级以上政府计量行政部门，根据计量纠纷双方计量纠纷双方的当事者一方的申请，或者受调解、仲裁机关、人民法院的委托，指定法定计量检定机构进行。

法定计量检定机构由县级以上政府计量行政部门根据需要设置，一般在政府计量行政部门直接领导的、建有社会公用计量标准、具有第三方公正立场的计量测试技术所内设置计量仲裁机构或计量仲裁管理干部，专门受理计量纠纷的仲裁检定事项。

申请仲裁检定应向所在地县、市政府计量行政部门递交仲裁检定申请书。

仲裁检定申请书应写明：

（1）申请仲裁检定与被申请仲裁检定单位的名称、地址及其法定代表人的姓名、职务；

（2）申请仲裁检定的理由和要求；

（3）有关证明材料和实物。

接受仲裁检定的政府计量行政部门应在接受申请书后7日内向被申请仲裁检定一方发出仲裁检定申请书副本，同时对纠纷有关的计量器具实行保全措施，使计量器具在计量仲裁检定过程中对引起计量纠纷的计量器具，纠纷双方均不得改变其技术状态，并确定仲裁检定的时间、地点。

进行仲裁检定应通知当事人双方在场，经二次通知无正当理由拒不到场的，可进行缺席仲裁检定。

仲裁检定后，法定计量检定机构应对仲裁检定的结果出具仲裁检定证书。经当事人双方和仲裁检定人员签字并加盖仲裁检定机构印章后报有关政府计量行政部门。政府计量行政部门根据仲裁检定的结果进行裁决，制作仲裁检定裁决书，双方签字并加盖仲裁检定机关印章后生效。

仲裁检定裁决书包括下列内容：

（1）当事人双方的名称、地址及其法定代表人的姓名、职务；

（2）纠纷的主要事实、责任；

（3）裁决认定的事实、理由和适用的法律；

（4）裁决的结论和仲裁检定费用的承担；

（5）不服裁决的起诉期限。

计量仲裁检定，实行两级仲裁制，对一级仲裁检定的数据不服后，可向上一级政府计量行政部门申请二级计量仲裁检定，但是二级仲裁检定为终局仲裁检定。如对计量仲裁检定不服的，当事人有权向人民法院起诉。政府计量行政部门也可根据《计量法》对纠纷双方中违法者进行行政处罚。

2. 计量调解

计量调解是指县级以上人民政府计量行政部门主持下就双方当事人对计量纠纷之间进行的调解。

申请人（计量调解的当事人）应向所在地的县、市人民政府计量行政部门递交计量调解申请书。计量调解申请书应写明以下事项：

（1）申请调解与被申请调解单位的名称、地址及其法定代表人的姓名、职务；

（2）申请调解的理由与要求；

（3）有关证明材料或实物；

接受计量调解申请的政府计量行政部门，应在接受申请后7日内向被申请调解的单位发出计量调解申请书副本，并确定调解的时间、地点。

调解要求查明事实、分清责任的基础上进行，促使当事人互相谅解自愿达成协议，签署调解书。调解书的内容包括：

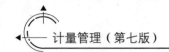

（1）当事人双方的名称、地址及其法定代表人的姓名、职务；

（2）纠纷的主要事实、责任；

（3）协议内容与调解费用的承担。

调解书由当事人双方法定代表人和调解人共同签字，并加盖调解机关的印章后生效。当事人双方都应自动履行调解书上达成的协议内容。

如调解未达成协议或调解书签署后一方或双方翻悔的可向所在地政府计量行政部门申请仲裁检定。

在全国范围内有重大影响或争议，金额在 100 万元以上的当事人，可直接向省级以上政府计量行政部门申请计量调解和仲裁检定。简单的计量纠纷也可简化上述程序，执行简易的计量调解或仲裁检定。

无论何种计量检定，都应由政府计量行政部门依据《全国计量检定人员考核规则》（1991）考核合格的计量检定人员执行。

计量检定员应认真遵守《计量检定人员管理办法》（2015）中各有关规定，认真进行各种计量检定工作，提供准确可靠的检定数据。否则，要按有关计量法律、法规给予行政处分，构成犯罪的依法追究刑事责任。

第三节　进口计量器具的监督管理

为加强进口计量器具的监督管理，经国务院 1989 年 10 月批准，原国家技术监督局 1989年发布了《中华人民共和国进口计量器具监督管理办法》，该《管理办法》2016 年进行了修改。1996 年，国家计量行政部门又发布了该办法的实施细则。上述办法和实施细则明确规定：

国务院计量行政部门对全国的进口计量器具实施统一监督管理。

县级以上政府计量行政部门对本行政区域内的进口计量器具依法实施监督管理。

各地区、各部门的机电产品进口管理机构和海关等部门在各自的职责范围内对进口计量器具实施管理。

任何单位和个人进口计量器具以及外商或其代理人，包括外国制造商、经销商，港、澳、台地区的制造商、经销商及外商在国内的经销者均应执行下列要求。

一、进口计量器具的型式批准

凡进口或外商在中国境内销售列入《中华人民共和国进口计量器具型式审查目录》内的计量器具的，应向国务院计量行政部门申请办理型式批准。向国务院计量行政部门递交型式批准申请书、计量器具样机照片和必要的技术资料。

1. 法制审查

国务院计量行政部门对型式批准的申请资料在 15 日内完成计量法制审查。审查的主要内容为：

（1）是否采用我国法定计量单位；

（2）是否属于国务院明令禁止使用的计量器具；

（3）是否符合我国计量法律、法规的其他要求。

2. 型式评价

计量法制审查合格后，国务院计量行政部门确定型式评价样机的规格和数量，委托技术机构进行型式评价，型式评价按国务院计量行政部门发布的 JJF 1016《计量器具型式评价大纲编写导则》要求进行。

外商或其代理人应在商定时间内向技术机构提供试验样机和下列技术文件资料：

（1）计量器具的技术说明书；

（2）计量器具的总装图、结构图和电路图；

（3）技术标准文件和检验方法；

（4）样机测试报告；

（5）使用说明书；

（6）安全保证说明；

（7）检定和铅封的标志位置说明。

型式评价的主要内容包括：外观检查、计量性能考核以及安全性、环境适应性、可靠性或寿命试验等项目。

型式评价一般应在收到样机后 3 个月内完成，如有特殊情况需延长时间的，应报国家计量行政部门批准。

型式评价试验完成后，应呈报《型式评价结果通知书》《计量器具型式评价注册表》等给国家计量行政部门审核。

3. 型式批准

型式评价审核合格的，由国务院计量行政部门向申请人颁发《中华人民共和国进口器具型式批准证书》，准予在相应的计量器具和包装上使用中华人民共和国进口计量器具形式批准的 CPA 标志和编号，并在有关刊物上予以公布。否则，就把书面意见通知申请人，如有下列情况之一的，则可申请办理临时型式批准：

（1）确属急需的；

（2）销售量极少的；

（3）国内暂无定型鉴定能力的；

（4）展览会留购的；

（5）其他特殊需要的。

除上述（4）项可向当地省级政府计量行政部门或其委托的地方政府计量行政部门申请办理临时型式批准之外，其余各项均应向国务院计量部门或其委托的地方政府计量行政部门办理临时型式批准。

经计量法制审查合格（必要时也可安排技术机构进行检定）后，颁发《中华人民共和国进口计量器具临时型式批准证书》，注明批准的数量和有限期限。

二、进口计量器具的审批

申请进口计量器具，按国家关于进口商品的规定程序进行审批。

负责审批的有关主管部门和归口审查部门，应对申请进口《中华人民共和国依法管理的计量器具目录》内的计量器具进行法定计量单位的审查，对申请进口《进口计量器具型式审查目录》内规定的计量器具审查是否经过型式批准。经审查不合规定的，审批部门不得批准进口，外贸经营单位不得办理订货手续。

海关对进口计量器具凭审批部门的批件验放。确因特殊需要，申请进口非法定计量单位的计量器具和国务院禁止使用的其他计量器具，须经国务院计量行政部门批准，并提交下列文件资料：

（1）说明特殊需要理由的申请报告；

（2）计量器具的性能和技术指标；

（3）计量器具的照片和使用说明书；

（4）本单位上级主管部门的批件。

思 考 题

1. 计量器具新产品如何进行型式评价和型式批准？
2. 怎样加强强制检定的工作计量器具监督管理？
3. 企事业单位的非强制检定工作计量器具应怎样管理？
4. 我国为什么要积极推行计量器具 OIML 证书制度？
5. 对发生计量纠纷的计量器具如何处理？
6. 进口计量器具应怎样监督管理？

第十二章

计量授权、协作和比对

计量工作涉及科技与国民经济建设各个领域,现有 10 大类 100 多项,被测参数多、技术复杂。有些计量准确度要求高,计量标准仪器设备价值昂贵。因而搞"大而全""小而全"既不符合我国现实,又会造成人、财、物方面很大浪费。要少花钱多办事,做好计量工作,抓好计量授权和协作是一个正确有效的途径。

第一节　计量授权管理

计量授权是指县级以上人民政府计量行政部门,依法授权予其他部门或单位的计量检定机构或技术机构,执行计量法规定的强制检定和其他检定、测试任务。

自 1986 年 7 月 1 日起实施《中华人民共和国计量法》之后,我国的计量法律、法规和规章对计量授权作了一系列明确的规定。

《中华人民共和国计量法》第二十条规定:县级以上人民政府计量行政部门可以根据需要设置计量检定机构,或者授权其他单位的计量检定机构,执行强制检定和其他检定、测试任务。

1987 年 1 月发布的《计量法实施细则》第三十条又有进一步明确规定和采取以下形式授权:

(1)授权专业性或区域性计量检定机构,作为法定计量检定机构;

(2)授权建立社会公用计量标准;

(3)授权某一部门或某一单位的计量检定机构,对其内部使用的强制检定计量器具执行强制检定;

(4)授权有关技术机构,承担法律规定的其他检定、测试任务。

《计量法》与《计量法实施细则》实施后,计量授权工作有了法律、法规根据。为了进一步具体规定计量授权工作的一些具体事项,国家计量行政部门 1989 年 11 月 6 日又发布了《计量授权管理办法》,对计量授权的目的、原则、形式、条件等一系列问题作出明确的规定。

一、计量授权的目的和意义

计量管理有两个明显的特点:一个是它的社会性,即计量器具使用面广,致使计量管理的覆盖面也广,工作量大,几乎遍及城乡各行各业,各种企事业单位和个人;二是它的技术性

163

强。即必须拥有较强的技术手段和技术人才。尽管各级政府计量行政部门是执行计量法的国家职能机构,但其不可能也不应该包揽全社会的计量法制管理和计量技术管理。而社会上一些行业或专业、科研或检测机构、高等院校、大中型企业又有一定的检测手段和技术人才优势,完全可以通过"授权"的形式,调动和协调这些社会力量共同全面实施计量法,做好社会计量管理工作。同时,还能就地就近进行量值传递和检测,达到经济合理、方便生产和管理、获取经济效益的目的。

因此,我国计量法律、法规和《计量授权管理办法》中明确规定:县级以上人民政府计量行政部门,应根据本行政区域实施计量法的需要,充分发挥社会技术力量的作用,按照统筹规划、经济合理、就地就近、方便生产、利于管理的原则,实行计量授权。

二、计量授权的形式

《计量授权管理办法》的第四条规定了我国计量授权采用以下 4 种方式:

(1) 授权有关部门或单位的专业性或区域性计量检定机构,作为法定计量检定机构;

(2) 授权有关部门或单位建立计量基准、社会公用计量标准;

(3) 授权有关部门或单位的计量检定机构,对其内部使用的强制检定计量器具执行强制检定;

(4) 授权有关门市部或单位的计量检定机构或技术机构,承担计量标准、计量论证、申请制造修理计量器具许可证的技术考核、仲裁检定、计量器具新产品定型鉴定,样机试验,标准物质定级鉴定,计量器具产品质量监督试验和对社会开展强制检定、非强制检定。

三、计量授权的方法和步骤

依据《计量授权管理办法》,计量授权的方法和步骤如下。

1. 申请

凡要求计量授权的单位或机构,应按下列按规定向有关政府计量行政部门递交计量授权申请书及有关技术文件和资料。

(1) 申请建立计量基准、承担计量器具新产品定型鉴定的授权,向国务院计量行政部门提出申请;

(2) 申请承担计量器具新产品样机试验的授权,向当地省级人民政府计量部门提出申请;

(3) 申请对本部门内部使用的强制检定计量器具执行强制检定的授权,向同级人民政府政府计量行政部门提出申请;

(4) 申请对本单位内部使用的强制检定的工作计量器具执行强制检定的授权,向当地县(市)级人民政府计量行政部门提出申请;

(5) 申请作为法定计量检定机构、建立社会公用计量标准、承担计量器具产品质量监督试验和对社会开展强制检定、非强制检定的授权,应根据申请承担授权任务的区域,向相应的人民政府计量行政部门提出申请。

此外,凡政府计量行政部门所属的法定计量检定机构,在本行政区域内不能开展的计量检定项目,需要办理授权的,应报请上一级人民政府计量行政部门统筹安排。

2. 审查和考核

有关人民政府计量行政部门在接到计量授权申请书和报送的材料之后,必须在 6 个月内,对提出申请的有关技术机构审查完毕并发出是否接受申请的通知。然后,对接受计量授权的技术机构按下列规定及其应符合的规定条件认真进行考核。

(1) 申请作为法定计量检定机构、建立本地区最高社会公用计量标准的,由受理申请的人民政府计量行政部门报请上一级人民政府计量行政部门主持考核;

(2) 申请建立计量基准、非本地区最高社会公用计量标准,对内部使用的强制检定计量器具执行强制检定,承担计量器具产品质量监督试验,新产品定型鉴定、样机试验和对社会开展强制检定、非强制检定的,由受理申请的人民政府计量行政部门主持考核。

3. 颁发计量授权证书

对考核合格的单位,由受理申请的人民政府计量行政部门批准,颁发相应的计量授权证书和计量授权检定、测试专用章,并公布被授权单位的机构名称和所承担授权的业务范围。计量授权证书应由授权单位规定有效期,最长不得超过 5 年。

四、计量授权的监督管理

计量授权后,授权的政府计量行政部门应认真实行对被授权单位的监督管理;被授权单位应认真执行《计量授权管理办法》中的下列规定:

(1) 被授权单位必须认真贯彻执行计量法律、法规。

(2) 被授权单位的相应计量标准,必须接受计量基准或者社会公用计量标准的检定;开展授权的计量检定、测试工作,必须接受授权单位的监督。

(3) 被授权单位必须按照授权范围开展工作,需新增计量授权项目,应按照本办法的有关规定,申请新增项目的授权。

违反上款规定的,责令其改正,没收违法所得;情节严重的,吊销计量授权证书。

(4) 被授权单位可在有效期满前 6 个月提出继续承担授权任务的申请;授权单位根据需要和被授权单位的申请在有效期满前进行复查,经复查合格的,延长有效期。

如被授权单位达不到原考核条件,经限期整顿仍不能恢复的,由授权单位撤销其计量授权。

(5) 被授权单位要终止所承担的授权工作,应提前 6 个月向授权单位提出书面报告,未经批准不得擅自终止工作。

违反上款规定,给有关单位造成损失的,责令其赔偿损失。

(6) 当被授权单位成为计量纠纷中当事人一方时,在双方协商不能自行解决的情况下,由县级以上有关人民政府计量行政部门进行调解或仲裁检定。

同时,上级人民政府计量行政部门对下级人民政府计量行政部门的计量授权应进行监督,对违反本办法规定的授权,应予以纠正。

但是,对计量标准、计量认证、申请制造修理计量器具许可证的技术考核,标准物质定级鉴定和仲裁检定的授权,由有关人民政府计量行政部门根据相应管理办法的规定,采取指定

或委托的形式办理。

某市电能表和水表数量很大,为了加强管理,保证计量器具准确、正确收费,保护消费者合法权益,同时又不损害供电、供水部门利益并发挥其技术优势。该市计量行政部门依法授权,同时加强授权后的日常监督,定期监督检查检定记录,抽查实物,促进提高检定质量,两年之后,用户投诉显著减少,水、电费回收率大有提高,偷、漏水、电现象明显减少,有效地控制了流失率,使"两表"强制检定纳入法制管理轨道。

第二节　计量协作管理

一、计量协作的意义

根据我国开展计量协作活动数十年的经验可以归纳为下列 3 个方面。

（1）组织各地区现有计量机构人力、物力进行计量协作,是克服"条块分割、机构重复、效益低下",解决本地区计量测试需要的行之有效的途径。如湖北省襄樊市地区政府计量部门计量力量较弱,但该地区工厂、企业、国防部门科研力量很强,襄樊市计量行政部门1986 年发起组织计量协作,建立计量测检中心,使该市的计量检定项目由原来的 6 大类19 项发展到 8 大类 62 项,计量标准器设备固定资产从近百万元增加到 2500 万元,不仅满足了该地区日常计量工作的客观需要,还解决了难度较大的重力加速度和炮膛膛压等一些重大计量测试难题,取得了显著的经济效益和社会效益。

（2）通过计量协作,相互学习,交流经验,取长补短,从而提高了参加计量协作的计量管理人员和技术人员的水平,如无线电计量协作组在计量协作活动中,开展经验交流和技术培训活动,对新人员迅速熟悉业务,计量技术人员提高技术水平,起了很大作用。

（3）通过计量协作活动,共同解决了个别单位、部门难以解决的计量测试和计量科研问题。有些重大的计量测试和计量科研内容,涉及面较广,所需人才和条件多,仅仅靠一个单位甚至一个部门难以解决。如某工厂为发射炮膛膛压测试跑了全国许多单位都不能解决,后由襄樊市计量协作网组织两个专业测试站的光测、电测、遥测人员会战,很快取得成果,得到解决。

可见,计量协作是我国计量管理中一项重要内容,也完全适应我国建立与发展社会主义市场经济的客观需要。应该大力提倡,积极推行。

1991 年 8 月,由计量管理部门、计量技术机构、企事业单位及计量器具生产、修理与经营单位自愿联合组成而成立的中国计量协会(CMA)是组织广大计量工作者,充分发挥桥梁和纽带作用,深入企业和广大消费者之中,积极开展多种形式服务活动,维护消费者合法权益,促进我国计量事业发展的行业性,非营利性的社会组织,为我国计量协作提供了新的方式和形式。

二、计量协作的主要原则

根据我国多年来计量协作的经验,搞好计量协作,应该遵循下列原则。

1. 发挥优势，互助互利，取长补短，共同发展的原则

计量协作是充分发挥我国社会主义制度的优越性，按照社会主义生产协作的精神，从建立和建设计量测试社会系统工程出发而组织起来的。

计量协作过程中，应该遵循"发挥优势，互助互利，取长补短和共同发展"的原则。如全国无线电计量区域协作网从 1964 年建立以来，通过 6 个区域计量站、37 个分组，几乎把全国所有无线电工厂、国防及军工部门的研究所、大专院校、计量部门无线电计量单位联系在一起，共同解决无线电计量方面的检定测试问题。

2. 自愿、平等、互利和协商的原则

开展计量协作活动中，一定要坚持"自愿、平等、互利、协商"的原则。凡协作网成员都是自愿参加的，相互之间是平等关系，协作什么内容，如何协作，大家一起协商确定，同时这些协作活动对各成员单位都有利。如由重庆、南充、达县、涪陵、万县等 5 个市、地区政府计量部门联合组成的"川东计量协作组"打破行政区域的限制，以城市为中心，建立新的量传体系，并进行"常规协作"和"专题协作"活动，举办各种类型的计量学习班，互通情报，交流计量管理工作经验，取得较大的收益。

3. 统筹规划、经济合理、就地就近、方便生产、利于管理的原则

为了充分调动和协调社会力量来共同执行《计量法》，打破行政区域和部门的限制，解脱条块分割的桎梏，为加强计量工作的纵向和横向联系，建立社会计量计测网络提供法规依据，国家技术监督局于 1989 年 11 月 6 日发布《计量授权管理办法》。该《办法》规定各级政府计量行政部门可根据本行政区计量行政执法的需要，将一些检定、测试任务，授权给具有规定条件的一些社会计量技术机构去完成。同时，该《办法》的第三条明确规定应按照统筹规划、经济合理、就地就近、方便生产和利于管理的原则。

三、计量协作的形式

目前，我国计量协作的具体形式有以下 8 种。

1. 全国性专业计量协作网

无线电（包括时间频率）计量是参数多、频带宽、更新快、标准设备昂贵、专业性较强的计量，在所有无线电计量科研、生产、学校和政府计量部门的共同要求下，建立了全国无线电计量区域协作网。网内又分为华东、东北、华南、中南、西南、西北 6 个区域无线电计量协作组。各区域协作组内又根据各省各地区情况设立若干个分组，有领导、有组织、有计划、有检查地进行协作活动。

2. 地方性计量协作网

近几年来，陕西、甘肃、新疆、宁夏、青海等五省（区），上海、江苏、浙江、福建、山东、安徽、江西六省一市及中南五省（区）、西南四省（区）先后自愿组成西北、华东、中南、西南地区计量测试协作网。对长、热、力、电等种类计量测试进行协作活动，还互相交流计量管理经验。

3. 中心城市计量协作网

襄樊、德阳、朝阳等中心城市都是近几年迅速发展起来的新兴城市。在这些市内，各部委所属企事业单位较多,计量力量也较雄厚,而政府计量部门却比较薄弱。因此,由政府计量部门牵头,组织计量协作网充分发挥大型企业计量优势,解决地方计量测试上的困难,满足本地区计量测试方面的需要,起了良好的作用。

一些工业大城市更有条件组织计量协作活动,如南京市计量行政部门为了把本地区的大型军工企业、高等院校和科研机构的计量优势充分调动起来,组织了"南京计量测试网络",拥有集体成员 28 个,个人成员 200 多人。该网络 5 年内已为江苏光学仪器厂、南京洗衣机厂、中华测绘仪器厂等 500 个企业提供了各种计量咨询和协作服务,使这些企业的计量技术难题获得圆满解决,对推动南京市计量工作的全面开展起到了十分重要的作用。

4. 行业计量协作组

由部、委牵头组织行业计量协作组是一种纵向计量协作网,如铁道部 1984 年决定分片成立"机车车辆工业计量协作组",以加强各厂的计量技术和计量情报交流协作,并互相交流企业计量管理经验,共同贯彻新标准、新规程等。

随着我国市场经济体制逐步的建立,横向经济联系的发展,计量协作势必更快发展起来,并将创造出更多的计量协作形式。

5. 中国计量协会协作网

中国计量协会的业务范围为:

(1) 宣贯国家计量法律法规、方针政策;宣传计量工作在经济建设、科技进步和社会发展中的地位和作用,提高全社会的计量意识;

(2) 组织计量方面的调研、理论研讨和经验交流活动;

(3) 协调和组织企业开展计量仪器设备展览、展销等活动;

(4) 为企业提供计量咨询服务,推动企业加强计量检测工作;

(5) 组织开展多种形式的计量技术交流活动;

(6) 组织编辑出版有关计量工作信息与资料,推广典型经验;

(7) 开展计量教育,普及计量知识,培训计量人员等。

中国计量协会组织计量行业有关专家编制《我国计量器具发展现状的分析报告》,承担和参与程控一体化加油机监控微处理机的调研、鉴定和推广,组织开展量与单位测量不确定度评定与表示冶金计量检定机构考核规范计量标准考核规范定量包装商品计量监督药品计量监督等各类培训班;编辑出版了《计量管理手册》《工业计量》杂志和《冶金计量器具配备规范》。

在水表制造企业的水表产品上加贴"质量保证标志",开展"百家守信誉公正计量所(站)"活动,举办中日计量检测技术与设备展览会,建立专业网络,开通"发展中国家计量技术与产品信息网"等,为我国计量协作开创了很多方式和形式。

中国计量协会现设有计量技术开发、工业计量、法制计量、国际交流、社会公正计量、水表、电能表、燃气、计程车计价器等工作委员会和冶金、化工、机械、纺织、石油等专业分会,正在认真抓好下列 3 项计量协作工作:

(1) 计量行业管理;

(2) 联系企业,发挥政府与企业之间的桥梁和纽带作用;

（3）探索开展符合市场经济特点的协作服务工作。

北京、上海、浙江、辽宁、江苏、广东、湖北、山西等省市也成立了计量协会。

6. 校准联盟和集团

随着我国市场经济的发展，国内计量校准市场迅速发展。国内外校准机构竞争加剧，2001 年 10 月，由中国计量科学研究院带头，湖北、江苏、福建、广东、上海、天津等省市计量技术研究院（所），共同组织成立中国校准联盟（简称 CUC），以培育和建立一个开放的社会化计量资源利用合理的校准服务网络，为社会提供有效的计量校准服务。

2004 年 12 月，由浙江省技术监督检测研究院，浙江省称重技术研究所等 16 个计量技术机构组建起来的浙江省方正校准集团有限公司成立，本着科学公正、诚信、优质、高效的工作方针和客户至上的服务观念。以专业从事十大类计量器具的校准服务，同时开展计量器具产品研发，计量实验室建设等方面计量技术服务。这种联盟和集团使计量协作采用了更紧密的方式。

7. 企业集团中的计量协作和分包

近几年来，随着我国商品经济的发展，在横向经济联合的基础上陆续出现了一批以一个或几个大中型骨干企业为主导，以名优产品为"龙头"，由多个有内在经济或技术协作联系的企业、科研设计单位参加的"企业集团"。

在这些"企业集团"中，主导企业为了保证"龙头"产品质量，必然要建立厂际质量保证体系。这就要建立统一的产品标准体系和量值传递体系，从而产生计量协作和分包，这种计量协作比上述计量协作更紧密、更具体，同时也更具有生命力。随着我国横向经济联合体和"企业集团"的涌现，这种计量协作方式也会更多地建立起来。

8. 计量授权

计量授权是一种特定形式的计量协作形式，自从国家技术监督局 1989 年发布《计量授权管理办法》之后，各级政府计量行政部门都依法开展了计量授权工作。如南京市计量行政部门就已授权建立计量检定站 20 多个，这些被授权的计量检定站每年检测计量器具 30 万台件左右，为全面贯彻《计量法》起了很大的作用。

四、计量协作的内容和管理

1. 计量协作的内容

计量协作的内容是很广泛的，既有计量技术方面的交流协作，又有计量管理方面的经验交流和合作，一般可以分为"常规协作"和"专业协作"两类。

（1）常规协作

常规计量协作的主要内容有：

① 打破部门、地区行政区域的局限，通过计量行政部门计量授权或单位之间相互签订计量协作合同等方式，为就地就近进行量值传递和检测互相提供方便；

② 进行计量人员的培训教育和技术交流；

③ 在计量设备仪器生产和物资供销等方面互相协作；

④ 交流计量测试方面情报资料和刊物；

⑤ 交流计量管理方面的经验；

⑥ 计量测试学会的活动，进行合作与交流等。

活动方式除了召开各种会议外，规定各成员单位把计量工作方面的法制性文件、经验总结、工作简报、情报资料分别寄送协作组各成员单位。

（2）专题协作

专题协作的内容主要是计量测试服务和计量测试科技项目的攻关。一般由协作成员单位商定，进行双边或多边协作。如：

① 重庆市计量行政部门和重庆工业自动化仪表研究所进行大口径水表检定项目协作；

② 重庆、万县和涪陵地区计量行政部门对榨菜水分测试项目的科技攻关；

③ 重庆市计量行政部门和南充地区计量行政部门协作解决化工生产中压力分段报警等计量问题，以及蚕茧和丝绸的测试攻关问题等。

2. 计量协作的管理

计量协作符合我国社会主义现代化建设需要，是与当前我国经济改革方向一致的，应该进一步加强组织和管理。

1985 年 11 月，国家计量行政部门召开了我国第一次全国计量协作会议，要求进一步提高对计量协作工作的认识，加强领导，搞好规划，落实措施，把各种类型的计量协作活动积极开展起来。

为了加强对计量协作网的管理，一般应有规章和管理办法。如全国无线电计量区域协作组就有一个《全国无线电计量区域协作办法》，这个《办法》共有七章二十二条，明确规定了协作网组织机构、协作任务、协作单位的义务和权利等内容。区域协作组的任务就是协商确定本地区无线电计量量值传递系统和计量检定计划，进行量值传递、标准比对和测试；协商确定协作分组的正、副组长；参与计量标准器的研制；组织经验技术情报交流和技术培训；编写检定规程或检定测试方法和安排协作活动。

区域计量协作组单位的义务是：

（1）发扬社会主义协作精神，认真负责组织好所在地区无线电计量协作活动，保证协作计划按质按量完成；

（2）积极组织协调，对协作分组进行业务指导；

（3）接受政府计量管理部门的指导监督。

参加计量协作组的单位具有下列权利：

（1）优先安排量值传递和接受情报资料；

（2）工作优秀者有优先接受奖励和表彰的资格；

（3）技术人员有优先受培训的资格；

（4）协作活动搞得好的单位和个人，有优先被推荐出席全国、部门或地区计量工作会议的资格。

湖北省襄樊市计量测试技术服务中心以互助、互补、互利为原则，充分调动和发挥襄樊地区各科研部门、军工和地方大中型厂矿企事业单位的计量技术和设备力量雄厚的优势，组成各专业计量测试站,从而联结成一个以襄樊市计量测试技术研究所为基地的、军民结合、条块结合的计量技术协作联合体。成为一个以全面实施计量法为基本任务,以促进襄樊市经济和科技发展、维护国家和人民利益为宗旨,以法制管理为准则的多层次、多功能的纵横交错的计量服务网络。

江苏省以全省 102 个法定计量技术机构为主体,联合高校、科研院所和企业中设立的 44 个省级授权计量站,67 个专业计量测试站,组成计量测试网络,使计量检测项目由原 200 多种扩展到 300 多种,其中激光功率、超低温等 34 个项目填补省内计量检定空白,初步实现了省、市、县、乡 4 个层次具有高技术、多功能、宽领域、优服务、重效益和严管理的计量协作,充分发挥了计量协作的巨大作用,仅工程测试方面每年完成测试项目数千项,大型仪器设备的年使用时数已从原 200h 提高到 400h～800h,取得了明显的经济效益和社会效益。

计量协作是有关计量部门或机构,在遵循自愿、平等、互利的原则基础上,进行计量技术或管理合作与交流的计量管理活动。随着全球经济一体化在新世纪的加速推进和我国经济改革开放进一步的深化,社会和企业对生产及服务的计量要求和检测量日益提高和规范。各类计量机构尤其是计量技术机构的计量协作的内容越来越广泛,方式越来越多。

第三节　计量比对管理

计量比对是指在规定条件下,对相同准确度等级或者规定不确定度范围内的同种计量基准、计量标准之间所复现的量值进行传递、比较、分析的过程。

为了确保计量基准、计量标准量值统一、准确、可靠,加强计量比对监督管理,根据计量法律法规等有关规定,2008 年 6 月 21 日,我国制定《计量比对管理办法》。

一、计量比对的类型

计量比对的类型有下列三类。

1. 国家计量比对

经国务院计量行政部门考核合格,并取得计量基准证书或者计量标准考核证书的计量基准或者计量标准量值的比对。

2. 地方计量比对

经县级以上地方计量行政部门考核合格,并取得计量标准考核证书的计量标准量值的比对。

3. 国际计量比对

由国际计量局组织的各个国家国家计量基准量值的比对。

二、计量比对的原则

1. 保证量值传递体系有效性原则

量值传递体系是通过对计量器具的检定或校准,将国家基准所复现的计量单位量值通

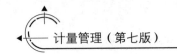

过各级计量标准传递到工作计量器具，以保证对被测量值的准确和一致。即保证全国在不同地区，不同场合下测量同一量值的计量器具都能在允许的误差范围内工作；计量比对必须保证量值传递体系有效工作。

2. 统筹规划、经济、合理的原则

统筹规划是通过对整体目标的分析，选择适当的模型来描述整体的各部分、各部分之间、各部分与整体之间以及它们与外部的关系和相应的评审指标体系，进而综合成一个整体模型，用以进行分析并求出全局的最优决策以及与之协调的各部分的目标和决策。

经济合理原则，是合同法规定的合同履行应当遵守的原则之一，是指：要求履行合同时，应讲求经济效益，付出最小的成本，取得最佳的合同利益。

计量比对实行统筹规划、经济、合理的原则就是付出最小的计量比对成本，保证量值传递体系有效的整体目标实现，

三、计量比对的组织管理

国务院计量行政部门统一负责计量比对的监督管理工作。

国家计量比对可以由全国专业计量技术委员会或者大区国家计量测试中心向国务院计量行政部门申报实施，也可以由国务院计量行政部门直接指定全国专业计量技术委员会或者大区国家计量测试中心组织实施。

1. 国家计量比对的组织单位

申报国家计量比对应当按照规定要求向国家市场监督管理局计量司提交国家计量比对计划申报书，经国家市场监督管理总局计量司审查通过的，由申报单位作为组织单位，组织实施国家计量比对。

指定国家计量比对的，由国家市场监督管理总局计量司指定的全国专业计量技术委员会或者大区国家计量测试中心作为组织单位，组织实施国家计量比对。到 2020 年，我国计量基准实现国际等效比例达到 85％以上。

2. 确定国家计量比对的主导实验室和参比实验室

组织单位应当在依法设置或者授权建立的计量技术机构中确定国家计量比对的主导实验室和参比实验室，并报国家市场监督管理总局备案。

经备案的主导实验室和参比实验室，无正当原因且未经国家市场监督管理总局书面同意，不得拒绝以主导实验室或者参比实验室的身份开展国家计量比对。

主导实验室应当具备以下条件：

（1）计量基准或者计量标准符合国家计量比对要求，并能够在整个国家计量比对期间保证量值准确；

（2）能够提供稳定可靠的传递标准或样品；

（3）具有与所从事的国家计量比对工作相适应的技术人员。

参比实验室应当具有国家计量比对所涉及的计量基准或者计量标准。

3. 成立专家组

组织单位可以根据需要组织成立专家组。专家组可以参与审查有关国家计量比对资

料、对有争议的技术问题提出咨询意见。

4. 起草与确定国家计量比对方案

主导实验室应当在国家计量比对开始前进行前期实验,包括传递标准或样品的稳定性实验和运输特性实验。然后在前期实验情况的基础上起草国家计量比对方案。

国家计量比对方案应当包括针对的量、目的、方法、传递标准或样品、路线及时间安排、技术要求等,并符合计量技术法规要求。

主导实验室起草国家计量比对方案后,应主动征求各参比实验室意见;再由组织单位确定。

5. 开展国家计量比对

主导实验室和参比实验室应当根据国家计量比对方案,依据 JJF 1117《计量比对》开展国家计量比对。无正当原因且未经组织单位书面同意,不得延误国家计量比对。

国家计量比对完成后,各参比实验室应当在国家计量比对方案规定时间内将国家计量比对结果提交主导实验室。

国家计量比对结果应当包括:

(1) 国家计量比对数据复印件,数据有删改的,应当保留删改痕迹;

(2) 国家计量比对结果不确定度分析;

(3) 计量基准证书复印件或者计量标准考核证书复印件;

(4) 需要提交主导实验室的其他材料。

6. 编制国家计量比对总结报告

主导实验室应当根据参比实验室国家计量比对结果,起草国家计量比对总结报告,并经征求各参比实验室意见后修改完成。

国家计量比对总结报告应当包括下面内容:

(1) 国家计量比对方案、国家计量比对概况及相关说明;

(2) 传递标准或样品的技术状况,包括稳定性和运输性等相关要求;

(3) 国家计量比对数据记录及必要的图表;

(4) 国家计量比对结果及其不确定度分析,包括参比实验室的测量结果及其测量不确定度、国家计量比对参考值及其测量不确定度、参比实验室的测量结果与参考值之差及其测量不确定度;

(5) 国家计量比对分析及结论。

主导实验室不得有下列行为:

(1) 抄袭参比实验室国家计量比对数据,弄虚作假;

(2) 与参比实验室串通,篡改国家计量比对数据;

(3) 违反诚实信用原则的其他行为。

各参比实验室不得弄虚作假,相互抄袭国家计量比对数据。

7. 提交和公示国家计量比对总结报告

主导实验室应当将国家计量比对总结报告、各参比实验室国家计量比对结果以及国家

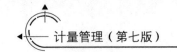
计量比对资料等有关材料提交组织单位。

组织单位应当审查国家计量比对总结报告。经审查合格后,报国家市场监管总局计量司备案。

国家市场监管总局计量司应当公示国家计量比对总结报告。但组织单位、主导实验室、参比实验室和专家组应当遵守有关保密规定,在国家计量比对总结报告公示前不得泄露有关国家计量比对数据。

国家计量比对结果符合规定要求的,可以作为计量基准、计量标准复查考核以及计量授权依据之一。

国家计量比对结果不符合规定要求的,应当限期改正,暂停国家计量比对所涉及的计量基准、计量标准的量值传递工作。

四、国家计量比对的监督

(1) 违反《计量比对管理办法》中"无正当原因且未经国家市场监管总局书面同意,不得拒绝以主导实验室或者参比实验室的身份开展国家计量比对。"或"无正当原因且未经组织单位书面同意,不得延误国家计量比对"的,限期改正;逾期不改正的,暂停国家计量比对所涉及的计量基准、计量标准的量值传递工作。

(2) 主导、参比实验室违反《计量比对管理办法》中规定的,计量比对结果无效,并暂停国家计量比对所涉及的计量基准、计量标准的量值传递工作。

1999 年,经授权,中国计量科学研究院代表中国在国际计量局(BIPM)签署了《国家计量基(标)准互认和国家计量院签发的校准与测量证书互认》协议,参与国际计量委员会(CIPM)、国际计量局和各咨询委员会组织实施的关键比对、区域比对,确保我国量值的国际可比性和溯源性,为贸易全球化、市场国际化提供技术基础保证,并积极承担市场需求的计量仲裁以及计量技术支撑工作。

地方计量比对由相应的县级以上地方计量行政部门、组织单位、主导实验室和参比实验室,比照上述规定执行;国际计量比对则由国际计量局组织开展。

目前,我国每年开展国家计量比对,并参加国际计量比对,有些地方也开展地方计量比对。

我们可以预言:随着我国社会主义市场经济的建立与发展,计量授权、计量协作及计量比对也必将得到更大更好的发展。

<hr>

思 考 题

1. 为什么计量授权也是一种计量协作方式? 授权单位是谁? 与被授权单位是哪些关系? 它们各有哪些责任和义务?

2. 怎么进行计量授权? 为什么说计量协作是计量管理的一种重要方式?

3. 如何开展计量授权?

4. 我国计量协作有哪些形式? 它们各有什么作用?

5. 什么是计量比对? 如何开展计量比对?

第十三章

校准实验室能力认可

我国在 20 世纪 80 年代就依据《计量法》制定了《产品质量检验机构计量认证管理办法》，开展了对产品质量检验机构的计量认证，以考核产品质量检验机构的计量检定、测试能力和可靠性，证明其具有为社会提供公正数据的资格，并为国际间的产品质量检验机构的相互承认创造条件。

实验室认可是对某一实验室具备进行规定的检测或特定类别的检测能力的正式承认，是国内外贸易中消除因产品检测方法不同而导致技术壁垒的有效措施。实验室认可越来越受到各国经济和技术界的重视，所以把它从产品质量认证中独立出来，并扩展到校准实验室（计量室）认可。检验机构是从事检验活动的机构。它对产品设计、产品、服务、过程或工厂的核查，并确定其相对于特定要求的符合性，或在专业判断的基础上，确定相对于通用要求的符合性。

1994 年 10 月，中国实验室认可国家委员会成立后，先后发布了《实验室认可管理办法》《实验室认可准则》《实验室认可程序》等一系列规范性文件。依据 GB/T 27025/ISO/IEC 17025《检测和校准实验室能力的通用要求》、GB/T 27011—2005/ISO/IEC 17011:2004《合格评定 认可机构通用要求》等标准以及《中国国家实验室认可标志及管理办法》等规范性文件，使我国校准实验室认可活动成为与国际接轨的合格评定活动，同时又是一项重要的计量管理活动，逐步替代了产品质检机构的计量认证。

本章对其程序、内容和要求做一个简要的介绍。

第一节 校准实验室认可的依据和程序

一、校准实验室认可的产生和发展

在产品质量认证活动中，无论是产品型式试验，还是认证后市场上企业产品的抽样监督检查，都要求有能承担检验任务的机构（即实验室）及具备资格的检验人员，这就是要对承担认证检验的实验室的测试能力（包括实验室中的测量仪器准确度、测量环境条件与检验人员的技术水平等）进行专门的检查与认证。

随着国际贸易的发展，买卖双方都需要有一个公认的商品质量检验机构，它与买卖双方都无组织上的隶属关系和经济上的直接利害关系，以确保对商品质量检验结果的公正性和

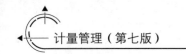

科学性,这也需要对承担商品检验的质量检测机构(实验室)进行评审和认可。

这样,实验室认可活动也逐步从产品质量认证中脱离出来,成为一项有组织的独立审查认可活动,并成为质量认证的重要组成部分。

最早对实验室进行有组织审查认可活动是澳大利亚,它在 1946 年成立《全国测试管理机构协会》(NANT),负责实行自愿实验室认可工作,以打破企业和地区界限,满足了社会各方面的公正检验需要。

20 世纪 70 年代后,实验室认可在世界各国迅速发展起来,又扩展到检查机构认可即对从事检查活动(即对产品、服务、或工厂的检查。并确定基础相对于特定要求的符合性或在专业判断的基础上确定相对于适用要求的符合性)的机构的认可。

1979 年,GATT/TBT 的签约与实施进一步推动了实验室认可活动的广泛展开,也使国际实验室认可组织(ILAC)发展成为一个国际性组织。ILAC 密切配合 ISO 和 IEC,先制定了 ISO/IEC 指南 25,后改为 ISO/IEC 17025《检测和校准实验室技术能力的通用要求》,使实验室认可纳入了国际标准化和规范化的轨道。

为了实现各国实验室出具检验报告的互认,1977 年,在丹麦哥本哈根召开了第一次国际实验室认可会议,有 17 个国家和 3 个国际组织参加会议,着重研究和推动各国实验室认可开展,相互承认及建立国际实验室认可体系等问题。2000 年 11 月 2 日,我国 CNAS 和美、澳、英、法、德、日、韩等 35 个国家实验室认可机构共同签署了国际互认协议(ILAC-MRA)。

由于检测实验室的计量仪器都由校准实验室进行检定或校准,因此,校准实验室认可成为实验室认可的重要组成部分。

二、校准实验室的资质认定

校准实验室资质是指向社会出具具有证明作用的数据和结果的实验室应当具有的基本条件和能力。

资质认定是指国家认可委和各省级计量行政部门对校准实验室的基本条件和能力是否符合计量法律、行政法规规定以及相关技术规范或者标准实施的评价和承认活动。主要依据《法定计量检定机构监督管理办法》(2006)、JJF 1069《法定计量检定机构考核规范》《检验检测机构资质认定管理办法》(2015)《检验检测机构资质认定评审准则》(2016)等规定,具体要求如下:

1. 计量技术机构资质认定的对象

计量技术机构应该是一个实体,资质认定的对象为:

(1) 为司法机关作出的裁决出具具有证明作用的数据、结果的;

(2) 为行政机关作出的行政决定出具具有证明作用的数据、结果的;

(3) 为仲裁机构作出的仲裁决定出具具有证明作用的数据、结果的;

(4) 为社会经济、公益活动出具具有证明作用的数据、结果的;

(5) 其他法律法规规定应当取得资质认定的。

2. 计量技术机构资质认定条件

《检验检测机构资质认定管理办法》(2015)规定计量技术机构资质认定条件如下：

(1) 依法成立并能够承担相应法律责任的法人或者其他组织；

(2) 具有与其从事检验检测活动相适应的检验检测技术人员和管理人员；

(3) 具有固定的工作场所，工作环境满足检验检测要求；

(4) 具备从事检验检测活动所必需的检验检测设备设施；

(5) 具有并有效运行保证其检验检测活动独立、公正、科学、诚信的管理体系；

(6) 符合有关法律法规或者标准、技术规范规定的特殊要求。

三、校准实验室认可的分类

依据实校准验室认可机构的层级，校准实验室认可又分为国家、区域和国际实验室认可3个层级。

但是，区域和国际实验室认可主要是通过互认协议来实现的。

四、校准实验室认可的依据和准则

我国校准实验室认可的依据和准则如下：

1. 校准实验室认可方面的法律、法规和规章

我国校准实验室认可的法律有：

(1)《中华人民共和国标准化法》；

(2)《中华人民共和国产品质量法》；

(3)《中华人民共和国进出口商品检验法》等。

我国校准实验室认可的有关法规有：

(1) 上述法律的实施条例；

(2)《中华人民共和国认证认可条例》。

我国校准实验室认可的有关规章主要有：

(1)《实验室和检查机构资质认定管理办法》；

(2)《强制性产品认证机构、检查机构和实验室管理办法》；

(3)《检验检测机构资质认定管理办法》等。

2. 实验室认可方面的规范性文件

CNAS制定了一系列实验室认可方面的规范性文件：

(1) CNAS-RL01《实验室认可规则》；

(2) CNAS-RL02《能力验证规则》；

(3) CNAS-RL04《境外实验室和检验机构受理规则》；

(4) CNAS-RL06《能力验证提供者认可规则》；

(5) CNAS-R01《认可标识和认可状态声明管理规则》；

(6) CNAS-CL01《检测和校准实验室能力认可准则》等。

这些规范性文件是指导我国实验室认可的具体细则。

3. 实验室认可方面的标准

我国等同采用了 ISO/IEC 有关实验室认可方面的国际指南,以保证我国实验室认可工作的规范化,并与国际标准接轨。具体如下:

(1) GB/T 27025/ISO/IEC 17025《检测和校准实验室技术能力的通用要求》

它规定了对校准和实验室的组织和管理、质量体系、审核和评审、人员、设施和环境、测量的可追溯性、校准和检验方法、样品处理、记录、证书和检测报告等方面的要求,从而为评审实验室的技术能力提供了一个基本的通用准则。

(2) CB/T 15483.1/ISO/IEC 指南 43.1《利用实验室间比对的能力验证 第 1 部分:能力验证计划的建立和运作》。

该标准规定了能力验证的类型、组织和设计,运作和报告以及保密和职业道德方面的要求,并有处理能力验证数据的统计方法举例;能力验证计划的计量管理及参考文献等 3 个目录。

(3) GB/T 15483.2/ISO/IEC 指南 43.2《利用实验室间比对的能力验证 第 2 部分:实验室认证机构对能力验证计划的选择和使用》。

该标准决定了能力验证计划的选择,参加能力验证计划的政策,实验室认可机构对能力验证结果的使用以及实验室保密能力验证的记录等行动和反馈。它是对 GB/T 15483.1 的补充。

(4) CB/T 27011—2005/ISO/IEC 17011:2004《合格评定认可机构通用要求》

它规定了对评审和认可合格评定机构的认可机构的通用要求。它所称的合格评定机构是指提供下列合格评定服务的组织:检测、检查、管理体系认证、人员认证和产品认证。

(5) ISO/IEC 指南 49《编制实验室管理手册指南》

该指南为编制实验室管理手册的内容、顺序及要求,如概述、目录、质量方针、术语、实验室简介、工作人员、检验设备、测量设备和环境、检验系统、手册的更新和管理、检验样品的管理、结果的验证、检验报告、记录等均做出了具体的规定。也是实验室认可工作的一项重要依据。

而下列欧洲标准则是我国实验室认可工作中应积极研究和借鉴的参考依据:

EN   45001《检测实验室工作运转的通用准则》;

EN   45002《评定检测实验室的通用准则》;

EN   45003《实验室认可机构的通用准则》;

EN   45004《各类检查机构的通用要求》。

五、校准实验室认可的程序

校准实验室认可的程序见图 13-1。

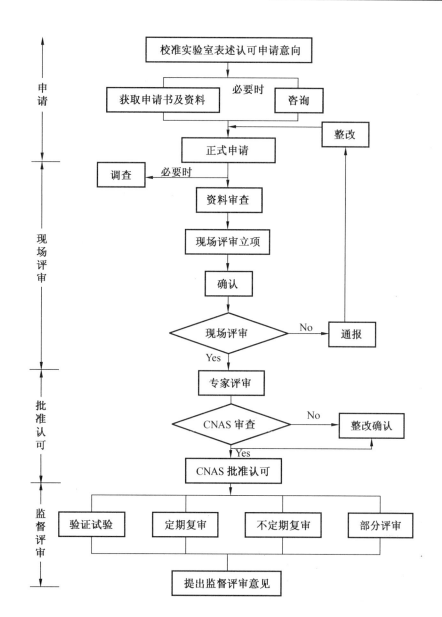

图 13-1　校准实验室认可流程图

第二节　校准实验室能力认可的内容与要求

实验室认可的运作应按 GB/T 27011—2005《合格评定　认可机构通用要求》(即 ISO/IEC 17011:2004)进行,其中重要的环节是校准实验室管理体系的建立及运作,依据 GB/T 27025/ISO/IEC 17025 规定,校准实验室能力的通用要求分为通用、组织结构、资源、过程和管理体系要求五大部分。

一、校准实验室认可的通用要求

依据 GB/T27025/ISO/IEC 17025,校准实验室认可的通用要求为公正性和保密性要

179

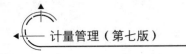

求,如表 13-1 所示。

表 13-1　实验室认可的通用要求

序号	公正性	保密性
1	应公正地实施实验室活动,并从组织结构和管理上保证公正性	应通过做出具有法律效力的承诺,对在实验室活动中获得或产生的信息承担管理责任。实验室应将其准备公开的信息事先通知客户
2	管理层应做出公正性承诺	依据法律要求或合同授权透露保密信息时,除法律禁止外,所提供的信息应通知到相关客户或个人
3	应对实验室活动的公正性负责,不允许商业、财务或其他方面的压力损害公正性	从客户以外渠道(如投诉人、监管机构)获取有关客户的信息,应在客户和实验室间保密
4	应持续识别影响公正性的风险。这些风险应包括其活动、实验室的各种关系,或者实验室人员的关系而引发的风险	人员,包括委员会委员、合同方、外部机构人员或代表实验室的个人,应对在实施实验室活动过程中所获得或产生的所有信息保密,法律要求除外
5	如果识别出公正性风险,实验室应能够证明如何消除或最大程度减小这种风险	

二、校准实验室认可的组织结构要求

依据 GB/T 27025/ISO/IEC 17025,校准实验室认可的组织结构要求如表 13-2 所示。

表 13-2　实验室认可的组织结构要求

序号	组织结构要求
1	应为法律实体,或法律实体中被明确界定的一部分,该实体对实验室活动承担法律责任
2	应确定对实验室全权负责的管理层
3	应规定符合 GB/T 27025 的实验室活动范围并制定成文件。实验室仅应声明符合 GB/T 27025 的实验室活动范围,不应包括持续从外部获得的实验室活动
4	应以满足 GB/T 27025、实验室客户、法定管理机构和提供承认的组织要求的方式开展实验室活动,这包括实验室在固定设施、固定设施以外的地点,在临时或移动设施、客户的设施中实施的实验室活动
5	应:a)确定实验室的组织和管理结构、其在母体组织中的位置,以及管理、技术运作和支持服务间的关系; b)规定对实验室活动结果有影响的所有管理、操作或验证人员的职责、权力和相互关系; c)将程序形成文件的程度以确保实验室活动实施的一致性和结果有效性为原则
6	人员应具有履行职责所需的权力和资源(不论其他职责),这些职责包括: a)实施、保持和改进管理体系; b)识别与管理体系或实验室活动程序的偏离; c)采取措施以预防或最大程度减少这类偏离; d)向管理层报告管理体系运行状况和改进需求; e)确保实验室活动的有效性

三、校准实验室认可的资源要求

依据 GB/T 27025/ISO/IEC 17025,校准实验室认可的资源要求如表 13-3 所示。

表 13-3　校准实验室认可的资源要求

序号	资源要素	要求
1	人员	无论是内部人员还是外部人员,应行为公正、有能力、并按照实验室管理体系要求工作
2		应将影响实验室活动结果的各职能的能力要求制定成文件,包括对教育、资格、培训、技术知识、技能和经验的要求
3		应确保人员具备其负责的实验室活动的能力,以及评价偏离的重要程度的能力
4		管理层应与实验室人员就其职责和权限进行沟通
5		应有以下活动的程序并保留相关记录: a)确定能力要求;b)人员选择;c)人员培训;d)人员监督;e)人员授权;f)人员能力监控
6		应授权人员从事特定的实验室活动,包括但不限于下列活动: a)开发、修改、验证和确认方法; b)分析结果,包括符合性声明或意见和解释; c)报告、审查和批准结果
7	设施和环境条件	应适合于实验室活动,不应对结果有效性产生不利影响(包括但不限于:微生物污染、灰尘、电磁干扰、辐射、湿度、供电、温度、声音和振动)
8		应将从事实验室活动所必需的设施及环境条件的要求制定成文件
9		当相关规范、方法或程序对环境条件有要求时,或环境条件影响结果的有效性时,实验室应监测、控制和记录环境条件
10		应实施、监控并定期评审控制设施的措施,这些措施应包括但不限于: a)进入和使用影响实验室活动的区域的控制; b)预防对实验室活动的污染、干扰或不利影响; c)有效隔离不相容的实验室活动区域
11		在永久控制之外的地点或设施中实施实验室活动时,应确保满足 GB/T 27025 中有关设施及环境条件的要求
12	设备	应获得正确开展实验室活动所需的并能影响结果的设备(包括但不限于:测量仪器、软件、测量标准、标准物质、参考数据、试剂、消耗品或辅助装置)
13		使用永久控制以外的设备时,应确保满足本准则对设备的要求
14		应有处理、运输、储存、使用和按计划维护设备的程序,以确保其功能正常运行并防止污染或性能退化
15		当设备投入使用或重新投入使用前,实验室应验证其符合规定要求
16		用于测量的设备应能够达到所需的测量准确度和(或)测量不确定度,以提供有效的结果

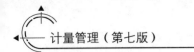

表 13-3（续）

序号	资源要素	要求
17	设备	在下列情况下，测量设备应进行校准： ——当测量准确度或测量不确定度影响报告结果的有效性，和（或） ——为建立所报告结果的计量溯源性，要求对设备进行校准
18		应制定校准方案，并进行复审和必要的调整，以保持对校准状态的信心
19		所有需要校准或具有规定有效期的设备应使用标签，编码或以其他方式标识，以便设备使用人能够方便地识别校准状态或有效期
20		如果设备有过载或处置不当、给出可疑结果、或已显示有缺陷或超出规定限度时，应停止使用。这些设备应予以隔离以防误用，或加贴标签或标记以清晰表明该设备已停用，直至经过验证表明能正常工作
21		当需要利用期间核查以保持对设备性能的信心时，应按程序进行核查
22		如果校准和标准物质数据中包含参考值或修正因子，实验室应确保该参考值和修正因子得到适当的更新和应用，以满足规定要求
23		应有切实可行的措施，防止设备被意外调整而导致结果无效
24		应保存对实验室活动有影响的设备的记录
25	计量溯源性	应通过形成文件的不间断的校准链将测量结果与适当参考标准相关联，建立并保持测量结果的计量溯源性，其中每次校准对测量不确定度均应通过以下方式确保测量结果可溯源到国际单位制
26		技术上不可能计量溯源到 SI 单位时，实验室应证明可计量溯源至适当的参考标准
27	外部提供的产品和服务	应确保影响实验室活动的外部产品和服务的适宜性，这些产品和服务包括：a）用于实验室自身的活动；b）部分或全部直接提供给客户；c）用于支持实验室的运作
28		应有以下活动的程序和记录： a）确定、审查和批准实验室对外部产品和服务的要求； b）确定对外部供应商的评价、选择、表现监控和再次评价标准； c）在使用外部提供的产品和服务前，或直接提供给客户之前，应确保符合实验室规定的要求，或适用时，满足本准则的相关要求
29		应与外部供应商沟通以明确以下要求：a）需提供的产品和服务；b）验收准则；c）能力，包括人员所需具备的资格；d）实验室或其客户拟在外部供应商的场所进行的活动

四、校准实验室认可的过程要求

依据 GB/T 27025/ISO/IEC 17025，校准实验室认可的过程要求如表 13-4 所示。

表 13-4 实验室认可的过程要求

序号	过程要素	要求
1	要求、标书和合同的评审	应有要求、标书和合同评审的程序。该程序应确保： a)明确规定要求，形成文件，并被理解； b)实验室有能力和资源满足这些要求； c)当使用外部提供者时,应满足外部提供的产品和服务的要求,实验室应告知客户由外部提供者实施的实验室活动,并获得客户同意; d)选择适当的方法或程序,并能满足客户的要求
2		当客户要求的方法不合适或是过时的,实验室应通知客户
3		当客户要求针对检测或校准做出与规范或标准符合性的声明时,应明确规定规范或标准以及判定规则。选择的判定规则应与客户沟通并得到同意,除非规范或标准本身已包含判定规则
4		要求或标书与合同之间的任何差异,应在实施实验室活动前解决。每项合同应被实验室和客户双方接受。客户要求的偏离不应影响实验室的诚信或结果的有效性
5		与合同的任何偏离应通知客户
6		如果工作开始后修改合同,应重新进行合同评审,并与所有受影响的人员沟通修改的内容
7		在澄清客户要求和允许客户监控其相关工作表现方面,实验室应与客户或其代表合作
8		应保存评审记录,包括任何重大变化。针对客户要求或实验室活动结果与客户的讨论,也应作为记录予以保存
9	方法的选择、验证和确认 1.方法的选择和验证	应使用适当的方法和程序开展所有实验室活动,适当时,包括测量不确定度的评定以及使用统计技术进行数据分析
10		所有方法、程序和支持文件应保持现行有效并易于人员取阅,例如与实验室活动相关的指导书、标准、手册和参考数据
11		应确保使用最新有效版本的方法,除非不合适或不可能做到。必要时,应补充方法使用的细节以确保应用的一致性
12		当客户未指定所用的方法时,实验室应选择适当的方法并通知客户。推荐使用以国际标准、区域标准或国家标准发布的方法,或由知名技术组织或有关科技书籍或期刊中公布的方法,或设备制造商规定的方法。实验室开发或修改的方法也可以使用
13		在引入方法前,应验证能够适当地运用该方法,以确保能实现所需的方法性能。应保存验证记录。如果发布机构修订了方法,应在所需的程度上重新进行验证
14		当需要开发方法时,应予策划,并指定配备足够资源并具备能力的人员进行。在方法开发的过程中,应进行定期评审,以确认持续满足客户需求。开发计划的任何变更应得到批准和授权
15		若偏离了实验室活动的方法,应事先将该偏离形成文件、做技术判断、获得授权并被客户接受

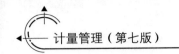
表 13-4(续)

序号	过程要素	要求
16	2.方法确认	应对非标准方法、实验室制定的方法、超出预定范围使用的标准方法、或其他修改的标准方法进行确认。确认应尽可能全面,以满足预期用途或应用领域的需要
17		当修改已确认过的方法时,应确定这些修改的影响。当发现影响原有的确认时,应重新进行方法确认
18		当按预期用途评估进行方法确认,应确保方法的性能特性满足客户的需求,并符合规定要求
19		应保存以下方法确认记录:a)使用的确认程序;b)规定的要求;c)确定的方法性能特性;d)获得的结果;e)方法有效性声明,并详述与预期用途的适宜性
20	抽样	当实验室为后续检测或校准而对物质、材料或产品实施抽样时,应有抽样计划和方法。抽样方法应明确需要控制的因素,以确保后续检测或校准结果有效性。在抽样的地点应能得到抽样计划和方法。只要合理,抽样计划应基于适当的统计方法
21		抽样方法应描述: a)样品或地点的选择;b)抽样计划;c)从物质、材料或产品中取得样品的制备和处理,以作为后续检测或校准的物品
22		应将抽样数据作为检测或校准工作的一部分保留记录。这些记录应包括以下相关信息:a)所用的抽样方法;b)抽样日期和时间;c)识别和描述样品的数据(如编号、数量和名称);d)抽样人的识别;e)所用设备的识别;f)环境或运输条件;g)适当时,标识抽样位置的图示或其他等效方式;h)抽样方法和抽样计划的偏离或增减
23	检测或校准物品的处置	应有检测或校准物品的运输、接收、处置、保护、存储、保留、清理或返还的程序,包括为保护检测或校准物品的完整性以及实验室与客户利益所需的所有规定。在处置、运输、保存/等候、制备、检测或校准过程中,应注意避免物品变质、污染、丢失或损坏。应遵守随物品提供的操作说明
24		应有清晰标识检测或校准物品的系统。实验室应在物品的保管期间保留该标识。标识系统应确保物品在实物上、记录或其他文件中不被混淆。适当时,标识系统应包含一个物品或一组物品的细分和物品的传递
25		接收检测或校准物品时,应记录与规定条件的偏离。当对物品是否适于检测或校准有疑问,或当物品不符合所提供的描述时,实验室应在开始工作之前询问客户,以得到进一步的说明,并记录询问的结果。当客户知道偏离了规定条件仍要求进行检测或校准时,实验室应在报告中做出免责声明,并指出偏离可能影响的结果
26		如物品需要在规定环境条件下储存或调置,应保持、监控和记录这些环境条件
27	技术记录	应确保每一项实验室活动的技术记录包含结果、报告和足够的信息,以便在可能时识别影响测量结果及其测量不确定度的因素,并确保能在尽可能接近原条件的情况下重复该实验室活动。技术记录应包括每项实验室活动和审查数据结果的日期和负责人。原始的观察结果、数据和计算应在观察到或获得时予以记录,并应按特定任务予以识别
28		应确保技术记录的修改可以追溯到前一个版本或原始观察结果。应保存原始的以及修改后的数据和文档,包括更改的日期、标识更改的内容和负责更改的人员

表 13-4(续)

序号	过程要素	要求
29	测量不确定度的评定	应识别测量不确定度的贡献。评定测量不确定度时,应采用适当的分析方法考虑所有显著贡献,包括来自抽样的贡献
30		开展校准的实验室,包括校准自己的设备,应评定所有校准的测量不确定度
31	确保结果的有效性	应有监控结果有效性的程序。记录结果数据的方式应便于发现其发展趋势,如可行,应采用统计技术审查结果
32		可行和适当时,实验室应通过与其他实验室的结果比对来监控其表现
33		应分析监控活动的数据,并用于控制和(如适用)改进实验室活动
34	报告结果	结果在发出前应经过审查和批准,通常以报告的形式提供结果(校准证书或抽样报告)应准确、清晰、明确和客观地出具结果,并且应包括客户同意的、解释结果所必需的以及所用方法要求的全部信息。所有发出的报告应作为技术记录予以保存
35		每份报告应至少包括下列信息,最大限度地减少误解或误用的可能性:a)标题(例如"校准证书"或"抽样报告");b)实验室的名称和地址;c)实施实验室活动的地点,包括客户设施、实验室固定设施以外的地点,或相关的临时或移动设施等。对报告中的所有信息负责,由客户提供的信息除外
36		校准证书应包含以下信息:a)与被测量相同单位的测量不确定度或被测量相对形式的测量不确定度;b)校准过程中对测量结果有影响的条件(如环境条件);c)测量如何计量溯源的声明等
37		当表述意见和解释时,实验室应确保只有授权人员才能发布相关意见和解释
38	投诉	应有制定成文件的过程来接收和评价投诉,并对投诉做出决定
39		利益相关方有要求时,应可获得对投诉处理过程的说明
40		投诉处理过程应至少包括以下要素和方法:a)对投诉的接收、确认、调查以及决定采取处理措施过程的说明;b)跟踪并记录投诉,包括为解决投诉所采取的措施;c)确保采取适当的措施
41		接到投诉的实验室应负责收集并验证所有必要的信息,以便确认投诉是否有效
42		只要可能,实验室应告知投诉人已收到投诉,向其提供处理进程的报告和结果
43		与投诉人沟通的结果应由与所涉及的实验室活动无关的人员做出,或审查和批准
44	不符合工作	当实验室活动或结果不符合自己的程序或与客户协商一致的要求时,应有程序予以实施。该程序应确保:a)确定不符合工作管理的职责和权力;b)措施以实验室建立的风险水平为基础;c)评价不符合工作的严重性,包括分析对先前结果的影响;d)对不符合工作的可接受性做出决定等
45		应保存不符合工作和上述措施的记录
46		当评价表明不符合工作可能再次发生时,或对实验室的运行与其管理体系的符合性产生怀疑时,实验室应采取纠正措施

表 13-4(续)

序号	过程要素	要求
47		应获得开展实验室活动所需的数据和信息
48		用于数据收集、处理、记录、报告、存储或检索的实验室信息管理系统在投入使用前应进行功能确认,包括实验室信息管理系统中界面的适当运行
49	数据控制和信息管理	信息管理系统应: a)防止未经授权的访问; b)安全保护以防止篡改和丢失; c)在符合系统提供者或实验室规定的环境中运行,或对于非计算机化的统,提供保护人工记录和转录准确性的条件; d)以确保数据和信息完整性的方式进行维护; e)包括记录系统失效和适当的紧急措施及纠正措施
50		信息管理系统在异地或外部供应商进行管理和维护,实验室应确保系统的供应商或运营商符合本准则的所有适用要求
51		应确保员工易于获取与实验室信息管理系统相关的说明书、手册和参考数据
52		应对计算和数据传输进行适当和系统的检查

五、校准实验室认可的管理体系要求

依据 GB/T 27025/ISO/IEC 17025,校准实验室认可的管理体系要求如表 13-5 所示。

表 13-5　实验室认可的管理体系要求

序号	管理体系要素	要求
		应建立、编制、实施和保持管理体系,该管理体系应能够支持和证明实验室持续满足本准则要求并且保证实验室结果的质量
1	管理体系文件	管理层应建立、编制和保持符合本准则目的的方针和目标,且应确保该方针和目标在实验室组织的各级人员得到理解和执行
2		方针和目标应能体现实验室的能力、公正性和一致运作
3		管理层应提供建立和实施管理体系以及持续改进其有效性承诺的证据
4		应包含、引用或链接与满足 GB/T 27025 要求相关的所有文件、过程、系统和记录等
5		参与实验室活动的所有人员应可获得其职责适用的管理体系文件和相关信息
6	管理体系文件的控制	应控制与满足 GB/T 27025 要求有关的内部和外部文件
7		应确保: a)文件发布前由授权人员批准其充分性; b)定期审查文件,必要时更新; c)识别文件更改和当前修订状态; d)在使用地点应可获得适用文件的有关版本等

表 13-5（续）

序号	管理体系要素	要求
8	记录控制	应建立和保存清晰的记录以证明满足本准则的要求
9		应对记录的标识、存储、保护、备份、归档、检索、保存期和处置实施所需的控制。实验室记录保存期限应符合合同义务。记录的调阅应符合保密承诺,易于获得
10	应对风险和机遇的措施	应考虑实验室活动相关的风险和机遇,以: a)确保管理体系能够实现其预期结果; b)增强实现实验室目的和目标的机遇; c)预防或减少实验室活动中的不利影响和可能的失败; d)实现改进等
11		应策划: ——应对这些风险和机遇的措施; ——在管理体系中整合并实施这些措施; ——评价这些措施的有效性
12		应对风险和机遇的措施应与其对实验室结果有效性的潜在影响相适应
13	改进	应识别和选择改进机会,并采取必要措施
14		应向客户征求反馈,无论是正面的还是负面的。应分析和利用这些反馈,以改进管理体系、实验室活动和客户服务
15	纠正措施	当发生不符合时,实验室应: a)适用时,对不符合做出应对: ——采取措施以控制和纠正不符合;处置后果; b)通过下列活动评价是否需要采取措施,以消除产生不符合的原因,避免其再次发生或者在其他场合发生: ——评审和分析不符合; ——确定不符合的原因; ——确定是否存在或可能发生类似的不符合。 c)实施所需的措施; d)评审所采取的纠正措施的有效性等
16		纠正措施应与不符合产生的影响相适应
17		应保留记录,作为下列事项的证据: a)不符合的性质、产生原因和后续所采取的措施; b)纠正措施的结果
18	内部审核	应按照策划的时间间隔进行内部审核,以提供有关管理体系的下列信息: a)是否符合: ——实验室自身的管理体系要求,包括实验室活动; ——GB/T 27025 的要求。 b)是否得到有效的实施和保持

表 13-5（续）

序号	管理体系要素	要求
19	内部审核	实验室应： a)考虑实验室活动的重要性、影响实验室的变化和以前审核的结果,策划、制定、实施和保持审核方案,审核方案包括频次、方法、职责、策划要求和报告; b)规定每次审核的审核准则和范围; c)确保将审核结果报告给相关管理层; d)及时采取适当的纠正和纠正措施; e)保留记录,作为实施审核方案以及审核结果的证据
20	管理评审	管理层应按照策划的时间间隔对实验室的管理体系进行评审,以确保其持续的适宜性、充分性和有效性,包括执行本准则的相关方针和目标
21		应记录管理评审的输入,并包括以下相关信息： a)与实验室相关的内外部因素的变化; b)目标实现; c)政策和程序的适宜性等
22		管理评审的输出至少应记录与下列事项相关的决定和措施： a)管理体系及其过程的有效性; b)履行本准则要求相关的实验室活动的改进; c)提供所需的资源; d)所需的变更

第三节　校准实验室能力的认可

校准实验室能力的认可一般包括申请、现场评审、批准认可与认可后的监督复审等几个阶段。

一、校准实验室认可申请

1. 校准实验室表述认可申请意向

无论是国内还是国外从事校准的实验室,想要被我国认可有能力进行特定的校准,必须首先实施和符合 GB/T 27025/ISO/IEC 17025《检测和校准实验室技术能力的通用要求》规定的要求,然后可用书面、电话、传真等任何方式向 CNAS 表述愿意获取认可的意向。

2. 获取申请书及有关文件资料

申请认可的校准实验室,可以从 CNAS 获取《实验室认可申请书》以及有关实验室认可的《准则》《认可程序》《评审细则》等对外公开的规范性文件资料。

必要时,校准实验室可以邀请有关咨询机构或专家进行咨询或诊断,校准实验室是否已具备申请认可的资格和条件,指出存在的缺陷和不足之处。

3. 正式提出申请

校准实验室按 CNAS-AL 01《实验室认可申请书》中规定的《填写须知》要求填报调查

表,内容主要有:

（1）校准实验室概述

包括实验室的名称、类别、地址、联系人、设备特点、人数、申请认可的业务范围等。

（2）提供资料

主要有申请认可项目表,校准实验室主要负责人简历表,实验室工作人员一览表,主要仪器设备（或标准物质）表,能力分析表（即能根据哪些规程校准哪些项目）,实验室管理手册,校准证书（即检定证书）等。

（3）评审时间

提出希望评审的时间。

（4）声明

本实验室自愿申请CNAS的认可,并愿意承担下列义务:

① 遵守CNAS实验室认可方面有关规定;

② 无论能否获准认可,预付认可所需的全部费用。

二、资料审查

主要审查校准实验室所提供的资料是否完整、规范。

三、现场评审立项及确认

CNAS组建评审组,并与评审组长共同安排现场评审计划,交校准实验室方确认。

必要时,评审组长可预访校准实验室,进一步了解校准实验室情况,确保现场评审计划的合理性,面谈确定现场评审的各项准备工作。

四、现场评审

1. 现场评审

由评审组依据GB/T 27025/ISO/IEC 17025《检测和校准实验室能力的通用要求》和CNAS-RL04《实验室和检验机构认可规则》、即相关领域的应用说明等要求,到校准实验室依据表13-1至表13-5进行现场评审。

现场评审结束前,评审组应向实验室初步通报现场评审情况和意见,尤其应指出其缺陷和不足之处,以便实验室整改。

现场评审后,评审组应按CNAS-RL04《实验室和检验机构认可规则》规定要求填写,并向CNAS提交书面的《评审报告》。实验室应就现场评审中指出的缺陷,进行调查、分析产生原因,落实纠正措施,并向CNAS提交《整改报告》。

2. 校准实验室评审报告的编制和分发

实验室认可评审组在进行现场评审后,应依据CNAS《实验室评审报告》的规定格式与要求,认真编制实验室评审报告。

实验室评审报告应清晰、准确、客观地填写下列内容。

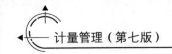

（1）概况

主要填写实验室或所属法人单位的名称、地址、法人代表、联系人、类别、实验室设施的特点（即固定的、临时的、流动的）、评审依据、时间和地点等内容。

（2）评审结论

① 评审等级

A 级：合格。建议授予认可证书。

B 级：又分：

B＋级：基本合格尚存在较少缺陷（×项）；

或 B 级：基本合格尚存在部分缺陷（×项）；

或 B－级：基本合格尚存在较多缺陷（×项）。

建议实验室制定纠正措施和整改计划，书面报告 CNAS。

C 级：有很多或较重缺陷（×项）。

建议实验室制定纠正措施和整改计划书面报告 CNAS，再经复审合格后才可授予认可证书。

D 级：为不合格，停止评审，待实验室改进后重新申请。

② 评审中发现的问题、意见以及需要说明的其他问题。

③ 评审组领队、主评审员及评审员姓名、签字等。

（3）评审组意见。

（4）评审组确认实验室的能力及其限制范围。

五、批准认可

1. 专家评审

首先，CNAS 的技术专家评审组就现场评审报告、校准实验室验证试验结果及校准实验室提交的各种资料、报告，认真进行评审，并做出是否向 CNAS 提出批准认可的建议。

2. CNAS 审查

CNAS 对技术专家评定组的评审报告及整个实验室认可评审过程进行检查和评审，并做出是否批准认可的决定。

如有必要，CNAS 可向校准实验室索取某些附加的信息资料，或要求实验室进行验证试验。

如审查中，还发现实验室存在一些缺陷，应立即向实验室指出，并在实验室整改后确认。

3. 批准认可

CNAS 确认校准实验室已具备认可条件后，则办理批准认可手续，发布认可公告，颁发认可证书，批准其在检测报告/校准证书、实验室的信封、信笺和工作人员名片等文件、资料上按 CNAS-R01《认可标志使用和认可状态声明规则》使用标志。

六、校准实验室认可标志的管理

为了加强对我国实验室目前认可标志的管理，确保认可标志的正确使用，维护国家认可制度的权威性,我国制定了 CNAS—R01:2018《认可标识使用和认可状态声明规则》。

1. 认可标志的式样与含义

认可标志是表示从事校准工作的实验室获取国家认可资格的图形标识,其式样及部分比例必须符合规定要求。

图 13-2 是校准实验室认可标志,其中,"L"代表实验室(LABORATORY)认可,"××××"为认可流水号。

图 13-2　校准实验室认可标志

CNAS 徽标的基本颜色为蓝色或/和黑色。

CNAS 具有唯一的徽标,拥有其所有权和使用权,并受法律保护,其他机构和个人未经 CNAS 的书面允许不得使用 CNAS 徽标。

CNAS 徽标可用于 CNAS 认可证书、公开出版物、文件、办公用品、宣传品、网页宣传等,可采用印刷和电子图文等方式使用。

在特定情况下,CNAS 徽标也可以使用除基本颜色以外的其他单一颜色。

2. 与国际和太平洋认可组织认可标志联合使用

CNAS 是国际实验室认可合作组织(ILAC)多边承认协议(MRA)成员,并与 ILAC 签署了《ILAC-MRA 国际互认标识许可协议》,可以在规定的范围内使用 ILAC-MRA 标识。CNAS 拥有 ILAC-MRA 联合徽标使用权(见图 13-3)。不允许其他任何机构使用该徽标,也不授权其他机构使用。

（a）国际认可论坛(IAF)

（b）太平洋认可合作组织(PAC)

图 13-3　IAF 与 PAC 认可标志

3. 认可标志的使用范围与场合

认可标志只能在获准认可的业务范围内使用。依据 CNAS 规定可用于:

（1）实验室的认可证书;

（2）认可实验室出具的校准证书;

（3）认可实验室表明已取得认可资格的文件及宣传品,如机构简介资料、信封、信笺及工作人员名片等。

4. 使用认可标志时应注意的事项

认可实验室使用认可标志时,认可标志应与实验室名称或标志同时出现。

如认可实验室因故被暂停或撤销认可资格时,应立即停止使用认可标志。

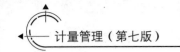

七、校准实验室认可后的监督和复审

CNAS 依据规定对认可的实验室进行定期或不定期复审，以促进实验室认可后持续符合 CNAS-RL04《实验室和检验机构认可准则》等规定。

1. 定期复审

CNAS 在实验室认可后的 5 年有效期内进行定期复审（一般不超过 18 月/次），以确定认可实验室每隔 13～18 个月是否持续符合认可标准则要求，并保证新修改的认可准则纳入质量体系。

2. 不定期复审

CNAS 为了解决对认可实验室的各种申诉或实验室与客户等之间的争议，可随时组织对实验室进行部分或全面的复审/访问。

3. 部分评审

在认可有效期内，如已认可实验室发生检测服务范围和检测方法变更，主要人员、设备变化等情况，CNAS 将对该实验室变动部分进行评审。

4. 能力验证

能力验证，是指利用实验室间指定检测数据的对比，确定实验室从事特定测试活动的技术能力。

CNAS 依据实验室能力验证实施办法安排已认可的实验室参加能力验证（每 4 年至少参加一次），以便通过该实验室的验证数据状况判定其是否需要部分或全部复审。

5. 提出监督评审意见

CNAS 应用《评审报告》等形式提出监督评审意见。

符合认可准则的持续使用认可标志。

违反认可准则或认可协议（合同）的应分别做出整改、暂停或撤销认可证书等决定。

如已认可的实验室要扩充检验/校准项目，则应按规定进行报告、评审和批准认可。

八、校准实验室认可后扩充项目的管理和监督

1. 申请

认可实验室可用任何方式向 CNAS 表示申请扩充项目的意向，并向其索取认可扩充项目申请书及有关文件、资料。在收到扩充项目申请书后，应如实填报《申请书》及有关资料，主要有：

（1）扩充项目的计量标准仪器设备；

（2）人员配备；

（3）能力了解和验证状况；

（4）校准证书；

（5）对原认可质量体系文件的修订、补充和增加部分的质量文件等。

2. 审查

CNAS应首先审查校准实验室提供的上述扩充项目,申请资料是否完整和规范,必要时可要求实验室补充有关的信息资料。

然后确定评审方式,签订协议或合同,正式接受校准实验室扩充项目申请。

经协商安排现场评审计划,选定评审员,确定现场评审内容,一般主要为与扩充项目有关的程序文件内容及其实施情况,扩充项目仪器设备人员配备情况,以及相关的设施和环境条件等。

CNAS的评审组到实验室依据CNAS《实验室认可准则》和CNAS《实验室评审细则》,按确定的评审内容认真评审,确定其扩充项目的实际运作水平,并向CNAS提交《评审报告》。如现场评审中发现有缺陷,应向实验室通报,由实验室整改后,给CNAS提交书面整改报告。必要时,CNAS还可安排实验室进行能力验证试验。

3. 批准认可

CNAS组织专家评定组对《评审报告》《整改报告》及《验证试验报告》等资料进行评审,提出能否扩充项目的建议。CNAS对上述专家组的评定意见与所有认可后扩充项目的申请、评审资料进行审查,做出是否认可扩充项目的决定,并通知申请方。

4. 扩充项目认可后的监督与复审

经认可的扩充项目应与校准实验室原认可项目一起实施监督和复审。

思 考 题

1.校准实验室为什么要进行资质认定,哪些校准实验室要进行资质认定?

2.校准实验室认可分为几个类别,有哪些程序? 建议结合某一校准实验室实习校准实验室认可程序和内容。

3.校准实验室认可工作过程中应抓好哪些主要工作环节? 如何评审其校准能力?

第十四章

能源计量监督管理

　　能源是煤炭、原油、天然气、焦炭、煤气、热力、成品油、液化石油器、生物质能和其他直接或者加工，转换而取得有用能的各种资源。它是国民经济建设实现可持续发展、建设节约型和谐社会的重要物质基础，目前我国大量使用的能源还是常规能源，即煤炭、石油、天然气、水、电能等，由于常规能源的储量客观上有限，短期内不可再生，但能源消耗量却逐年增加，供需日益紧张，已成为世界上各国都要解决的重要问题之一。

　　加强能源管理，提高能源利用效率，是提高我国经济运行质量、改善环境和增强企业市场竞争力的重要措施。

　　大力节约能源是解决我国能源供需紧张的一项有效的现实途径。能源开发与节约并重，把节约放在优先地位是我国重要的一条能源政策。目前，我国能源利用效率只有32％左右，比国际先进水平低10％以上。每吨标准煤所创造的国内生产总值，只有发达国家1/2～1/4。因此，我国2005年发布了《可再生能源法（2009年修正）》。2016年修订了《中华人民共和国节约能源法》。

　　"十二五"时期，全国单位国内生产总值能耗降低18.4％，化学需氧量、二氧化硫、氨氮、氮氧化物等主要污染物排放总量分别减少12.9％、18％、13％和18.6％，超额完成节能减排预定目标任务，为经济结构调整、环境改善、应对全球气候变化作出了重要贡献。如：《"十三五"节能减排综合性工作方案》提出："到2020年，全国万元国内生产总值能耗比2015年下降15％，能源消费总量控制在50亿吨标准煤以内。全国化学需氧量、氨氮、二氧化硫、氮氧化物排放总量分别控制在2001万吨、207万吨、1580万吨、1574万吨以内，比2015年分别下降10％、10％、15％和15％。全国挥发性有机物排放总量比2015年下降10％以上。"提出"进一步健全能源计量体系，深入推进城市能源计量建设示范，开展计量检测、能效计量比对等节能服务活动，加强能源计量技术服务和能源计量审查。"

　　合理节约用能、优化能源结构是提高能源利用效率、提高经济效益和市场竞争力的重要保证，是国家依法实施节能监督管理，评价能源利用状况的重要依据。进一步加强能源计量管理，建立和完善能源计量管理制度，对于减少能源消耗、保护环境、降低成本、增加效益具有十分重要的意义。把节能作为国家发展经济的一项长远战略方针，把年综合能耗0.5万t～1万t标准煤以上的用能单位作为重点单位，加强节能管理，显然，企业是节能的主体，为此，必须认真做好企业能源计量监督管理。

　　但是，当前的能源计量工作存在着认识不足，片面追求产量和产值，忽视能源计量管理；

企业能源计量器具配备不符合国家计量法律法规和标准的要求,有些能源计量器具老化、落后,导致计量数据的准确性和可靠性;企业能源计量管理体系不完善,制度不健全,执行不严格,计量器具不能按期检定或校准,对不合格的计量器具不能及时更新;在能源计量数据管理和使用方面,没有计量数据作为企业能源量化管理、实现真实成本核算的基础,存在"各自为政、数出多门"的现象;一些计量管理人员和技术人员缺少系统的能源计量知识和专业化的管理经验,人员素质有待提高;国家能源计量的法规、标准有待完善,政府管理部门对企业能源计量的监督管理力度不够,对企业能源计量的指导和信息服务不到位;技术机构和中介机构未能充分发挥其对企业能源计量工作的服务功能等问题。

因此,我国正在大力加强能源计量监督管理工作,如完善能源计量的法规和技术标准;加强能源计量的宣传、教育和培训,建立为能源计量服务的技术平台;提高能源计量检测设备的质量和水平;建立能源计量工作的责任制,开展对能源计量管理的监督检查。

第一节　用能单位计量器具的配备和管理

一、能源计量范围

能源计量器具是测量对象为一次能源、二次能源和载能工质的计量器具。依据GB 17167《用能单位能源计量器具配备和管理通则》、JJF 1356《重点用能单位能源计量审查规范》,能源计量范围如下:

(1)输入用能单位,次级用能单位(用能单位下属的能源核算单位)和用能设备的能源及载能工质;

(2)输出用能单位,次级用能单位和用能设备的能源及载能工质;

(3)用能单位,次级用能单位和用能设备使用(消耗)的能源及载能工质;

(4)用能单位,次级用能单位和用能设备自产的能源及载能工质;

(5)用能单位,次级用能单位和用能设备可回收利用的余能资源。

二、能源计量器具的配备

重点用能单位是年综合能源消耗总量1万t标准煤以上的用能单位,以及国务院有关部门或者省、自治区、直辖市人民政府节能管理部门指定的年综合能源消耗总量5000t以上不满1万t标准煤的用能单位。依据GB 17167,用能单位能源计量器具配备和管理要求如下:

1. 能源计量器具的配备原则

能源计量器具的配备原则:

(1)应满足能源分类计量的要求;

(2)应满足用能单位实现能源分级分项考核的要求;

(3)重点用能单位应配备必要的便携式能源检测仪表,以满足自检自查的要求。

但对从事能源加工、转换、运输性质的用能单位(如火电厂、输变电企业等),其所配备的能源计量器具应满足评价其能源加工、转换、输运效率的要求。

对从事能源生产的用能单位（如采煤，采油企业等），其所配备的能源计量器具应满足评价其单位产品能源自耗率的要求。

2. 能源计量器具配备率

能源计量器具配备率一般不能少于95％，能源计量配备率按式(14-1)计算：

$$R_p = N_x / N_1 \times 100\%\qquad(14-1)$$

式中：R_p——能源计量器具配备率，％；

N_x——能源计量器具实际的安装配备数量，台/件；

N_1——能源计量器具理论需要量，即为测量全部能源量值所需配备的计量器具数量，台/件。

能源计量器具的配备率，应按GB 17167规定达到，如表14-1所示。

表14-1 能源计量器具配备率表 （％）

能源种类		进出用能单位	进出主要次级用能单位	主要用能设备配备率
电力		100	100	95
固态能源	煤炭	100	100	90
	焦炭	100	100	90
液态能源	原油	100	100	90
	成品油	100	100	95
	重油	100	100	90
	渣油	100	100	90
气态能源	天然气	100	100	90
	液化气	100	100	90
	煤气	100	90	80
载能工质	蒸汽	100	80	70
	水	100	95	80
可回收利用的余能		90	80	—

注1：进出用能单位的季节性供暖蒸汽（热水）可采用非直接计量载能工质流量的其他计量结算方式。

注2：进出主要次级用能单位的季节性供暖蒸汽（热水）可以不配备能源计量器具。

注3：在主要用能设备上作为辅助能源使用的电力和蒸汽、水等载能工质，其耗能量很少可以不配备能源计量器具。

3. 能源计量器具的准确度

能源计量器具的准确度与能源计量的水平密切相关，如我国主要的能源流量计量水平如表14-2所示。

表 14-2　我国能源计量技术水平一览表

类别水平	国际水平	我国最高水平	我国目前普遍使用的水平
水流量	以德国为代表,国家基准的不确定度为 0.01%,最大流量 2100m³/h	中国计量科学研究院:中小流量,口径不大于 100mm,不确定度优于 0.05%;国家水大流量站:口径最大可达 1600mm,不确定度 0.1%	常用的水流量装置的口径大约为 DN25～DN200,不确定度为 0.1%～0.05%
油流量	代表国家是法国	流量大约为 2000m³/h,不确定度为 0.05%	最大流量一般为(800～1000)m³/h,不确定度为 0.1%～0.05%
气流量	代表国家是日本和德国。日本用的 pVTt 法装置,不确定度是 0.05%,德国用的是钟罩装置,不确定度是 0.06%	中国计量科学研究院和大庆设计院,前者的 pVTt 装置的不确定度可以达到 0.05%,最大流量为 1300m³/h,后者的钟罩装置的不确定度为 0.1%	常用的油流量装置的最大流量一般为(800～1000)m³/h,不确定度为 0.1%～0.5%
蒸汽流量		在国家蒸汽流量站,不确定度为 0.2%,最大管径为 100mm	我国的蒸汽流量装置很少
天然气流量	代表国家为德国、美国,其不确定度为 0.05%,压力很高	最高标准在国家原油大流量计量站成都天然气分站,不确定度为 0.1%,最大流量为 2.4kg/s	天然气原级标准较少,下一级往往用标准表法,最好的装置不确定度为 0.5%

GB 17167《用能单位能源计量器具配备和管理通则》对能源计量器具准确度也提出了具体要求,如表 14-3 所示。

表 14-3　能源计量器具准确度等级要求

计量器具类别	计量目的		准确度等级要求
衡器	进出用能单位燃料的静态计量		0.1
	进出用能单位燃料的动态计量		0.5
电能表	进出用能单位有功交流电能计量	Ⅰ类用户	0.5
		Ⅱ类用户	0.5
		Ⅲ类用户	1.0
		Ⅳ类用户	2.0
		Ⅴ类用户	2.0
	进出用能单位的直流电能计量		2.0
油流量表(装置)	进出用能单位的液体能源计量		成品油 0.5
			重油、渣油 1.0

表 14-3（续）

计量器具类别	计量目的		准确度等级要求
气体流量表（装置）	进出用能单位的气体能源计量		煤气 2.0
			天然气 2.0
			蒸汽 2.5
水流量表（装置）	进出用能单位水量计量	管径不大于 250mm	2.5
		管径不大于 250mm	1.5
温度仪表	用于液态、气态能源的温度计量		2.0
	与气体、蒸汽质量计算相关		1.0
压力仪表	用于气态、液态能源的压力计量		2.0
	与气体、蒸汽质量计算相关的压力计量		1.0

注 1：当计量器具是由传感器（变送器）、二次仪表组成的测量装置或系统时，表中给出的准确度等级应是装置或系统的准确度等级。装置或系统未明确给出其准确度等级时，可用传感器与二次仪表的准确度等级按误差合成方法合成。

注 2：运行中的电能计量装置按其所计量能量的多少，将用户分为 5 类。

Ⅰ类用户为月平均用电量 500 万 kW·h 及以上或变压器容量为 1000 万 kV·A 及上的高压计费用户；

Ⅱ类用户为小于Ⅰ类用户用电量（变压器容量）但月平均用电量 100 万 kW·h 及以上或变压器容量为 2000 万 kV·A 及上的高压计费用户；

Ⅲ类用户为小于Ⅱ类用户用电量（变压器容量）但月平均用电量 10 万 kW·h 及以上或变压器容量为 315 万 kV·A 以上的计费用户；

Ⅳ类用户为负荷容量为 315 万 kV·A 以下的计费用户；

Ⅴ类用户为单相供电的计费用户。

注 3：用于成品油贸易结算的计量器具的准确度等级应不低于 0.2。

注 4：用于天然气贸易结算的计量器具的准确度等级应符合 GB/T 18603—2001 附录 A 和附录 B 的要求。

三、用水单位水计量及其配备和管理

我国是一个水资源严重缺乏的国家，因此，用水单位应该按照 GB 24789—2009《用水单位水计量器具配备和管理通则》，加强水计量器具的配备和管理。

1. 水计量器具的计量范围

水计量器具是用于测量水量的计量器具。其测量范围如下：

（1）用水单位的输入水量和输出水量，包括自建供水设施的供水量、公共供水系统供水量、其他外购水量、进水厂输出水量、外排水量、外供给水量等。

（2）次级用水单位的输入水量和输出水量：

——冷却水系统：补充水量；

——软化水、除盐水系统：输入水量、输出水量、排水量；

——锅炉系统：补充水量、排水量、冷凝水回用量；

——污水处理系统：输入水量、外排水量、回用水量；

——工艺用水系统:输入水量;

——其他用水系统:输入水量。

2. 水计量器具的配备原则和要求

(1) 水计量器具的配备原则

① 应满足对各类供水进行分质计量,对取水量、用水量、重复利用水量、排水量等进行分项统计的需要;

② 公共供水与自建设施供水应分别计量;

③ 生活用水与生产用水应分别计量;

④ 开展企业水平衡测试的水计量器具配备应满足 GB/T 12452 的要求;

⑤ 工业企业应满足工业用水分类计量的要求。

(2) 水计量器具的配备的要求

用水单位应按照表 14-4 进行配备。

表 14-4　水计量器具配备率要求

考核项目	用水单位	次级用水单位	主要用水设备(用水系统)
水计量器具配备率/%	100	≥95	≥80
水计量率/%	100	≥95	≥85

注1:次级用水单位、用水设备(用水系统)的水计量器具配备率、水计量率指标不考核排水量。

注2:单台设备或单套用水系统用水量大于或等于 $1m^3/h$ 的为主要用水设备(用水系统)。

注3:对于可单独进行用水计量考核的用水单位(系统、设备、工序、工段等),如果用水单元已配备了水计量器具,用水单元中的主要用水设备(系统)可以不再单独配备水计量器具。

注4:对于集中管理用水设备的用水单元,如果用水单元已配备了水计量器具,用水单元中的主要用水设备可以不再单独配备水计量器具。

注5:对于可用水泵功率或流速等参数来折算循环用水量的密闭循环用水系统或设备、直流冷却系统,可以不再单独配备水计量器具。

(3)水计量器具的配备的准确度等级要求

水计量器具准确度等级应满足表 14-5 要求。

表 14-5　水计量器具准确度等级要求

计量项目	准确度等级要求
取水、用水的水量	优于或等于 2 级水表
废水排放	不确定度优于或等于 5%

此外,冷水水表的准确度等级应符合 JJG 162《冷水水表》的要求。

① 蒸汽量、水温、蒸汽温度、蒸汽压力、水压力的计量应满足 GB 17167 的要求。

② 特殊生产工艺供水,其水计量器具精确度等级要求应满足相应的生产工艺要求。

③ 水计量器具的性能应满足相应的生产工艺及使用环境(如温度、温度的变化率、湿度、照明、振动、噪声、电磁干扰、粉尘、腐蚀、结垢、粘泥、水中杂质等)。

四、高能耗行业的能源计量配备和管理要求

钢铁、化工、火力发电、石油石化、有色金属冶炼、锅炉热网等都是高能耗行业，我国为这些行业分别制定了能源计量器具配备和管理要求标准，如表14-6所示。

表14-6　能源计量器具配备和管理标准

序号	标准号	标准名称
1	GB/T 21368	钢铁企业能源计量器具配备和管理要求
2	GB/T 21367	化工企业能源计量器具配备和管理要求
3	GB/T 21369	火力发电能源计量器具配备和管理要求
4	GB/T 20901	石油石化能源计量器具配备和管理要求
5	GB/T 20902	有色金属冶炼企业能源计量器具配备和管理要求
6	GB/T 17471	锅炉热网系统能源监测与计量仪表配备原则
7	GB/T 35461	水泥生产企业能源计量器具配备和管理要求
8	GB/T 29452	纺织企业能源计量器具配备和管理要求

如化工企业，应该实施GB/T 21367《化工企业能源计量器具配备和管理要求》，化工企业能源计量器具配备率要求如表14-7所示。

表14-7　化工企业能源计量配备要求　　　　　　　　　　（％）

能源种类		一级能源计量	二级能源计量	三级能源计量
电力		100	100	95
固态能源	煤炭	100	100	90
	焦炭	100	100	90
液态能源	原油	100	100	90
	成品油	100	100	95
	重油	100	100	90
	渣油	100	100	90
气态能源	天然气	100	100	90
	液化气	100	100	90
	煤气	100	90	80
	蒸汽	100	90	70
耗能工质	水	100	95	80
	其他耗能工质	100	80	60
可回收利用余能		90	80	—

注1：一级能源计量，进出用能单位进行结算的能源计量；
注2：二级能源计量，次级用能单位进行成本或消耗结算的能源计量；
注3：三级能源计量，次级用能单位内部对装置、系统、工序、工段和主要用能设备进行核算的能源计量。

化工企业能源计量器具准确度要求如表 14-8 所示。

表 14-8 化工企业能源计量器具的准确度要求

计量器具类别	计量项目		准确度等级要求
衡器	进出用能单位燃料的静态计量		
	进出用能单位燃料的动态计量		0.5
电能表	进出用能单位有功交流电能计量	Ⅰ类用户	0.5
		Ⅱ类用户	0.5
		Ⅲ类用户	1.0
		Ⅳ类用户	2.0
		Ⅴ类用户	2.0
	进出用能单位的直流电能计量		2.0
油流量表(装置)	进出用能单位的液体能源计量	成品油 0.2	
		原油.05	
		重油、渣油 1.0	
气(汽)体流量表(装置)	进出用能单位的气体能源计量	煤气 2.0	
		天然气 2.0	

五、公共机构能源能源计量器具配备和管理要求

公共机构是全部或者部分使用财政性资金的国家机关、事业单位和团体组织。即包括国家机关。科技、教育、文化、卫生、体育等事业单位及团体组织。GB/T 29149《公共机构能源资源计量器具配备和管理要求》规定了公共机构能源资源计量器具的配备和管理要求。

公共机构能源资源计量的种类包括：电力、煤、天然气、液化石油气、人工煤气、汽油、柴油、煤油、热力、可再生能源利用以及其他形式的能源和水。

GB/T 29149 规定公共机构能源资源计量器具配备率应符合表 14-9 要求。

表 14-9 公共机构能源资源计量器具配备率要求 （%）

能源种类	进出公共机构		功能分区		主要用能系统和设备	
	既有建筑	新建建筑	既有建筑	新建建筑	既有建筑	新建建筑
电力	100	100	100	100	95	100
煤	100	100	—	—	90	100
天然气	100	100	—	—	90	100
液化石油气	100	100	—	—	90	100
人工煤气	100	100	—	—	80	100

表 14-9（续）

能源种类	进出公共机构		功能分区		主要用能系统和设备	
	既有建筑	新建建筑	既有建筑	新建建筑	既有建筑	新建建筑
汽油	100	100	—	—	95	100
柴油	100	100	—	—	90	100
煤油	100	100	—	—	90	100
热力	100	100	—	—	95	100
可再生能源	100	100	—	—	—	—
其他能源	100	100	—	—	—	—
常规水资源	100	100	90	100	85	100
非常规水资源	100	100	—	—	—	—

能源资源计量器具配备率按式(14-2)计算：

$$R_p = \frac{N_s}{N_1} \times 100\%$$ (14-2)

式中：R_p——公共机构能源资源计量器具配备率；

N_s——公共机构能源资源计量器具的实际配备数量；

N_1——公共机构依据本标准要求配备的能源资源计量器具数量。

公共机构固定用电设备的电力消耗量应单独计量如表 14-10 所示。

表 14-10 公共机构固定用电设备电力消耗量限定值

使用频率/(h/年)	<400	400～1000	1000～2000	>2000
额定容量/kW	10	5	2	1

注 1：对于具有分档使用功能的固定用电设备，按额定容量计算。

注 2：对于备用的固定用电设备，可以与在用设备合并计量。

注 3：对于消防等应急使用设备，可以不予计量。

第二节 能源效率标识和能源计量监督管理

能源效率标识又称能效标识，是指表示用能产品能源效率等级等性能指标的一种信息标识，属于产品符合性标志的范畴；也是附在耗能产品或其最小包装物上，表示产品能源效率等级等性能指标的一种信息标签，目的是为用户和消费者的购买决策提供必要的信息，以引导和帮助消费者选择高能效节能产品。

能源效率标识管理，是以市场为导向，以服务消费为宗旨，是市场经济条件下政府节能管理的重要方式，即由过去对企业的直接管理向间接管理转变，由过去注重对企业生产过程管理向终端用能产品管理转变，由过去重管理轻服务向服务型政府转变。以投入少、见效快、对消费者影响大等优点，已得到 50 多个国家认可，在世界范围内得到普及。提高了终端用能设备能源效率,减缓了能源需求增长势头,减少了温室气体排放,取得了明显的经济和社会效益。2004 年 8 月国家发改委、原国家质量监督检验检疫总局联合发布的《能源效率标识管理办法》(2016 修正)标志着我国开始启动能源效率标识制度。

从 2005 年 3 月起,我国已对电动洗衣机和单元式空调机、冷水机组、家用燃气快速热水器和燃气采暖热水炉、中小型三相异步电动机、自镇流荧光灯和高压钠灯、转速可控型房间空气调节器、多联式空调(热泵)机组、储水型电热水器、家用电磁灶、计算机显示器、复印机、自动电饭锅、交流电风扇、交流接触器、容积式空气压缩机、电力变压器和通风机等产品相继实施了能效标识制度。截至 2017 年,我国实施能效标识的产品多达 14 批 39 类,能效标识制度实施 5 年已累计节电 1500 多亿 kW·h,折合标准煤 6000 多万 t,减排二氧化碳 1.4 亿 t,减排二氧化硫 60 万 t,对我国节能降耗目标做出了显著的贡献。

一、实施能效标识的依据

1. 法律依据

实施能效标识的法律依据主要有以下几部。

(1) 中华人民共和国节约能源法(2016 年修订)

《中华人民共和国节约能源法》明确规定:

国家对家用电器等使用面广、耗能量大的用能产品,实行能源效率标识管理。实行能源效率标识管理的产品目录和实施办法,由国务院管理节能工作的部门会同国务院产品质量监督部门制定并公布。(第十八条)

生产者和进口商应当对列入国家能源效率标识管理产品目录的用能产品标注能源效率标识,在产品包装物上或者说明书中予以说明,并按照规定报国务院产品质量监督部门和国务院管理节能工作的部门共同授权的机构备案。

生产者和进口商应当对其标注的能源效率标识及相关信息的准确性负责。禁止销售应当标注而未标注能源效率标识的产品。

禁止伪造、冒用能源效率标识或者利用能源效率标识进行虚假宣传。(第十九条)

(2) 中华人民共和国循环经济促进法

《中华人民共和国循环经济促进法》第二章基本管理制度第十七条明确规定: 国家建立健全能源效率标识等产品资源消耗标识制度。

2. 规章依据

规章依据主要是《能源效率标识管理办法》(2015),它由总则、能源效率标识的实施、监督管理、罚则和附则共五章 31 条组成。

(1) 实行四个统一

即统一实行能源效率标识的产品目录,统一适用的产品能效标准、实施规则、能源效率标识样式和规格。

(2) 中国能效标识(China Energy Label)应当包括以下基本内容:

① 生产者名称或者简称;

② 产品规格型号;

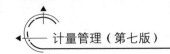

計量管理（第七版）

③ 能源效率等级；

④ 能源消耗量；

⑤ 执行的能源效率国家标准，其标准号见表 14-11。

表 14-11　能源效率国家标准一览表（至 2017 年）

标准标号	标准名称
GB 12021.2—2015	家用电冰箱电量限定值及能效等级
GB 12021.3—2010	房间空气调节器能效限定值及能效等级
GB 12021.4—2013	电动洗衣机能效水效限定值及等级
GB 19576—2004	单元式空气调节机能效限定值及能源效率等级
GB 19044—2013	普通照明用自镇流荧光灯能效限定值及能效等级
GB 19573—2004	高压钠灯能效限定值及能效等级
GB 12021.6—2017	电饭锅能效限定值及能效等级
GB 24850—2013	平板电视能效限定值及能效等级
GB 24849—2017	家用和类似用途微波炉能效限定值及能效等级
GB 12021.9—2008	交流电风扇能效限定值及能效等级
GB 26969—2011	家用太阳能热水系统能效限定值及能效等级
GB 18613—2012	中小型三相异步电动机能效限定值及能效等级
GB 28380—2012	微型计算机能效限定值及能效等级
GB 29539—2013	吸油烟机能效限定值及能效等级
GB 19153—2009	容积式空气压缩机能效限定值及能效等级
GB 29541—2013	热泵热水机(器)能效限定值及能效等级
GB 30720—2014	家用燃气灶具能效限定值及能效等级
GB 30531—2014	商用燃气灶具能效限定值及能效等级
GB 30721—2014	水(地)源热泵机组能效限定值及能效等级
GB 19577—2015	冷水机组能效限定值及能效等级
GB/T 20655—2006	家用燃气快速热水器和燃气采暖热水炉能效限定值及能效等级
GB 29540—2013	溴化锂吸收式冷水机组能效限定值及能效等级
GB 19761—2009	通风机能效限定值及能效等级
GB 30255—2013	普通照明用非定向自镇流 LED 灯能效限定值及能效等级
GB 32028—2015	投影机能效限定值及能效等级
GB 32049—2015	家用和类似用途交流换气扇能效限定值及能效等级
GB 21454—2008	多联式空调(热泵)机组能效限定值及能源效率等级
GB 21455—2013	转速可控型房间空气调节器能效限定值及能源等级

表 14-11（续）

标准标号	标准名称
GB 21456—2014	家用电磁灶能效限定值及能效等级
GB 21518—2008	交流接触器能效限定值及能效等级
GB 21519—2008	储水式电热水器能效限定值及能效等级
GB 24790—2009	电力变压器能效限定值及能效等级
GB 21520—2015	计算机显示器能效限定值及能效等级
GB 21521—2014	复印机、打印机和传真机能效限定值及能效等级
GB 25957—2010	数字电视接收器（机顶盒）能效限定值及能效等级
GB 26920.1—2011	商用制冷器具能效限定值及能效等级　第 1 部分：远置冷凝机组冷藏陈列柜
GB 26920.2—2015	商用制冷器具能效限定值和能效等级　第 2 部分：自携冷凝机组商用冷柜

列入《实行能源效率标识的产品目录》的用能产品生产者和进口商,可以利用自有检测实验室或者委托依法取得资质认定的第三方检验检测机构,对产品进行检测,并依据能源效率强制性国家标准,确定产品能效等级。生产者应当于出厂前、进口商应当于进口前向授权机构申请备案。能效标识备案应当提交以下材料:

① 生产者营业执照或者登记注册证明复制件;进口商营业执照以及与境外生产者订立的相关合同复制件;

② 产品能效检测报告;

③ 能效标识样本;

④ 产品基本配置清单等有关材料;

⑤ 利用自有检测实验室进行检测的,应当提供实验室检测能力证明材料。

上述材料应当真实、准确、完整;任何单位和个人不得伪造、冒用能效标识或者利用能效标识进行虚假宣传。

（3）监督管理

《能源效率标识管理办法 2016》规定:

"国家质检总局负责组织实施对能效标识使用的监督检查、专项检查和验证管理。

地方质检部门负责对所辖区域内能效标识的使用实施监督检查、专项检查和验证管理,发现有违反规定行为的,通报同级节能主管部门,并通知授权机构。"（第 18 条）

"列入《目录》的用能产品生产者、进口商、销售者（含网络商品经营者）、第三方交易平台（场所）经营者、企业自有检测实验室和第三方检验检测机构应当接受监督检查、专项检查和验证管理。"（第 20 条）

"任何单位和个人对违反规定的行为,可以向地方节能主管部门、地方质检部门举报。地方节能主管部门、地方质检部门应当及时调查处理,并为举报人保密,授权机构应当予以配合。"（第 22 条）等。

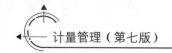

二、能效标识的实施

为了认真实施《能源效率标识管理办法》,我国制定了目录内产品能源效率标识实施规则(见表 14-12)和能源效率检测实验室备案表。

表 14-12 能源效率标识实施规则一览表(部分)

序号	编号	实施规则名称
1	CEL 001	家用电冰箱能源效率标识实施规则
2	CEL 002	房间空气调节器能源效率标识实施规则
3	CEL 003	电动洗衣机能源效率标识实施规则
4	CEL 004	单元式空气调节机能源效率标识实施规则
5	CEL 005	普通照明用自镇流荧光灯能源效率标识实施规则
6	CEL 006	高压钠灯能源效率标识实施规则
7	CEL 007	中小型三相异步电动机能源效率标识实施规则
8	CEL 008	冷水机组能源效率标识实施规则
9	CEL 009	家用燃气快速热水器和燃气采暖热水炉能源效率标识实施规则
10	CEL 010	转速可控型房间空气调节器能源效率标识实施规则
11	CEL 011	多联式空调(热泵)机组能源效率标识实施规则
12	CEL 012	储水式电热水器能源效率标识实施规则
13	CEL 013	家用电磁灶能源效率标识实施规则
14	CEL 014	计算机显示器能源效率标识实施规则
15	CEL 015	复印机、打印机和传真机能源效率标识实施规则

三、能效标识实施中的计量监督检查

地方节能管理部门、地方计量行政部门依据《中华人民共和国节约能源法》的有关规定,在职责范围内负责监督检查,对违反《能源效率标识管理办法》(2016)的规定的下列行为进行处罚:

(1) 生产者或进口商应当标注统一的能源效率标识而未标注的,由地方节能管理部门或者地方计量行政部门责令限期改正,逾期未改正的予以通报。

(2) 有下列情形之一的,由地方节能管理部门或者地方计量行政部门责令限期改正和停止使用能源效率标识;情形严重的,由地方质监部门处 1 万元以下罚款:

① 未办理能源效率标识备案的,或者应当办理变更手续而未办理的;

② 使用的能源效率标识的样式和规格不符合规定要求的。

(3) 伪造、冒用、隐匿能源效率标识以及利用能源效率标识做虚假宣传、误导消费者的,由地方计量行政部门依照《中华人民共和国节约能源法》和《中华人民共和国产品质量法》以及其他法律法规的规定予以处罚。

《"十三五"节能减排综合工作方案》明确提出："强化能效标识管理制度,扩大实施范围。"我国能源效率标识制度将发展得更好。

四、能源计量监督管理

《能源计量监督管理办法(2010)》要求:

(1) 国家计量行政部门对全国能源计量工作实施统一监督管理;县级以上地方计量行政部门对本行政区域内的能源计量工作实施监督管理。各级计量行政部门应当鼓励和支持能源计量新技术的开发、研究和应用,推广经济、适用、可靠性高、带有自动数据采集和传输功能、具有智能和物联网功能的能源计量器具,促进用能单位完善能源计量管理和检测体系,引导用能单位提高能源计量管理水平。

(2) 用能单位当建立健全能源计量管理制度,明确计量管理职责,加强能源计量管理,确保能源计量数据真实准确。做到:

① 配备符合规定要求的能源计量器具;满足能源分类、分级、分项计量要求。

② 建立能源计量器具台账,加强能源计量器具管理。

③ 按照规定使用符合要求的能源计量器具,确保在用能源计量器具的量值准确可靠。

④ 加强能源计量数据管理,建立完善的能源计量数据管理制度。保证能源计量数据与能源计量器具实际测量结果相符,不得伪造或者篡改能源计量数据;将能源计量数据作为统计调查、统计分析的基础,对各类能源消耗实行分类计量、统计。

⑤ 可以委托具备法定资质的社会公正计量行(站)对大宗能源的贸易交接、能源消耗状况实行第三方公正计量。

⑥ 每年对其能源计量工作开展情况进行自查;发现问题的,应当及时整改。

(3) 重点用能单位制定年度节能目标和实施方案,应当以能源计量数据为基础,有针对性地采取计量管理或者计量改造措施;配备专业人员从事能源计量工作,他们应当具有能源计量专业知识,定期接受能源计量专业知识培训。

(4) 计量技术机构可以开展以下能源计量服务活动,为能源计量监督管理提供技术支持:

① 开展能源计量数据采集、监测;

② 开展能源计量器具计量检定/校准技术研究,确保能源计量器具准确;

③ 能源计量技术研究、能源效率测试、用能产品能源效率计量检测等工作;

④ 接受委托开展能源审计、能源平衡测试、能源效率限额对标;

⑤ 开展其他能源计量服务活动。

第三节　用能量的量化评价和计量监督

用能量的量化评价和计算是能源计量监督的前提条件,为此我国制定了一系列标准和文件,现简单介绍如下:

一、用能量的计算标准

至今,我国制定的用能量计算方面的标准有以下 11 种,如表 14-13 所示。

表 14-13　用能量计算方面的标准

序号	标准号	标准名称
1	GB/T 13234—2009	企业节能量计算方法
2	GB/T 13338—1991	工业燃料炉热平衡测定与计算基本规则
3	GB/T 13467—2013	通风机系统电能平衡测试与计算方法
4	GB/T 13468—2013	泵类液体输送系统电能平衡测试与计算方法
5	GB/T 13471—2008	节电技术经济效益计算与评价办法
6	GB/T 17719—2009	工业锅炉及火焰加热炉烟气余热资源量计算方法与利用导则
7	GB/T 2589—2008	综合能耗计算通则
8	GB/T 7187.1—2010	运输船舶燃油消耗量　第1部分:海洋船舶计算方法
9	GB/T 7187.2—2010	运输船舶燃油消耗量　第2部分:内河船舶计算方法
10	GB/T 15316—2009	节能监测技术通则
11	GB/T 6422—2009	用能设备能量测试导则
12	GB/T 15318—2010	热处理电炉节能监测
13	GB/T 28924—2012	钢铁企业能效指数计算导则
14	GB/T 28750—2012	节能量测量和验证技术通则
15	GB/T 30258—2013	钢铁行业能源管理体系实施指南

二、用能量的计量监督

我国一些高能耗的行业和吉林、云南、湖南、河北省地方计量行政部门都发布了一些用能量计量监督的文件,如吉林省质量技术监督局、发展改革委员会、经济委员会联合发布了《吉林省工业企业节能达标量化评价管理办法》;吉林省质量技术监督局发布了 DB22/T 435—2006《工业企业能源消耗的量化管理及节能评价》现以上述办法和标准为例简单介绍如下。

1. 节能量化评价内容

节能量化评价内容包括企业能源消耗量化评价和企业节能效果的量化评价。

（1）企业能源消耗量化评价

企业能源量化管理、企业能源计量器具配备、企业能源消耗量值的计量与测试、企业能源消耗量值的采集、数据分析和统计台账及报表。

① 节能评价的依据

a. 法律依据

《中华人民共和国计量法》《中华人民共和国节约能源法》《中华人民共和国统计法》,部门有关有规章,地方有关法规。

b. 技术依据

国家、行业、地方标准以及有关能耗定额、限额的有关规定。

② 节能评价的基本方法

节能评价工作采用审阅资料、盘存查账、数据审核、案例调查以及现场抽查等方式，可以参考具有能源监测资质的节能技术服务机构出具的能源监测、能源审计报告提供的信息和数据。必要时可以与企业共同进行现场测试验证。

③ 节能评价的基本内容

在明确基准值基础上，通过考核企业能源数据链的量化程度，结合以下内容，对企业节能工作及节能水平作出客观评价。

a. 企业能耗能源量值量化管理水平；

b. 企业能源管理水平；

c. 节能技术利用情况；

d. 企业节能措施落实情况；

e. 节能量及节能水平。

（2）企业节能效果的量化评价

企业节能管理水平、企业节能技术利用情况、企业节能措施落实情况、企业节能水平及节能量达标情况。

2. 节能量化的评价工作程序

节能量化的评价工作程序为以下 6 步：

（1）按 DB22/T 435《工业企业能源消耗的量化管理及节能评价》地方标准规定，企业进行自我评价；

（2）由质量技术监督局会同发改委、经委、统计局制定评价工作计划，拟定被评价企业名单，提出工作要求；

（3）按照工作计划和要求，企业向组织评价的计量测试学（协）会、节能协会呈报自我评价报告；

（4）由吉林省计量测试学会、吉林省节能协会组织协会组织节能评价专家评审组；

（5）评审组在审查企业自我评价报告的基础上，制定评审计划，按评审计划到企业进行现场评审。对企业存在的问题提出整改意见，由评审组按整改要求跟踪整改情况；

（6）由评价组形成评价报告，报吉林省发改委、经委、质监局、统计局等有关部门作为节能、计量、统计等政策兑现和奖惩的依据。

三、用能量计量监督

用能量计量监督内容包括：

（1）用能计量管理情况，包括管理制度、计量器具一览表、网络图、档案、标志管理及原始检测记录、报表等情况；

（2）用能计量器具配备情况；禁止使用下列计量器具：

① 未经检定（校准）或超过证书有效期的；

② 准确度或防作弊装置遭到破坏的；

③ 计量器具检定标记、封缄被伪造或破坏的；

209

④ 计量器具性能被擅自改变；

⑤ 国家明令禁止使用的。

（3）在用计量器具的周期检定率、完好率、合格率情况；

（4）用能量的采集、传输、汇总与计量器具检测结果的符合情况；

（5）组织用能现场核查计量数据的准确性和真实性情况；

（6）重点用能单位能耗、主要用能设备的能源效率及其他用能达标情况；

（7）用能及技术改造项目节能指标、参数和计量检测等情况。

四、法律责任

如《河北省用能和排污计量监督管理办法》规定法律责任如下：

（1）县级以上人民政府质量技术监督主管部门、环境保护主管部门和其他负责用能和排污计量工作的监督管理部门及其从事用能、排污计量监督管理工作的人员违反规定，有下列行为之一的，由有关行政机关责令改正；情节严重的，对直接负责的主管人员和其他直接责任人员依法给予处分；构成犯罪的，依法追究刑事责任：

① 要求用能和排污单位购买指定的用能、排污计量器具的；

② 未依法履行用能、排污计量监督检查职责的；

③ 其他玩忽职守、徇私舞弊、滥用职权的行为。

（2）违反规定，有下列行为之一的，由县级以上人民政府质量技术监督主管部门责令限期改正，逾期不改正的，可处一万元以上三万元以下罚款：

① 用能和排污单位未建立用能、排污计量器具台账的；

② 重点用能单位不接受能源计量审查的；

③ 重点用能单位未按照规定将用能计量数据接入质量技术监督主管部门在线监测平台的；

④ 计量服务单位提供的用能、排污计量数据不真实的。

如某钢铁集团公司，2007年以前，部分能源计量仪表落后，缺少统一的能源数据采集网络及介质的分散能源管理，形成能源管控的信息孤岛。2007年，该公司累计投入资金8000余万元，启动能源中心项目（EMS），并于2008年5月上线运行，以对用能设备实现在线集中监控，并能在实时监测能源信息的基础上，做到能源科学管理与调配，充分回收利用一次能源，进而优化企业的能源结构。通过运用科学的能源计量系统，公司能源平衡状况较以前有了很大好转。能源调度中心通过对各级高压氮气计量数据的实时掌控，优化用能调度，合理安排生产节奏，尽量减少主要用能单位同时生产的概率以保证能源管网压力稳定。通过能源计量优化用能调度，公司可以减少一台氮气压缩机组，仅此一项每年就可节省2450万余元电费。

思 考 题

1. 为什么要重视用能单位能源计量器具配备和管理？如何配备和管理？

2. 为什么要重视用水单位能源计量器具配备和管理？如何配备和管理？

3. 什么是能源效率标识？怎么使用能源效率标识？

4. 能效标识实施中,如何开展计量监督检查

5. 为什么要开展用能量的量化评价和计算？如何计算？

6. 企业能源计量工作有哪些内容？能源计量工作对节能降耗有何重大作用？试举实例说明。

第十五章

商品量的计量监督

现代社会是商品社会。商品交换既是现代社会人类生活中不可缺少的生存条件,也是现代企业赖以生存与发展的物质基础。无论是工业企业还是商贸企业,其商品交换都离不开一个重要的参数——商品量。

按计量方式分类,商品量可以分为:以质量(重量)、长度、体积(容量)、面积、时间等计量的商品量。

按商品交换形式分类,商品量又可分为:现场称量、定量包装、分装、散装、随机包装等商品量。

如果有故意缺量的销售行为、计量器具配备不当产生缺量、粗放包装导致商品量误差过大、商用计量器具质量低劣造成计量失准等情况,就势必会严重侵犯消费者利益和企业经营核算不准,甚至导致企业,尤其是商贸企业亏损和破产,也干扰和破坏了社会主义市场经济的秩序。

因此,我国计量行政部门已先后发布了《零售商品称重计量监督管理办法》(2004)、《定量包装商品计量监督管理办法》(2005)和《商品量计量违法行为处罚规定》(1999),以维护社会主义市场经济秩序,规范主要商品量计量行为,保护广大消费者和企业的合法权益。广大企业,尤其是商贸企业也应把商品量的计量监督作为本企业计量管理的重要内容,认真做好。

第一节　零售商品称重计量监督

当今社会商品种类极其繁多,如按计量方式分类,那么以质量(重量)为结算单位的商品是主要的商品量。如工业企业的钢材、水泥、化肥,商贸企业的食品、蔬菜、水果、金银首饰等。据统计,在日用消费品中,约占 80% 的商品量都要用质量计量。为此,我国计量行政部门会同国内贸易部、工商行政部门布了《零售商品称重计量监督管理办法》(2004),该管理办法明确规定了各类食品、副食品及金银饰品的称重计量负偏差,是每个企业,尤其是有关商贸企业应严格遵守的。

一、零售商品的称重计量要求

零售商品是指以重量结算的食品、金银饰品。

各类食品(包括副食品)在每次称重时,其实际重量值(实际净重量)与结算重量值之间负偏差不准超过表 15-1 中规定。

表 15-1 各类食品称重负偏差

食品品种、价格档次	称重范围(m)	负偏差
粮食、蔬菜、水果或不高于 6 元/kg 的食品	$m{\leqslant}1kg$	20g
	$1kg{<}m{\leqslant}2kg$	40g
	$2kg{<}m{\leqslant}4kg$	80g
	$4kg{<}m{\leqslant}25kg$	100g
肉、蛋、禽*、海(水)产品*、糕点、糖果、调味品或高于 6 元/kg,且不高于 30 元/kg 的食品	$m{\leqslant}2.5kg$	5g
	$2.5kg{<}m{\leqslant}10kg$	10g
	$10kg{<}m{\leqslant}15kg$	15g
干菜、山(海)珍品或高于 30 元/kg,且不高于 100 元/kg 的食品	$m{\leqslant}1kg$	2g
	$1kg{<}m{\leqslant}4kg$	4g
	$4kg{<}m{\leqslant}6kg$	6g
高于 100 元/kg 的食品	$m{\leqslant}500g$	1g
	$500g{<}m{\leqslant}2kg$	2g
	$2kg{<}m{\leqslant}5kg$	3g

* 活禽、活鱼、水发物除外,其他未列出品种名称的,按食品类相应价格档次的规定执行。

二、金银饰品称重计量要求

各种金银饰品的称重范围及负偏差不得超过表 15-2 中的规定。

表 15-2 金银饰品称重范围及负偏差

名称	称重范围	负偏差
金首饰	每件小于或等于 100g	0.01g
银首饰	每件小于或等于 100g	0.1g

三、商品量核称方法

商品量可按下列 3 种方法核称。

1. 原计量器具核称法

直接核称商品,商品的核称重量值与结算(标称)重量值之差不应超过商品的负偏差,并且称重与核称重量值等量的最大允许误差优于或等于所经销商品的负偏差 1/3 的砝码,砝码示值与商品核称重量值之差不应超过商品的负偏差。

2. 高准确度称重计量器具核称法

用最大允许误差优于或等于所经销商品的负偏差 1/3 的计量器具直接核称商品,商品

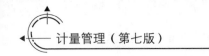

的实际重量值与结算（标称）重量值之差不应超过商品的负偏差。

3. 等准确度称重计量器具核称法

用一台最大允许误差优于或等于所经销商品的负偏差的计量器具直接核称商品,商品的核称重量值与结算（标称）重量之差不应超过商品的负偏差的 2 倍。

四、零售商品称重计量的监督管理

零售商品的称重计量由技术监督和工商行政部门依法实行监督检查和管理。凡有下列情况之一的,县级以上地方技术监督或工商行政部门可依法给予行政处罚。

(1) 零售商品经销者使用不合格的计量器具,其最大允许误差水平大于所销售商品的负偏差。

(2) 零售商品经销者销售的商品,经核称超过表 15-1 和表 15-2 规定的负偏差,给消费者造成损失。

第二节　定量包装商品的计量监督

定量包装商品是"以销售为目的,在一定量限范围内具有统一的质量、体积、长度、面积、计数标注等标识内容的批量预包装商品。"(JJF 1001)

为了规范这类商品的商品量计量,保障消费者利益,国务院计量行政部门发布了《定量包装商品计量监督管理办法》(2005),《商品量计量违法行为处罚规定》(1999)。

一、定量包装商品的计量要求

定量包装商品的允许短缺量以及法定计量单位按该商品的强制性国家标准、强制性行业标准规定执行。产品的强制性国家标准、行业标准中无计量偏差规定的,按零售商品的称重计量规定执行。

二、定量包装商品的净含量标注要求

定量包装商品在其包装其显著位置必须正确、清晰地标注净含量即"定量包装商品中除去包装容器和其他包装材料和浸泡液后内装商品的量。"(JJF 1001),净含量由中文、数字和法定计量单位组成。以长度、面积、计数单位标注净含量的定量包装商品可免于标注"净含量"3 个中文字,只标注数字和法定计量单位。

生产、经销的定量包装商品必须保证其净含量的准确。

1. 定量包装商品的净含量标注方式

定量包装商品的净含量应当按以下方式标注:

(1) 固体商品用质量 g(克)、kg(千克)。

(2) 液体商品用体积 L(l)升、mL(ml)(毫升)或者质量 g(克)、kg(千克)。

(3) 半流体商品用质量 g(克)、kg(千克)或者体积 L(l)(升)、mL(ml)(毫升)。

以体积标注的定量包装商品,应当为 20℃ 条件下的体积。

　　固液两相物质的商品,除采用质量 g(克)、kg(千克)标注净含量外,同时应当采用质量 g(克)、kg(千克)或者百分数标注固形物的含量。

　　商品用长度计量的,用 mm(毫米)、cm(厘米)、m(米)。

　　标注定量包装商品的净含量,应当使用具有明确数量含义的词或者符号。

　　根据定量包装商品的净含量量限,应当采用表 15-3 示的计量单位标注。

表 15-3　定量包装商品法定计量单位的选择

	标注净含量(Q_n)的量限	计量单位
质量	$Q_n<1000g$	g(克)
	$Q_n \geqslant 1000g$	kg(千克)
体积	$Q_n<1000mL$	mL(ml)(毫升)
	$Q_n \geqslant 1000mL$	L(l)(升)
长度	$Q_n<100cm$	mm(毫米)或者 cm(厘米)
	$Q_n \geqslant 100cm$	m(米)
面积	$Q_n<100cm^2$	mm^2(平方毫米)或者 cm^2(平方厘米)
	$1cm^2 \leqslant Q_n<100dm^2$	dm^2(平方分米)
	$Q_n \geqslant 1m^2$	m^2(平方米)

　　定量包装商品标注净含量字符的最小高度应当符合表 15-4 的规定。

表 15-4　定量包装商品标注字符高度

标准净含量(Q_n)	字符的最小高度/mm
$Q_n \leqslant 50g$ $Q_n \leqslant 50mL$	2
$50g<Q_n \leqslant 200g$ $50mL<Q_n \leqslant 200mL$	3
$200g<Q_n \leqslant 1000g$ $200mL<Q_n \leqslant 1000mL$	4
$Q_n>1kg$ $Q_n>1L$	6
以长度、面积、计数单位标注	2

2. 单件定量包装商品的净含量负偏差要求

　　单件定量包装商品的净含量与其标注的质量、体积之差不得超过表 15-5 规定的允许短缺量。

表 15-5　单件定量包装商品允许短缺量

质量或体积定量包装商品的标注净含量(Q_n)g 或 mL	允许短缺量(Q_n)g 或 mL	
	百分比	g 或 ml
0～50	9	—
50～100	—	4.5
100～200	4.5	—
200～300	—	9
300～500	3	—
500～1000	—	15
1000～10000	1.5	—
10000～15000	—	150
15000～50000	1	—

单件定量包装商品的净含量与其标注的长度、面积或计数之差不得超过表 15-6 规定的允许短缺量。

表 15-6　单件定量包装商品长度、面积或计数允许短缺量

长度定量包装商品的标注净含量(Q_n)	允许短缺量(T)m
$Q_n \leqslant 5m$	不允许出现短缺量
$Q_n > 5m$	$Q_n \times 2\%$
面积定量包装商品的标注净含量(Q_n)	允许短缺量(T)
全部 Q_n	$Q_n \times 3\%$
计数定量包装商品的标注净含量(Q_n)	允许短缺量(T)
$Q_n \leqslant 50$	不允许出现短缺量
$Q_n > 50$	$Q_n \times 1\%^{**}$

注 1：对于允许短缺量(T)，当 $Q_n \leqslant 1kg(L)$ 时，T 值的 0.01g(mL)位修约至 0.1g(mL)；当 $Q_n > 1kg(L)$ 时，T 值的 0.1g(mL)位修约至 g(mL)；

注 2：以标注净含量乘以 1%，如果出现小数，就把该数进位到下一个紧邻的整数。这个值可能大于 1%，但这是可以接受的，因为商品的个数为整数，不能带有小数。

三、批量定量包装商品量计量要求

批量定量包装商品按表 15-7 规定的抽样方法及平均偏差计算方法随机抽样检验和计算，平均偏差应当大于或者等于零，并且单件定量包装商品超出计量负偏差件数应当符合表 15-7 的规定。

表 15-7　批量定量包装商品计量检验抽样方案

第一栏	第二栏	第三栏		第四栏	
		样本平均实际含量修正值($\lambda \cdot s$)		允许大于 1 倍，小于或者等于 2 倍允许短缺量的件数	允许大于 2 倍允许短缺量的件数
检验批量 N	抽取样本 n	修正因子 $\lambda = t_{0.995} \times \dfrac{1}{\sqrt{n}}$	样本实际含量标准偏差 s		
$1\sim10$	N	/	/	0	0
$11\sim50$	10	1.028	s	0	0
$51\sim99$	13	0.848	s	1	0
$100\sim500$	50	0.379	s	3	0
$501\sim3200$	80	0.295	s	5	0
大于 3200	125	0.234	s	7	0

样本平均实际含量应当大于或者等于标注净含量减去样本平均实际含量修正值($\lambda \cdot s$)

即 $\overline{q} \geqslant (Q_n - \lambda \cdot s)$

式中：$\overline{q}$——样本平均实际含量，$\overline{q} = \dfrac{1}{n} \sum\limits_{i=1}^{n} q_i$；

Q_n——标注净含量；

λ——修正因子；

s——样本实际含量标准偏差，$s = \sqrt{\dfrac{1}{n-1} \sum\limits_{i=1}^{n} (q_i - \overline{q})^2}$。

注1：本抽样方案的置信度为 99.5%；

注2：本抽样方案对于批量为 1~10 件的定量包装商品，只对单件定量包装商品的实际含量进行检验，不做平价实际含量的计算。

如果强制性国家标准、强制性行业标准对定量包装商品的允许短缺量以及法定计量单位的选择已有规定的，从其规定。

四、定量包装商品生产企业计量保证能力的评价

为了保证定量包装商品，维护消费者和生产者利益，鼓励定量包装商品生产企业建立计量体系，根据《中华人民共和国计量法》《定量包装商品计量监督规定》，国家计量行政部门于 2000 年 4 月 6 日制定和发布了《定量包装商品生产企业计量保证能力评价规范》（以下简称《规范》）。

申请计量保证能力评价的企业应提交《定量包装商品生产企业计量保证能力自我评价审查备案登记表》，同时应提交定量包装商品生产企业计量保证能力评价表、企业计量管理文件、企业计量器具配备情况表、企业强制检定计量器具登记表、企业生产定量包装商品的产品标准、企业生产的定量包装商品的包装标识及使用说明书。

受理申请的省级质量技术监督部门根据需要，对企业自我评价情况按照《规范》的要求组织实施核查。经核查符合《规范》要求的企业，由受理申请的省级质量技术监督部门予以

备案并颁发全国统一的《定量包装商品生产企业计量保证能力证书》（以下简称"证书"），允许在其生产的定量包装商品上使用全国统一的计量保证能力合格标志（见图 15-1）。

图 15-1　计量保证能力合格标志

五、定量包装商品净含量计量检验和商品量计量违法行为的处罚

为了规范定量包装商品净含量的计量检验工作，我国依据国际法制计量组织国际建议 R87《预包装商品的量》（2004）、R79《定量包装商品标签内容》，制定 JJF 1070—2005《定量包装商品净含量计量检验规则》。该规则规定了定量包装商品净含量计量检验过程的抽样、检验和评价等活动的要求和程序。

1. 定量包装商品净含量计量检验

定量商品净含量的计量检验应执行下列步骤。

（1）确定检验批

作为检验批的商品应是生产者自检合格的产品，或者是销售领域的商品。

（2）检索抽样方案

根据批量按表 15-8 检索抽样方案，确定样本量和评定样本的指标。

（3）抽取样本

一般应在定量包装商品生产企业或销售商仓库进行。应用等距抽样、分层抽样、简单抽样等

随机抽样的方法在检验批抽取样本。

（4）检验样本

首先，根据表 15-4 和表 15-5 的要求对净含量标注的计量单位和高度的检查。

其次，根据检验批商品标注的净含量和商品特性，选择适当的方法，对抽取的样本进行逐个检验；并计算不合格品总数和样本平均实际含量等有关参数。

2. 评定准则

（1）标注评定准则

定量包装商品净含量标注出现下列情况之一的，评定为标注不合格。

① 没有在商品包装的显著位置用正确的、清晰的方法标注商品净含量的；

② 没有按规定要求正确使用法定计量单位的；

③ 标注净含量字符的高度小于规定要求；

④ 同一预包装内含有多件同种定量包装商品的，如果没有标注单件定量包装的净含量

和件数,并且没有标注各种不同定量包装商品的总净含量;

⑤ 同一预包装商品内,含有多件不同种定量商品的,如果没有标注各不同种定量包装商品的单件净含量和件数,并且没有标注各种不同种定量包装商品的总净含量。

（2）净含量的评定准则

如果定量包装商品的强制性国家标准或强制性行业标准中对定量包装商品净含量的允许短缺量有规定的,按其规定作出评定;如果没有规定,则按以下评定准则进行;如检验批出现下列情况之一的,评定为不合格批次:

① 样本平均实际含量小于标注净含量减去样本平均实际含量修正值 λs;

② 单件定量包装商品实际含量的短缺大于 1 倍,小于或者等于 2 倍允许短缺量的件数超过表 15-8 第四栏规定的数量;

③ 有一件或一件以上的定量包装商品实际含量的短缺量大于规定的允许短缺量的 2 倍。

3. 商品量计量违法行为的处罚

为了加强商品量的计量监督,惩治商品量计量违法行为,保护用户和消费者的合法权益,维护社会经济秩序,我国制定了《商品量计量违法行为处罚规定》,该规定明确提出:

（1）任何单位和个人在生产、销售、收购等经营活动中,必须保证商品量的量值确,不得损害用户、消费者的合法权益;

（2）生产者所生产定量包装商品,其实际量与标注量不相符,计量偏差超过《定量包装商品计量监督规定》或者国家其他有关规定的,质量技术监督部门责令改正,给用户、消费者造成损失的,责令赔偿损失,并处违法所得 3 倍以下,最高不超过 30000 元的处罚;

（3）销售者销售的定量包装商品或者零售商品,其实际量与标注量或者实际量与贸易结算量不相符,计量偏差超过《定量包装商品计量监督规定》《零售商品称重计量监督规定》或者国家其他有关规定的,质量技术监督部门责令改正,给用户、消费者造成损失的,责令赔偿损失,并处违法所得 3 倍以下、最高不超过 30000 元的罚款;没有违法所得的,可处 10000 元以下的罚款;

（4）销售者销售国家对计量偏差没有规定的商品,其实际量与贸易结算量之差,超过国家规定使用的计量器具极限误差的,质量技术监督部门责令改正,给用户、消费者造成损失的,责令赔偿损失,并处违法所得 3 倍以下、最高不超过 20000 元的罚款。

六、大宗物料贸易交接计量管理

大宗物料,一般是指在企事业单位之间进行的,以重量或体积交接而不以件数交接的物料,如煤炭、油类制品、矿石、粮食、建材等。

大宗物料在交接过程中总是会发生允差,即允许的损耗差量与发货量的百分比,一般用相对误差表示。

大宗物料的交接允差就是指物料在供需双方的约定起止点间交接过程中,实际交付量值允许误差的极限值。它一般由计量允差、装卸允差和运输所构成。

1. 计量允差

计量允差是指因计量器具误差及与计量相关的其他因素所造成的量值所允许的误差权

限值。

一般要求交接所使用的计量器具误差应小于或等于计量允许的 1/2。

计量允差依据不同的物料作出规定。如铁矿石、煤炭规定计量允差为 1.00%；钢材、生铁、原油等规定计量允差为 0.05%；成品油的计量允差为 0.02% 等。

2. 装卸允差

装卸允差是指物料在装卸过程中，因风吹雨淋等客观因素造成少量的允许误差值，它一般按每次装或卸计差，也可以按装卸总允差计。如粮食的单次卸装允耗 0.10%；汽油的铁路罐车装车允差为 0.17%～0.08% 之间；而煤油的卸车(船)允耗为 0.05%。

3. 运输允差

运输允差是指物料在运输过程中，因风吹雨淋等客观因素造成少量的允许极限值。它一般根据运输地区、运输方式及路程分别确定单耗允差，然后累计总运输允差。

大宗物料贸易双方应在其合同中对上述允许误差作出明确规定。

第三节　市场交易商品量的计量监督管理

随着市场经济的发展，我国制定了一系列有关市场商品量的计量监督规章，如《集贸市场计量监督管理办法》(2002)《零售商品称重计量监督管理办法》(2004)、《加油站计量监督管理办法》(2002)、《眼镜制配计量监督管理办法》(2003)等。

一、集贸市场计量监督管理

集贸市场是指由市场经营管理者经营管理，在一定时间间隔，一定地点，周边城乡居民聚集进行农副产品、日用消费品等现货商品交易的固定场所。城乡集贸市场是社会主义大市场的重要组成部分，它有促进农副业生产发展，活跃城乡经济，便利群众生活的积极作用。

1. 计量器具配备

集贸市场应配备满足农贸市场经营需要的计量器具：

(1) 粮食、蔬菜、水果经营户应配备最小分度值≤10g 的Ⅲ级电子秤；

(2) 肉类、水产、熟食、部分粮油制品经营户应配备最小≤5g 的Ⅲ级电子秤；

(3) 南北货、干菜经营户应配备最小分度值≤2g 的Ⅲ级电子秤；

(4) 部分高于 100 元/kg 的海产品、干货经营户应配备最小分度值≤1g 的Ⅲ级电子秤；

(5) 存在复合经营行为的经营户，所配备的计量器具最小分度值以单价最高农产品所属为准；

(6) 公平秤应配备分度值≤2g 并具有打码功能的Ⅲ级电子秤；

(7) 巡查用砝码应配备 5kg 工作砝码。

2. 计量器具检定

(1) 市场在用计量器具均应每年统一进行强制检定，受检定率应达 100%。

（2）市场对经营户新增或更换的未经检定的电子秤，应及时向当地计量行政主管部门申领电子秤身份标识，并及时送检。

（3）对经检定合格的电子秤，应及时在计量台账中登记其身份编号和防作弊封缄编号。

3. 集贸市场计量监督

《集贸市场计量监督管理办法》直接关系到集市上商品量的准确计量问题，该办法要求：

（1）集市主办者

集市主办者应当做到以下几方面。

① 积极宣传计量法律、法规和规章，制定集市计量管理及保护消费者权益的制度，并组织实施。

② 在与经营者签订的入场经营协议中，明确有关计量活动的权利义务和相应的法律责任。

③ 根据集市经营情况配备专（兼）职计量管理人员，负责集市内的计量管理工作，集市的计量管理人员应当接受计量业务知识的培训。

④ 对集市使用的属于强制检定的计量器具登记造册，向当地质量技术监督部门备案，并配合质量技术监督部门及其指定的法定计量检定机构做好强制检定工作。

⑤ 国家命令淘汰的计量器具禁止使用；国家限制使用的计量器具，应当遵守有关规定；未申请检定、超过检定周期或者经检定不合格的计量器具不得使用。

⑥ 集市应当设置符合要求的公平秤，并负责保管、维护和监督检查，定期送当地质量技术监督部门所属的法定计量检定机构进行检定。公平秤是指对经营者和消费者之间因商品量称量结果发生的纠纷具有裁决作用的衡器。

⑦ 配合质量技术监督部门，作好集市定量包装商品、零售商品等商品量的计量监督管理工作等。

⑧ 集市主办者可以统一配置经强制检定合格的计量器具，提供给经营者使用；也可以要求经营者配备和使用符合国家规定，与其经营项目相适应的计量器具，并督促检查。

（2）集市经营者

集市经营者应当做到以下几方面

① 遵守计量法律、法规及集市主办者关于计量活动的有关规定。

② 对配置和使用的计量器具进行维护和管理，定期接受质量技术监督部门指定的法定计量检定机构对计量器具的强制检定。

③ 不得使用不合格的计量器具，不得破坏计量器具准确度或者伪造数据，不得破坏铅（签）封。

④ 凡以商品量的量值作为结算依据的，应当使用计量器具测量量值；计量偏差在国家规定的范围内，结算值与实际值不得估量计费。不具备计量条件并经交易当事人同意的除外。

⑤ 现场交易时，应当明示计量单位、计量过程和计量器具显示的量值。如有异议的，经营者应当重新操作计量过程和显示量值。

⑥ 销售定量包装商品应当符合《定量包装商品计量监督管理办法》的规定等。

（3）各级计量行政部门

各级计量行政部门应当做到以下几方面。

① 宣传计量法律、法规，对集市主办者、计量管理人员进行计量方面的培训。

② 监督集市主办者按照计量法律、法规和有关规定的要求，做好集市的计量管理工作。

③ 对集市的计量器具管理、商品量管理和计量行为，进行计量监督和执法检查。

④ 积极受理计量纠纷，负责计量调解和仲裁检定。

该《办法》明确规定："消费者所购商品，在保持原状的情况下，经复核，短秤缺量的，可以向经营者要求赔偿，也可以向集市主办者要求赔偿。集市主办者赔偿后有权向经营者追偿。"

对违反相关规定者处以罚款、赔偿损失、没收计量器具和全部违法所得、吊销营业执照、构成犯罪的，依法追究刑事责任等处罚。

二、燃油加油机计量监督

加油站是汽车增添燃料的场所，也是使用燃油加油机等计量器具进行成品油零售的固定场所。主要由地下贮油罐、燃油加油机和管理室三部分组成。它的主要任务是贮存、保管、供应汽车用燃油（汽油和柴油）和润滑油等。

我国已成为汽车生产、使用大国，为了加强加油站计量监督管理，规范加油站计量行为，维护国家成品油零售税收征管秩序，保护消费者的合法权益，国家计量行政部门 2002 年制定，2018 年修正《加油站计量监督管理办法》，该《办法》适用于中华人民共和国境内加油站经营中的计量器具、成品油销售计量及相关计量活动的监督管理。明确规定：

（1）县级以上地方计量行政部门对本行政区域内的加油站计量工作实施监督管理。

（2）加油站经营者应当遵守以下规定：

① 遵守计量法律、法规和规章，制订加油站计量管理及保护消费者权益的制度，对使用的计量器具进行维护和管理，接受计量行政部门的计量监督。

② 配备专（兼）职计量人员，负责加油站的计量管理工作。加油站的计量人员应当接受相应的计量业务知识培训，持证上岗。

③ 使用属于强制检定的计量器具应当登记造册，向当地计量行政部门备案，并配合质量技术监督部门及其指定的法定计量检定机构做好强制检定工作。

④ 使用的燃油加油机等计量器具应当具有出厂产品合格证书；燃油加油机安装后报经当地计量行政部门授权的法定计量检定机构检定合格，方可投入使用。

⑤ 需要维修燃油加油机，应当向具有合法维修资格的单位报修，维修后的燃油加油机应当报经执行强制检定的法定计量检定机构检定合格后，方可重新投入使用。

⑥ 不得使用非法定计量单位，不得使用国务院规定废除的非法定计量单位的计量器具以及国家明令淘汰或者禁止使用的计量器具用于成品油贸易交接。

⑦ 不得使用未经检定、超过检定周期或者经检定不合格的计量器具；不得破坏计量器具及其铅（签）封，不得擅自改动、拆装燃油加油机，不得使用未经批准而改动的燃油加油机，不得弄虚作假。

⑧ 进行成品油零售时，应当使用燃油加油机等计量器具，并明示计量单位、计量过程和

计量器具显示的量值,不得估量计费。成品油零售量的结算值应当与实际值相符,其偏差不得超过国家规定的允许误差;国家对计量偏差没有规定的,其偏差不得超过所使用计量器具的允许误差。

⑨ 申请计量器具检定,应当按物价部门核准的项目和收费标准缴纳费用。

(3)各级计量行政部门在进行计量监督管理时应当遵守以下规定:

① 宣传计量法律、法规、规章,帮助和督促加油站经营者按照计量法律、法规和有关规定的要求,做好加油站的计量管理工作;

② 对加油站的计量器具、成品油销售计量和相关计量活动进行计量监督管理,组织计量执法检查,打击计量违法行为;

③ 引导加油站完善计量保证能力,鼓励省级质量技术监督部门对完善计量检测体系的加油站开展"加油站计量信得过"活动;

④ 受理计量纠纷投诉,负责计量纠纷的调解和仲裁检定。

(4)计量检定机构和计量检定人员在开展计量检定、测试工作时,应当遵守以下规定:

① 按照国家计量检定规程进行检定,在规定期限内完成检定,出具检定证书,并在燃油加油机上加贴检定合格标志。在实施检定时发现铅封破损应当立即报告当地有关质量技术监督部门;

② 不得使用未经考核合格或者超过有效期的计量标准开展检定工作;

③ 不得指派不具备计量检定能力的人员从事计量检定工作;

④ 不得随意调整检定周期,不得无故拖延检定时间。

(5)消费者对加油站的燃油加油机等计量器具准确度和成品油零售量产生异议,可在保持现场原状的情况下,向计量行政部门提出仲裁检定的申请,并可依据计量行政部门的仲裁检定结果,向加油站经营者要求赔偿等。

三、眼镜制配的计量监督管理

眼镜是以矫正视力或保护眼睛而制作的简单光学器件。由镜片和镜架组成。它具有调节进入眼睛之光量,增加视力,保护眼睛安全和临床治疗眼病的作用,既是保护眼睛的工具,又是一种美容的装饰品。

眼镜制配是指单位或者个人从事眼镜镜片、角膜接触镜、成品眼镜的生产、销售以及配镜验光、定配眼镜、角膜接触镜配戴等经营活动。

为加强对眼镜制配的计量监督管理,规范眼镜制配的计量行为,保护消费者的身体健康和人身安全,国家质量监督检验检疫总局2003年制定、2018年修正了《眼镜制配计量监督管理办法》,该办法共十九条,明确规定:

(1)县级以上地方计量行政部门对本行政区域内的眼镜制配计量工作实施监督管理。

(2)眼镜制配者是指从事眼镜镜片、角膜接触镜、成品眼镜的生产、销售以及配镜验光、定配眼镜、角膜接触镜配戴等经营活动的单位或者个人。应当遵守以下规定。

① 遵守计量法律、法规和规章,制定眼镜制配的计量管理及保护消费者权益的制度,完善计量保证体系,依法接受计量行政部门的计量监督。

② 遵守职业人员市场准入制度规定，配备经计量业务知识培训合格，取得相应职业资格的专（兼）职计量管理和专业技术人员，负责眼镜制配的计量工作。

③ 配备的计量器具应当具有产品合格证；进口的计量器具应当符合《中华人民共和国进口计量器具监督管理办法》的有关规定。

④ 使用属于强制检定的计量器具必须按照规定登记造册，报当地县级计量行政部门备案，并向其指定的计量检定机构申请周期检定。当地不能检定的，向上一级计量行政部门指定的计量检定机构申请周期检定。

⑤ 不得使用未经检定、超过检定周期或者经检定不合格的计量器具。

⑥ 不得使用非法定计量单位，不得使用国务院规定废除的非法定计量单位的计量器具和国务院禁止使用的其他计量器具。

⑦ 申请计量器具检定，应当按照价格主管部门核准的项目和收费标准交纳费用。

（3）眼镜镜片、角膜接触镜和成品眼镜生产者除遵守上述规定外，还应当遵守：

① 配备与生产相适应的顶焦度、透过率和厚度等计量检测设备。

② 保证出具的眼镜产品计量数据准确可靠。

（4）眼镜镜片、角膜接触镜、成品眼镜销售者以及从事配镜验光、定配眼镜、角膜接触镜配戴的经营者除遵守上述规定外，还应当遵守：

① 建立完善的进出货物计量检测验收制度；

② 配备与销售、经营业务相适应的验光、瞳距、顶焦度、透过率、厚度等计量检测设备；

③ 从事角膜接触镜配戴的经营者还应当配备与经营业务相适应的眼科计量检测设备；

④ 保证出具的眼镜产品计量数据准确可靠。

（5）各级计量行政部门在进行计量监督管理时应当遵守以下规定：

① 宣传计量法律、法规和规章，督促眼镜制配者遵守计量法律、法规和有关规定，做好眼镜制配的计量监督管理工作；

② 对眼镜制配中使用的计量器具和相关计量活动进行计量监督管理，查处计量违法行为；

③ 引导眼镜制配者完善计量保证体系和对有条件的眼镜制配者开展省级"价格、计量信得过"活动；

④ 受理计量投诉，调解计量纠纷，组织仲裁检定。

（6）计量检定机构和计量检定人员进行计量检定时，应当遵守以下规定：

① 按照计量检定规程在规定期限内完成检定，出具检定证书；

② 不得使用未经考核合格或者超过有效期的计量标准开展计量检定工作；

③ 不得指派未取得计量检定员证件的人员从事计量检定工作；

④ 不得擅自调整检定周期；

⑤ 不得伪造数据；

⑥ 不得超过标准收费等。

四、诚信计量监督管理

1. 诚信计量行为规范

为了加强商业、服务业计量管理,引导行业自律,营造行业诚信经营、公平竞争的和谐市场计量环境,保护消费者的合法权益,国家计量行政部门 2007 年组织制定了《商业、服务业诚信计量行为规范》,该规范由总则、建立健全计量管理制度、加强在用计量器具管理、加强商品量的管理、明确人员岗位职责要求、建立诚信计量承诺机制、建立健全计量投诉处理机制共七章 26 条构成,其中第四章"加强商品量的管理"明确了以下规定:

① 经营者销售商品或者提供服务,以量值作为结算依据的,应当使用符合本规范第三章要求的计量器具测量量值,商品量或服务量的结算量应当与计量器具测得的实际量值相符,其短缺量应当在国家规定的允许值范围内。

② 经营者采取现场计量的,应当向消费者明示计量单位、操作过程和计量器具显示的量值;对可复现的计量结果,消费者有异议时,应当重新操作并显示量值。

③ 经营者销售商品,称重前应当去除包装物(必要的内包装除外),不得以任何理由将包装物作为商品进行计量并销售。

④ 经营者分装、销售定量包装商品,应当遵守《定量包装商品计量监督管理办法》的各项规定,不采购、不销售未标明净含量的定量包装商品。销售散装商品应当遵守《零售商品称重计量监督管理办法》的规定。定量包装商品或者散装商品的短缺量应当在国家规定的允许值范围内。合同对允许短缺量另有约定的,从其约定。不缺斤短两,不弄虚作假。

为了加强商品量的计量监督,惩治商品量计量违法行为,保护用户和消费者的合法权益,维护社会经济秩序,《商品量计量违法行为处罚规定》(1999),明确规定:

任何单位和个人在生产、销售、收购等经营活动中,必须保证商品量的量值准确,不得损害用户、消费者的合法权益(第 3 条);

生产者生产定量包装商品,其实际量与标注量不相符,计量偏差超过《定量包装商品计量监督规定》或者国家其他有关规定的,质量技术监督部门责令改正,给用户、消费者造成损失的,责令赔偿损失,并处违法所得 3 倍以下、最高不超过 30000 元的罚款(第 4 条);

销售者销售的定量包装商品或者零售商品,其实际量与标注量或者实际量与贸易结算量不相符,计量偏差超过《定量包装商品计量监督规定》《零售商品称重计量监督规定》或者国家其他有关规定的,质量技术监督部门责令改正,给用户、消费者造成损失的,责令赔偿损失,并处违法所得 3 倍以下、最高不超过 3000 元的罚款;没有违法所得的,可处 10000 元以下的罚款(第 5 条);销售国家对计量偏差没有规定的商品,其实际量与贸易结算量之差,超过国家规定使用的计量器具极限误差的,质量技术监督部门责令改正,给用户、消费者造成损失的,责令赔偿损失,并处违法所得 3 倍以下、最高不超过 2000 元的罚款。(第 6 条)等。

2. 诚信计量监督管理

国家计量行政部门发布的《服务业诚信计量监督管理制度建设指南》(2017)为推进服务业的诚信计量体系建设,倡导诚信计量行为,增强诚信计量意识,明确要求:

集贸市场、加油(气)站、餐饮行业、商店超市、医疗机构、配镜行业、道路交通、公用事业等与人民群众生活密切相关的服务业领域经营者应诚信经营，保证商品量的量值准确，不得损害用户、消费者的合法权益；县级以上地方计量监督部门（市场监管部门）遵循客观公正、分类管理、依法实施的原则，收集和维护服务业经营者的诚信计量信息；对诚信计量信息实行动态管理，实现诚信计量信息管理的及时性、准确性、完整性。

服务业经营者诚信计量信用分为守信、基本守信和失信三类：

守信是指遵守计量相关法律法规，计量管理制度健全，计量管理主体责任落实到位，五年内无不良计量信用记录，诚信计量信用风险很小。

基本守信是指遵守计量相关法律法规，计量管理制度不够完善，五年内无不良计量信用记录，诚信计量信用风险较小。

失信是指存在违法违规行为，诚信计量信用风险较大。

对于计量失信的服务业经营者，应当依法采取下列重点监管和限制措施：

① 列入日常重点监管对象，加大日常计量监督检查的频次；

② 根据计量行为性质和社会影响程度，可以对经营者采取提醒、约谈、向社会公开曝光等措施；

③ 向其他有关部门和当地政府进行通报，供其在市场准入、资质认定、行政审批、公开招标、政策应用时予以考虑。

思 考 题

1. 什么是商品量？为什么要对其进行计量监督管理？
2. 零售商品称重偏差有何规定？如何核称其商品量？
3. 定量包装商品的净含量如何标注？如何评价？
4. 定量包装商品生产企业的计量保证能力如何评价？使用什么标志？
5. 对集贸市场计量器具如何实行计量监督？
6. 对燃油加油机如何实行计量监督？
7. 对眼镜制配的计量监督管理如何开展？
8. 商业、服务业诚信计量行为规范有哪些？我国对商品量的违法行为计量监督方面有哪些规定？

第十六章

计量信息化管理

　　情报是一种信息,2018 年上半年我国信息消费规模达 2.3 万亿,同比增长 15%,是同期 GDP 增速的 2.2 倍,工业和信息化部、国家发展和改革委员会印发《扩大和升级信息消费三年行动计划(2018—2020 年)》提出到 2020 年,信息消费规模达到 6 万亿元,年均增长 11% 以上,信息技术在消费领域的带动作用显著增强,拉动相关领域产出达到 15 万亿元。信息消费是当前创新最活跃、增长最迅速、辐射最广泛的新兴消费领域之一,对拉动内需、促进就业和引领产业升级发挥着重要作用,已成为新时期提振国民经济、深化供给侧结构性改革、实现高质量发展的关键抓手。

　　21 世纪是信息时代,计量信息既是计量管理的重要资源,又是其十分重要的基础工作。从事计量技术和管理的人员,必须掌握相关的计量信息,才能有效地开展工作。因此,了解、研究和使用计量信息,实行信息化管理也是一项十分重要的计量中介服务管理工作。

第一节　计量信息化工作

　　计量信息化是科技情报(信息)工作的一个重要组成部分,也是计量系统工程中一个不可缺少的子系统。那么,什么是计量信息,什么是计量信息化工作,应该如何做好计量信息化工作呢?这是开展计量信息管理工作必须首先要解决的问题。

一、计量信息

　　计量信息指计量范畴内,以各种方式(如口头的、电子的、实物的、文献的等)进行传递交流的科学知识。

　　记录知识的一切载体是文献,计量文献是计量情报的主体。主要包括计量方面的书籍、报刊、杂志、学术论文、会议文件、声像资料等。

　　依据计量信息文献特征与出版形式,可以分为下列四类:

1. 计量图书

　　计量图书是指中国质检出版社及其他正式出版机构出版的有关计量方面的图书及其电子文本,它们具有系统性、综合性等特点,如:

　　(1)计量管理与技术方面的教科书;

　　(2)计量科普读物;

（3）计量技术或管理手册等工具书；

（4）计量法规、文件汇编；

（5）计量论文集和会议文件等。

2. 计量期刊

计量期刊是指国内外各计量机构定期或不定期发行的连续出版物，又称计量杂志。我国目前主要的计量期刊有：

（1）《中国计量》；

（2）《工业计量》；

（3）《计量学报》；

（4）《计量技术》；

（5）《上海计量测试》等。

目前，国外的主要计量杂志有：

（1）《国际法制计量组织通报》；

（2）《测试设备与测量》；

（3）《测量与控制》；

（4）《计量与控制》；

（5）《测量技术》（俄）；

（6）《计量》；

（7）《计测与控制》（日）；

（8）《计量管理》（日）等。

还有很多与标准、质量综合在一起的期刊，如《中国质量》《标准科学》《中国标准化》《中国技术监督》《中国质量报》等也是很重要的计量信息来源。

3. 计量规程与规范

我国各级计量部门发布出版了一系列的计量检定规程和计量技术规范，它们既是计量工作的技术依据，也是十分重要的计量情报。主要有：

（1）国家计量行政部门制定发布的计量检定规程、计量校准规范和管理规范；

（2）各行业计量部门制定、发布的部门检定规程与管理规范；

（3）各省（市、区）政府计量行政部门制定发布的地方检定规程、校准技术规范；

（4）企业制定的企业计量器具检定规程、校准方法等。

4. 其他计量出版物

如计量器具产品使用说明书、操作手册、计量专利文献、计量学术报告与论文、计量科普影视片等。

此外，各级计量行政部门的计量方面文件，中国计量测试学会的会刊，中国计量协会的内部不定期出版物等也是重要的计量信息。还有《国际计量技术联合会会刊》，各国计量图书、期刊，如美国 NIST 新闻，德国 PTB 年报，日本的《计量技术手册》等都是重要的计量信息。

二、计量信息化工作

计量信息化是根据计量事业和国民经济发展的客观需要,有目的、有计划、有组织地对记录计量活动具体事实与成果的信息(主要是计量文献及与计量有关的科技情报)进行收集、加工、贮存、研究、分析、报导,以促进计量信息的社会交流和传播利用,从而达到推动计量事业发展,推动科技进步和经济快速发展的目的。这就是计量信息化工作的全部内涵。

从上述计量信息化工作的含义可以清楚地看到:

(1) 计量信息化工作是建立计量系统工程一个重要环节。计量信息化工作与计量科研技术、计量管理共同构成现代计量系统工程的 3 个子系统,并且计量信息化工作系统还是计量管理必不可少的信息资源。当然,计量管理、科研与技术活动的开展也能提供更多的计量信息。随着计量工作的深入开展,作为记录计量活动的信息也会不断地涌现,面对来源广泛、种类繁多、数量庞大的计量信息资料,只有迅速地建立一个专门的计量信息系统,培训一支专门的计量信息队伍,才能满足计量事业发展的客观需要。

(2) 准确、及时、完整地收集、整理、加工、分析、报导计量信息是计量信息化工作的主要工作。因此,要不断探索和掌握其客观规律,不断提高我国计量信息化工作的水平。促进和推动我国计量事业发展,推动我国科技进步和经济建设快速发展,是我国计量信息化工作的根本目的。

计量信息化工作从属于计量事业,服务于我国经济建设,具有鲜明的服务性,我们应该充分发挥计量信息化工作对计量事业及经济建设的"耳目"和"参谋"作用。如我国计量行政部门 1988 年开发了《工业通用计量管理信息系统》(简称 CMMS),它是一个多功能的计量综合信息管理系统,包含有计量工作规划与计划、计量器具管理、计量检测管理与计量人员管理等若干个专用系统。适用于我国各类工业企业,使企业能随时掌握计量信息的动态变化,是建立企业保证体系,实现计量管理现代化的重要工具。

三、计量信息化工作的方针和任务

我国计量信息化工作的方针是:围绕国民经济和科学技术发展的需要,广辟信息来源,加强文献工作,深入调查研究,掌握国内外计量科学技术发展方向,有针对性地及时地提供计量信息资料及其分析研究资料,有效地为发展我国计量事业和我国四个现代化建设服务。

我国计量信息化工作的主要任务:

(1) 广泛收集国内外计量科技文献资料,进行分析研究,编写资料,加以报道,开展文献查阅、检索、咨询服务;

(2) 围绕计量管理和计量测试研究任务,开展信息分析研究,提供方向性、政策性的信息分析报告,为领导机关决策工作服务;

(3) 编辑出版发行有关计量技术和计量管理等方面刊物和资料;

(4) 制作声像资料,摄制和播放计量录像,举办计量展览,宣传普及计量知识;

(5) 协调全国计量信息化工作,组织建立全国计量信息网,开展信息交流活动;承担国际计量信息资料的交流工作。

第二节　计量信息的研究与分析

计量信息的研究与分析是整个计量信息化工作的重要组成部分，也是计量信息化工作的主要任务之一。

什么是计量信息研究？就是以计量信息为对象，针对某一专题，对有关计量信息集中进行加工、分析与综合的创造性活动。其成果就是有分析、有观点、有建议的计量信息研究报告，如"中国计量科学技术的现状与展望"就是一份计量信息研究报告。计量信息研究，主要是计量信息内容的研究。

一、计量信息研究的内容和基本要求

计量信息研究的内容主要有：

(1) 根据我国、本地区、本部门或本单位计量事业发展的实际需要，选定某一专题研究。

如原陕西省计量情报所的《新的技术革命和中国计量人才开发》，就是对中国计量人才进行专题研究的研究报告，从我国计量人才现状进行分析，对未来计量人才需求运用调查法、趋势外推法等进行定性、定量分析，最后提出目前应采用的 4 项对策。

(2) 要以调查、收集得来的全部计量信息（包括一次性、二次性计量文献中获得的计量信息资料）作为研究、分析的基础。如果信息量太少，就会使研究分析不深、不全面，甚至得到片面的、错误的结论。因此要求信息资料要全面或者要有代表性。

(3) 要注意运用逻辑加工和数学方法进行分析研究、归纳整理。要尽量运用古典数学、统计数学和模糊数学方法对计量信息资料进行科学的分析，还要大力推行科学的预测分析和决策方法。这样获得的研究分析成果，就比较准确可信，参考价值大。

(4) 计量信息研究的对象应选取一段适宜的时间。时间长了，现实指导性差；时间短了，被研究事物中的矛盾又不能得到充分的暴露和展开。

(5) 研究分析之后一定要提出一些有益的或有创见的结论（包括建议和检测）。不能只有资料，没有结论，没有成果。

二、计量信息研究的性质

计量信息研究工作是一项创造性的劳动。计量信息研究人员对信息资料的研究、分析、对比、判断、推理、综合等过程，实际上是对研究对象的认识不断深化的过程。它通过剖析信息资料内部和与其有关联的外部因素相互促进、相互制约的关系及其运动变化的规律，推理它们的发展趋势，最后提出有事实、有分析、有观点、有建议的研究报告。显然这不是简单的劳动，而是复杂的并且是创造性的劳动，是一项科学研究活动。

但是计量信息研究又与一般的科学技术研究有所不同。首先是研究对象不同、研究方式不同。计量信息研究的对象是有关计量科学与管理方面的情报。而一般科学研究的对象是某一自然科学或工程技术本身。计量信息研究的方法是以查阅文献、调研访问、座谈讨论以及一系列的分析、综合、论证、推理等。而一般科学研究，除了查阅文献、独立思考和推理以外，主要靠实验、计算、测试、分析等活动。此外研究成果的表现形态及其作用也有不同。

三、计量信息研究的方法

计量信息研究是一项综合性很强的工作,涉及自然科学,又关联到社会科学。因此。其研究方法也是多种多样的。但是常用的主要方法有以下5种。

1. 综合分析法

这种方法就是把分散在各种文献资料中对某一项研究问题的各种情况、各种观点、各种措施、各种动向和趋势综合起来,加以分析研究,弄清问题的实质和关键,找出内在的联系和发展的规律。

2. 对比分析法

对比分析一般有纵向的对比分析和横向的对比分析。通过对比分析,看出问题,找出差距,从而提出应采取的措施。

3. 典型分析法

这是通过一些具有代表性的典型事例分析,而提出一些具有普遍指导意义的意见。

4. 背景分析法

这是在引进国内外成功的计量技术成果和计算管理经验时,必须采用的一种方法。把有关的背景材料弄清楚,分析透彻,就更能使引进或引用成功。

5. 动向分析法

对计量技术水平、管理水平或其发展趋势的分析,要采用这种方法。只有认清动向,掌握发展趋势,才能制订正确的方针政策,才能使计量事业健康地发展。

四、计量信息研究的步骤

怎样进行计量信息研究工作? 一个典型和完整的计量信息研究过程,大致可分为选题、拟订计划、收集资料、阅读消化资料、分析与综合研究资料、编写研究报告等6个主要环节。

1. 选题

计量信息研究课题是根据工作需要选定的。

除了有关领导部门直接下达的课题外,计量信息研究部门应根据计量工作的实际需求和国民经济建设发展的客观需要主动开发课题。

选题要注意时机与难易程度。时机要适宜,要选那些领导部门决策时急需的有关课题,要选计量界普遍关注的问题,不要选过时的或者近期内不需要的课题。难易程度要适中,要考虑研究人员的素质条件与研究条件。一般应选那些取得研究成果有实际可能性的课题。

2. 拟订计量信息研究计划

研究课题选定以后,在研究工作正式开始之前,有一项重要的工作就是拟订研究计划。

研究计划的内容主要包括:

(1) 选题目的,即主要解决什么问题;

(2) 调查大纲,包括国内外情况,需要查找哪方面计量文献,了解哪些事例,需要哪些数据,要到什么单位,找什么人进行调查等,以保证信息调研活动有目的、有计划地进行;

（3）参加该题的人员及其分工；

（4）预计完成研究任务的时间与实施步骤；

（5）完成该项目课题所需要的条件和经费；

（6）其他。

3. 收集和积累资料

收集、查找有关计量文献资料，是计量信息研究人员的一项基本功。信息研究人员占有资料的多少与深浅，在一定程度上决定着研究工作的质量好坏。实际上在选题之前，就应在日常工作中逐步收集、积累各有关计量信息资料。

既要查阅、收集、收藏的计量文献资料，又要走访、了解和收集活资料；既可自己亲自调查，又可寄发各种形式的调查表、调查函，让有关部门和个人帮助调研。总之，要保证调研对象——有关计量信息的数量和质量。

4. 分析与综合资料

经过对资料的阅读、消化、筛选之后，就进入全面的分析和综合阶段。这是计量信息研究的主要环节。研究人员对上述素材进行深入细致的审查、推敲、分析和推断，从中发现新情况、新理论、新观点和新经验，最后进行全面的概括与综合，从中找出具有发展趋向性的特征和规律。

5. 编写计量信息研究报告

编写前应拟提纲，编写时要实事求是。切忌任意发挥或只根据领导意图选用信息，应该在材料的基础上大胆发表论据有理的见解。报告要条理清楚，逻辑性强，深入浅出，引人入胜，切不可写成一个计量资料的堆积，如能图文并茂更好。

第三节　计量信息网络建设

我国的计量信息网络建设从两个方面进行：一是建立政府计量业务信息系统；二是建立企业计量管理信息系统。现分别简介如下：

一、政府计量业务信息系统

国务院计量行政部门会同信息中心依据 GB 8566《计算机软件开发规范》，结合计量行政管理的实际需要，建立了计量业务管理信息系统，以详细、准确、快速地采集和处理计量业务数据，实现规范科学的管理。具体实现下列 4 项目标：

（1）建立广域网业务数据交换平台，为已有业务管理的省、直辖市提供实时的数据交换接口；

（2）建立全系统通用数据采集系统，满足国家、省、地、县四级对数据按收集要求，上传下达的要求；

（3）建立综合查询系统，实现系统内的信息共享；

（4）提供与质量技术监督局政府网站的信息接口，可以与 Internet 网站共享数据。

政府计量业务信息系统的概要设计如下。

1. 系统概述

建立全国计量业务管理系统,录入数据或从省、市、县收集数据,使采集到的数据详细、准确、快速;对数据进行分析、审查、组织考核,考核通过的发放证书;在数据积累的基础上对数据进行统计、汇总、分析、下达和处理,以供决策,实现规范科学的管理;计量管理系统主要为下列 15 类业务提供管理服务。详见表 16-1。

表 16-1 计量管理信息系统业结构务模块一览表

序号	模块编号	模块名称	功能描述
1	QN0201	法定计量检定机构考核管理	录入、导入法定计量检定机构考核申请信息,对申请信息进行管理,审批申请信息,管理法定计量检定机构授权证书。接收、下发通过审批的法定计量检定机构考核信息
2	QN0202	型式试验计量授权管理	录入、导入型式试验计量授权申请信息,对申请信息进行管理,审批申请信息,管理型式试验计量授权证书。接收、下发通过审批的型式试验计量授权信息
3	QN0203	定量包装商品净含量监督专项抽查管理	接收省上报的定量包装商品净含量监督抽查结果,汇总抽查结果,生成抽查结果汇总信息
4	QN0204	强检管理	接收省上报的强检计量器具检定结果,汇总检定结果
5	QN0205	计量器具产品的质量抽查管理	录入维护、查询、统计、生成、接收计量器具产品的质量抽查信息等
6	QN0206	计量法律、法规管理	对计量法律、法规、规章信息进行管理,接收省上报的法规、自治条例、单行条例规章等,汇总计量法律、法规信息
7	QN0207	计量器具型式批准和制造许可证管理	录入计量器具型式批准申请,制造和修理计量器具许可证申请,对申请信息进行管理,审核申请信息,管理计量器具型式批准证书,制造计量器具许可证
8	QN0208	进口计量器具型式批准管理	录入计量器具型式批准申请,对申请信息进行管理,审核申请信息,管理计量器具型式批准证书、计量器具临时型式批准证书
9	QN0209	完善计量检测体系管理	接收省上报的参与完善计量检测体系工作考核结果,审核考核结果,管理证书,汇总参与完善计量检测体系工作信息
10	QN0210	计量检定人员考核管理	录入计量检定人员考核申请,考核申请信息,注册计量检定人员信息,管理计量检定人员证书,接收省考核通过的二级检定人员信息
11	QN0211	计量考评员考核管理	录入计量标准考评人员考核申请,考核申请信息,注册计量考评员信息,管理计量考评员证书,接收省级考核通过的二级考评员信息
12	QN0212	计量标准考核管理	管理计量标准分类信息,录入计量标准考核申请,制定考核计划,根据考核反馈信息,管理计量标准考核证书,根据计量标准更换、封存、撤销申报,修改相应的计量标准考核信息

表 16-1(续)

序号	模块编号	模块名称	功能描述
13	QN0213	国家计量技术法规管理	录入、导入计量技术法规信息,管理计量技术法规信息,汇总计量技术法规信息,接收省上报的计量技术法规信息
14	QN0214	国家标准物质管理	录入国家标准物质信息,管理国家标准物质信息,汇总、统计国家标准物质信息,管理标准物质定级证书,标准物质制造计量器具许可证
15	QN0215	国家计量基准管理	录入国家计量基准信息,管理国家计量基准信息,汇总、统计国家计量基准信息,管理计量基准证书

计量业务管理信息系统具体业务内容项目见表 16-2,结构如图 16-1 所示。

表 16-2　计量业务管理信息系统内容项目

序号	项目	国家	省	市
1	法定计量检定机构考核管理	√	√	√
2	型式试验计量授权管理	√	√	
3	定量包装商品净含量监督专项抽查管理	√	√	
4	强检计量器具管理	√	√	
5	计量器具产品的质量抽查管理	√	√	
6	计量法律法规管理	√	√	
7	计量器具型式批准和制造许可证管理	√	√	√
8	进口计量器具型式批准管理	√		
9	完善计量检测体系管理	√	√	
10	计量检定人员考核管理	√	√	√
11	计量考评员考核管理	√	√	
12	计量标准考核管理	√	√	√
13	国家计量技术法规管理	√	√	
14	国家标准物质管理	√		
15	国家计量基准管理	√		
16	接口	√		
17	计量监督管理			√
18	计量器具安装改装资格管理			√
19	企事业单位计量体系等级确认管理			√
20	有偿使用公用计量设施管理			√

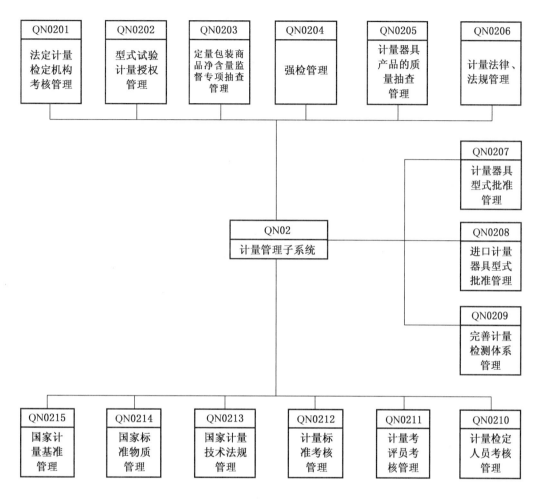

图 16-1 计量业务管理信息系统结构图

2. 系统数据流程图

计量管理信息系统数据流程图是建立计量业务管理信息系统的重要前提,现以法定检定机构与计量技术机构管理数据流程如图 16-2 所示。

该系统的数据内容主要有:

(1) 法定计量机构申请数据管理:录入、导入、修改、查询、删除法定计量机构的基础数据情况,包括名称、地址、授权证书编号等(详见法定计量检定机构考核申请表);

(2) 计量机构检定项目的维护:录入、修改、删除、查询、打印;

(3) 计量机构校准/检测项目的维护:录入、修改、删除、查询、打印;

(4) 计量授权证书信息:录入、修改、删除、查询、打印;

(5) 计量机构授权情况维护:导入、录入、修改、删除、查询;

(6) 向省(市、县)局下传授权数据等。

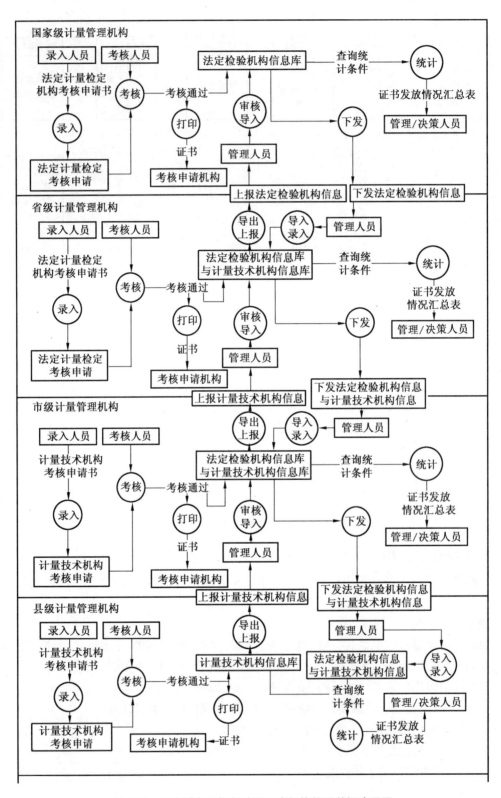

图 16-2 法定检定机构与计量技术机构管理数据流程图

3. 法定计量检定机构管理系统

该系统按照国家、省、市分级确定各项计量业务管理的基本设计概念和处理流程、功能模块结构图、程序模块清单表述如下。

（1）功能描述

法定计量检定机构考核管理：法定计量检定机构提出考核申请，经计量管理处审核，证明该机构具有检定、校准/检测某些项目的能力，对考核通过的计量检定机构进行授权（发放证书）。国家质检总局接收省级考核通过的法定计量检定机构信息。

（2）模块清单

法定计量检定机构管理系统的模块清单如表 16-3 所示。

表 16-3　法定计量检定机构管理系统的模块清单

模块编号	QN020101	模块名称	导入机构考核申请
功能描述	接收机构在 Internet 上填写的法定计量检定机构考核申请信息，经核查，把符合条件的申请信息导入本系统		
上级模块	法定计量检定机构考核管理		
输入说明	见数据结构中"法定计量检定机构考核申请书"		
输出说明	成功或者失败的提示信息		
处理流程	机构在 Internet 上填写的法定计量检定机构考核申请信息形成一个文件给本系统。显示该文件，经逐条核查，把符合条件的申请信息作标记，提交申请信息，自动导入申请数据到本系统。系统返回成功或者失败信息提示		
模块编号	QN020102	模块名称	登记机构考核申请
功能描述	对法定计量检定机构考核申请的详细信息进行登记		
上级模块	法定计量检定机构考核管理		
输入说明	见数据结构中"法定计量检定机构考核申请书""机构负责人信息"		
输出说明	成功或者失败的提示信息		
处理流程	填写法定计量检定机构考核申请表，完成后，登记提交。系统返回成功或者失败信息提示		
模块编号	QN020103	模块名称	登记检定项目与校准检测项目
功能描述	对法定计量检定机构考核申请中检定项目与校准检测项目的信息进行登记		
上级模块	法定计量检定机构考核管理		
输入说明	见数据结构中"检定项目、校准/检测项目表"		
输出说明	成功或者失败的提示信息		
处理流程	填写法定计量检定机构考核申请表中有关检定项目与校准检测项目信息，完成后，登记提交。系统返回成功或者失败信息提示		

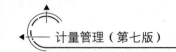

表 16-3（续）

模块编号	QN020104	模块名称	修改机构考核申请
功能描述	对已登记的法定计量检定机构考核信息进行修改		
上级模块	法定计量检定机构考核管理		
输入说明	见数据结构中"法定计量检定机构考核申请书""机构负责人信息"		
输出说明	成功或者失败的提示信息		
处理流程	修改已填写的法定计量检定机构考核申请表信息，完成后，修改提交。系统返回成功或者失败信息提示		
模块编号	QN020105	模块名称	修改检定项目与校准检测项目
功能描述	对已登记的法定计量检定机构考核中检定项目与校准检测项目的信息进行修改		
上级模块	法定计量检定机构考核管理		
输入说明	见数据结构中"检定项目、校准/检测项目表"		
输出说明	成功或者失败的提示信息		
处理流程	修改已填写的法定计量检定机构考核申请表中有关检定项目与校准检测项目信息，完成后，修改提交。系统返回成功或者失败信息提示		
模块编号	QN020106	模块名称	删除机构考核信息
功能描述	删除指定的法定计量检定机构考核信息、机构负责人信息、检定项目与校准检测项目信息		
上级模块	法定计量检定机构考核管理		
输入说明	见数据结构中"法定计量检定机构考核申请书"		
输出说明	成功或者失败的提示信息		
处理流程	显示法定计量检定机构考核申请表信息，对要删除的信息作删除标记，完成后，删除提交。删除法定计量检定机构考核信息及相关的机构负责人信息、检定项目与校准检测项目信息。系统返回成功或者失败信息提示		
模块编号	QN020107	模块名称	简单查询机构考核信息
功能描述	输入机构名称信息条件，查找符合条件的法定计量检定机构考核信息		
上级模块	法定计量检定机构考核管理		
输入说明	机构名称信息		
输出说明	符合查询条件的数据集，数据项见数据结构中"法定计量检定机构考核表"		
处理流程	输入机构名称信息的条件，模糊匹配，显示查找到的符合条件的信息		

表16-3(续)

模块编号	QN020108	模块名称	综合查询机构考核信息
功能描述	根据输入的查询条件,查找符合条件的法定计量检定机构考核信息		
上级模块	法定计量检定机构考核管理		
输入说明	法制计量检定机构考核信息中的任何录入信息都可作为查询条件		
输出说明	符合查询条件的数据集,数据项见数据结构中"法定计量检定机构考核书"		
处理流程	法制计量检定机构考核信息中的任何信息都可作为查询条件,输入查询条件,显示查找到的符合条件的信息,包括法制计量检定机构考核信息,机构负责人信息,检定项目与校准检测项目信息		
模块编号	QN020109	模块名称	审批机构考核申请
功能描述	根据法定计量检定机构考核申请信息,由授权部门填写审批意见,若审批通过,登记法定计量检定机构授权证书信息		
上级模块	法定计量检定机构考核管理		
输入说明	见数据结构中"法定计量检定机构考核书""机构负责人信息""检定项目、校准/检测项目表"		
输出说明	成功或者失败的提示信息		
处理流程	根据法定计量检定机构考核申请信息,授权部门填写审批意见,若审批通过,填写证书编号、发证日期、有效期,保存审批。系统返回成功或者失败的提示信息		
模块编号	QN020110	模块名称	维护计量授权证书信息
功能描述	对已登记的法定计量检定机构授权证书信息进行修改;删除指定的法定计量检定机构授权证书信息		
上级模块	法定计量检定机构考核管理		
输入说明	证书编号、发证日期、有效期		
输出说明	成功或者失败的提示信息		
处理流程	修改:修改已填写的计量授权证书信息,完成后,修改提交。系统返回成功或者失败信息提示。 删除:显示计量授权证书信息,对要删除的信息作删除标记,完成后,删除提交。系统返回成功或者失败信息提示		
模块编号	QN020111	模块名称	打印证书
功能描述	打印证书信息		
上级模块	法定计量检定机构考核管理		
输入说明	证书编号、发证日期、有效期		
输出说明	成功或者失败的提示信息		
处理流程	选择证书信息,按打印。成功或者失败的提示信息		

表 16-3（续）

模块编号	QN020112	模块名称	查询计量授权证书信息
功能描述	输入证书编号、发证日期、有效期中的一个或多个信息条件，查找符合条件的法定计量检定机构授权证书信息		
上级模块	法定计量检定机构考核管理		
输入说明	证书编号、发证日期、有效期		
输出说明	符合查询条件的"证书编号、发证日期、有效期"数据集		
处理流程	输入证书编号、发证日期、有效期中的一个或多个信息，作为查询条件，模糊匹配，显示查找到的符合条件的信息		
模块编号	QN020113	模块名称	统计机构考核申请信息
功能描述	按条件统计提出法定计量检定机构考核申请的机构数量		
上级模块	法定计量检定机构考核管理		
输入说明	年度、地区		
输出说明	提出法定计量检定机构考核申请的机构数量		
处理流程	选择统计方式，按年度、按年度及地区、按地区，统计提出法定计量检定机构考核申请的机构数量，显示统计数量		
模块编号	QN020114	模块名称	统计通过考核的法定计量检定机构信息
功能描述	按条件统计提出法定计量检定机构考核申请的机构数量		
上级模块	法定计量检定机构考核管理		
输入说明	年度、地区		
输出说明	通过考核的法定计量检定机构的机构数量		
处理流程	选择统计方式，按年度、按年度及地区、按地区，统计通过考核的法定计量检定机构的机构数量，显示统计数量		
模块编号	QN020115	模块名称	接收省上传信息
功能描述	接收省上传的省审批通过的法定计量检定机构信息		
上级模块	法定计量检定机构考核管理		
输入说明	见数据结构中"法定计量检定机构考核申请书""机构负责人信息""检定项目、校准/检测项目表"		
输出说明	成功或者失败的提示信息		
处理流程	接收省上传的省审批通过的法定计量检定机构信息，系统返回成功或者失败的提示信息		
模块编号	QN020116	模块名称	下传授权数据
功能描述	向省传递国家局审批通过的法定计量检定机构信息		
上级模块	法定计量检定机构考核管理		
输入说明	见数据结构中"法定计量检定机构考核申请书""机构负责人信息""检定项目、校准/检测项目表"		
输出说明	成功或者失败的提示信息		
处理流程	向省传递国家局审批通过的法定计量检定机构信息，系统返回成功或者失败的提示信息		

（3）基本设计概念和处理流程

接收法定计量检定机构提出的考核申请及相关申请材料,将各种申请信息入库存档,根据申请信息进行审核,对通过考核的计量检定机构填写证书信息,打印证书;统计证书发放情况。在网络畅通的条件下,通过 MQ 数据传递,网络不通的地区,通过物理媒介报盘,接收省级考核通过的法定计量检定机构信息,掌握全国法定计量检定机构情况;下发国家质检局考核通过的法定计量检定机构信息给省(市县)。详见图 16-3。

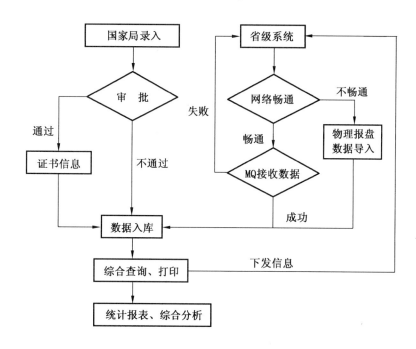

图 16-3　法定计量检定机构信息处理流程

（4）法定计量检定机构管理系统

法定计量检定机构提出考核申请,经计量行政管理部门审核,证明该机构具有法定的检定、校准/检测某些项目的能力,对考核通过的计量检定机构进行授权(发放证书)。国家局接收省级考核通过的法定计量检定机构信息。

二、国家计量基准资源平台

在科技部、财政部、国家质检总局的政策指导和监督管理下,由中国计量科学研究院牵头,联合全国省(直辖市、自治区)计量技术机构和部分行业技术机构等,按照"整合、共享、完善、提高"的原则,以需求为驱动,以资源整合为主线,以共享为核心,以提高资源利用效率为目标,建立了国家计量基准资源平台;共同开展该计量平台的建设、运行和服务。它是国家科技基础条件平台建设的重点项目,为规范该计量平台的建设、运行和服务,制定《计量平台管理办法》,规定了平台宗旨目标、工作原则、组织管理、主要任务、运行服务、开放共享、经费管理、绩效考核等方面的内容,是平台组织和实施管理的主要工作依据。另外,为规划信息资源的整合、采集、整理和加工,建立严格的资源准入和数据审核制度,制定各类信息数据

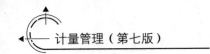

加工细则等技术规范,保证所提供资源的科学、安全、准确、真实、有效。自 2011 年以来,该平台面向经济社会发展重点领域的重大需求,根据计量资源特点和优势,组织开展专题服务,涉及国民经济和社会发展的各个领域,取得了良好的社会效益与经济效益,服务成效显著。

思 考 题

1. 目前,我国计量信息文献有哪些?

2. 什么是计量信息研究,它对计量事业的发展有什么作用?

3. 怎样编写计量信息调研报告? 试举一实例。

4. 怎样开展计量信息网络建设? 我国目前有哪些计量信息网络?

第十七章

计量工作的经济效果

科学技术是第一生产力,而计量技术则是科学技术的重要组成部分。

在现代化生产中,每道工序都离不开计量。如轴承生产中,检测工作量达到 50% 左右。钢铁企业生产现代化的基础就是计量检测仪表和检测技术的现代化。因此,我们完全可以说计量工作是第一生产力,计量工作完全能产生经济效果。

本章就计量工作经济效果的评价原则、指标体系及其计算方法做简单的介绍。

第一节　计量工作经济效果的研究

什么是计量工作经济效果? 按技术经济学观点,就是设计与建设计量系统后获得的有用效果与所付出的劳动及物质耗费之比。其表达式为:

计量工作经济效果＝计量系统有用效果/计量系统的耗费

计量系统的有用效果表现在多方面。如提高产品质量、节约原料、燃料,改善劳动条件等。无论是定性的或定量的,都要给予恰当的评价和计算。

而计量工作的经济效益,则是指设计与建设计量系统所获得的效果与所付出的劳动及物质耗费之差。

怎样正确评价和计算计量工作经济效果和经济效益? 各国都在进行研究和探讨。

美国标准技术研究院对系统的经济效益问题进行了研究。他们一方面邀请经济学家对国家测量系统的宏观经济效益进行分析,同时也对专门测量领域进行微观经济分析,在研究过程中,估算了物理量测试的总费用,讨论研究美国过渡到米制后,对物理量测试费用的影响,也考察了测量活动与经济效益变化之间的关系,从而引起有关部门对计量测试工作的高度重视。据 NBS 调查统计:美国现用在计量测试工作方面的总费用占全国生产总值(GDP)的 6%,1963 年约 360 亿美元,1973 年为 700 亿美元,1982 年增加到 900 亿美元。基本上每 10 年递增 200 亿美元。美国用于阿波罗计划的测试费用高达 100～110 亿美元,占总耗费的 40%。

1987 年,日本由田口玄一博士、日本计量研究所矢野宏等组成"计测管理经济性评价研究委员会",对企业计量工作经济效果问题专门进行研究,他们认为:卓有成效的计测管理,会使产品质量特性波动减少,从而给工业企业带来经济效益。否则,产品质量不稳定,企业就要蒙受经济损失,损失大小正好与产品质量特性值波动大小成正比。为此,他们建立了下

述数学模型——损失函数：

$$L(单件生产)=\frac{A}{\Delta^2}(y-m)^2$$

$$L(批量生产)=K\sigma^2, K=\frac{A}{\Delta^2} \tag{17-1}$$

式中：y——质量特性值的测量值；

　　　m——质量特性值的目标值；

　　　Δ——目标值 m 的允许误差；

　　　A——测量值 y 超出 $\pm\Delta$ 时，每件产品带来的损失额；

　　　σ——计量器具的标准差。

如某厂每天生产粉状产品 8000 袋，用衡器自动称量装袋，内装物净重（500±20）g。若超重，则必须重新称量装袋，这样造成的损失费用为 15 元。每小时对其净重进行一次抽检，计算出衡器计测误差的标准偏差 σ 为 2.0g。

由于计测误差导致每袋的损失为：

$$L=\frac{A}{\Delta^2}\sigma^2=\frac{15\ 元}{(20g)^2}\times(2.0g)^2=0.15\ 元 \tag{17-2}$$

该厂年工作日以 250 天计，总损失为 30 万元。

若重新购置一台精度高的自动称重衡器，由于计测误差 σ 减少到 0.5%，其损失就为：

$$L_新=\frac{15\ 元}{(20g)^2}\times(0.5g)^2\times8000\times250 \tag{17-3}$$

$$=18.75\ 万元$$

这就是说比原损失减少 11.25 万。

原苏联从 20 世纪 70 年代也开始对计量保证（系苏联计量管理工作系统的专门术语）的经济效益评价问题进行学术讨论和研究。1978 年出版了 И. В. 库尔尼科夫著的《计量工作经济效益》（原中国计量出版社已于 1981 年 9 月翻译出版）。该书从经济学观点分别用曲线图定性地分析了测量对产品质量、产品成本及经济效果之间的关系，并分析了苏联评定计量工作经济效果的经验，提出了一些企事业单位计量工作经济效果的基本原则、主要指标和计算方法。

据欧洲一些国家统计调查：建立一个国家计量体系（MMS）的所需经费约占 GDP 的 $(60\sim90)\times10^{-6}$，但与测量直接相关的产值却占 GDP 的 6%。

我国对计量工作经济效果的研究已提出一些有益的见解，如有按主要指标进行评价的直接比较分析方法；有对纵向或横向的整体分析评价的综合分析方法；还有对增加产量或提高质量而增加费用和效益进行比较的分析方法等。但是，至今还没有全国统一的计量工作经济效果评价原则和计算方法规定。

第二节　计量工作经济效果的评价原则和指标体系

我国目前对计量工作经济的评价与计算往往是与其他工作如标准化工作、质量工作、企业管理了工作结合在一起的，无论是宏观（行业或地区）还是微观（企业）计量工作的经济效果评价与计算都迫切需要认真研究和分析,提出一套科学合理的评价和计算指标体系。本书只是作者对这个问题的初步探索、研究和分析。

一、计量工作经济效果的评价原则

根据国内外计量工作经济效果的评价实践,应该遵循下列 5 项原则:

（1）系统效应原则

评价和计算计量工作经济效果,必须遵循系统效应原则,即对整个计量系统所产生的经济效果进行综合评价和计算。不能从单件计量器具,如一把游标卡尺、一块压力表等逐一地评价和计算。

但是当某一计量系统仅有一台（件）计量器具时,如某一农林收购站的一台衡器也可进行评价和计算。因为这种计量系统是最简单的计量系统,其经济效果的评价和计算仍符合系统效应原理。

（2）与我国的经济管理与经济核算制度、统计制度相结合原则

评价和计算计量工作经济效果,必须与我国的经济管理与经济核算制度、统计制度相结合。坚持这项原则,既便于我们计量部门统计、计算,也便于广大基层企事业单位收集、统计、呈报有关数据。

（3）实事求是原则

评价和计算计量工作经济效果时,要实事求是地处理相关的其他工作关系。

如计量工作的经济效果,很多情况下与标准化工作、质量管理工作、技术引进工作的经济效果紧密地混合在一起。因此在评价和计算计量工作经济效果时,应根据各相关工作的重要程度及人力、财力和物资耗费情况,实事求是地定出比例加以摊分。

（4）数据准确可靠原则

评价和计算计量工作经济效果时,必须根据准确可靠的数据。一定要避免重复计算。一定要剔除与计量工作无关的部分。

由于计量工作经济效果大多表现为减少浪费或损失,而不是直接增加收入。因此,更要准确地评价和计算。

（5）实用、简便原则

评价和计算计量工作经济效果的方法应实用、简便。

二、评价和计算计量工作的指标体系

按照技术经济学观点,计量工作经济效果的评价和计算指标主要由以下 4 项组成。

1. 计量工作经济效益

计量工作经济效益（X）可分为计量系统中主要仪器设备寿命周期内总经济效益（X_Σ）和年经济效益（X_n）两种:

$$X_\Sigma = \sum_{i=1}^{i} J_i - K \tag{17-4}$$

$$X_n = J - \alpha K \tag{17-5}$$

式中:J——计量系统正常运行后带来的节约;

K——计量系统总投资如仪器购置费、维护费等；

α——计量系统主要仪器及各寿命周期内计量投资折算成一年的费用系数[$\alpha=\dfrac{投资数}{周期(年)}R_K=\dfrac{J}{K}$]。

2. 计量投资回收期

计量投资主要是指计量系统内各种计量器具的购置费、日常检定维护费、检定维护人员所需经费。回收期为

$$T_K=K/J \tag{17-6}$$

若回收周期太长，就应考虑计量协作。

3. 计量投资收益率

计量投资收益率是计量系统正常运行后所获得的年节约与投资之比，即：

$$R_K=\frac{J}{K} \tag{17-7}$$

4. 计量工作经济效果系数

计量工作经济效果系数是指每一单位的计量投资效果。在计量系统以主要仪器及其寿命周期内可以获得的节约。即：

$$E=\frac{\sum\limits_{i=1}^{i}J_i}{K}$$

这 4 个指标分别从净收益、比率、时间等方面反映计量工作的经济效果，它们既互相联系又互相补充，综合反映出计量工作经济效果。

第三节　计量工作经济效果的计算方法

一、应考虑的主要因素

在评价和计算计量工作经济效果时，应考虑下列主要因素：

（1）提高了产品合格率和优等品率，从而提高产品价值和扩大销售量；

（2）提高原材料利用率，降低生产成本；

（3）节约能源；

（4）减少甚至杜绝了因计量不准而导致的浪费和赔偿损失；

（5）加强计量管理后，减少了计量器具的购置费和维修费等。

二、数据资料

计算计量工作经济效果所需数据资料，以工业企业为例，大致如表 17-1 所示。

表 17-1 计算计量工作效果所需数据资料

项目	计量单位	数据资料来源
产品年产量、日产量	件/年(月)、台/年(月)	生产、计划
单位产品成本	元/台(件)(千克)	财务
单位产品原材料消耗	千克/件	工艺、劳资
单位产品燃料消耗	吨标准煤/件	财务
单位产品动力消耗	千瓦时/台	财务
原材料、燃料等单价	元/千克、元/吨标准煤等	财务
计量仪器设备价格	元/台(件)	设备、财务
检定维护费用	元/台(件)	计量
计量人员工资	元/人	计量、财务、劳资
产品质量合格率	%	质检
产品一等品率	%	质检

三、数据资料统计

计算计量工作经济效果所需数据资料,主要是两类:

一是计量器具购置费等计量投资汇总统计资料,见表 17-2;

二是计量工作节约费用汇总统计资料,如表 17-3 所示。

表 17-2 计量投资汇总统计

计量投资项目	数量	金额	支付时间
计量器具购置费			
计量器具安置费			
计量器具检定维护费			
计量人员工资、奖金			

注:表中每一项目可依据实际情况分成若干小项。

表 17-3 计量工作节约费用汇总统计

节约项目	单位	金额	起止时间
提高产品质量,扩大销售量			
减低材料、燃料消耗			
……			

注:表中每类项目可根据实际情况分成若干小项。

四、推荐的计算公式

(1) 由于准确计量后,原材料消耗定额降低而生产的节约计算公式为:

$$J = Q(E_0 D_0 - E_1 D_1) \qquad (17\text{-}8)$$

式中: Q——年产量;

E_0, E_1——准确计量前后材料消耗定额,如千克/件;

D_0, D_1——准确计量前后材料单位,如元/千克;

(2) 由于准确计量,燃料动力的节约计算公式为:

$$J = \alpha A D(W_0 T_0 - W_1 T_1) \qquad (17\text{-}9)$$

式中: α——设备利用系统;

A——设备数量(如不同类型设备则分别计算);

D——燃料或动力单价,如元/件,元/台;

W_0, W_1——准确计量前后的设备额定功率;

T_0, T_1——准确计量前后设备运行时间。

(3) 由于提高产品质量,降低不合格率的节约

① 降低不合格率得到节约的计算公式为:

$$J = Q_1(R_0 - R_1)(C - Z) \qquad (17\text{-}10)$$

式中: Q——年产量;

R_0, R_1——准确计量前后不合格率;

C——单位产品成本;

Z——不合格的值。

② 提高一等品、二等品的节约计算公式为:

$$J = Q_1(R_1 - R_0)[(D_1 - D_0) - (C_1 - C_0)] \qquad (17\text{-}11)$$

式中: Q_1——产量;

R_0, R_1——准确计量前后一等品率;

D_0, D_1——一等品和二等品单价;

C_0, C_1——一等品和二等品产品成本。

五、计量社会效益评价

计量是测量领域的标准化,计量社会效益主要是实施计量检定规程/校准规范对社会发展以及节能环保所起的积极作用或产生的有用效果。评价是对计量检定规程/校准规范实施情况的评定,评定规程/规范是否实现了预期的目标及其产出、效果和影响。因此,也可参照 GB/T 3533.2—2017《标准化效益评价 第 2 部分:经济效益评价通则》的评价原则、过程、指标和方式。

计量社会效益评价指标包括科学技术、文化教育、公共利益等社会发展方面指标和资源环境、生态环境、废弃物等节能环保方面指标。

1. 评价原则

在进行评价计量社会效益时,应充分考虑现代科学技术的发展和我国的国情,所使用的方法应通俗、实用、简便易行,并遵循以下原则:

——全面考虑计量社会效益发生的环节;

——主要着眼于生产领域的社会效益;

——依据准确可靠的数据,并避免同一社会效益在不同环节上的重复计算;

——集中分析社会效益显著的项目或环节。

2. 评价过程

开展计量社会效益评价工作,应制定总体评价方案,并按照总体评价方案确定的评价过程开展评价工作。评价过程具体包括以下 7 个环节:

(1)确定评价目标

界定计量社会效益评价的目标时,宜遵循并清晰描述的要素有:

① 计量社会效益评价的目的、范围、对象和目标受众;

② 计量社会效益的评价组织,即开展标准化社会效益评价的主体;

③ 计量社会效益评价结果的用途。

(2)构建评价指标体系

评价计量社会效益,宜采取定性和定量相结合方式。

计量社会效益评价指标体系一般包括目标层、准则层、次准则层和指标层。具体应用时,宜根据评价对象的行业特点进行调整并有所侧重。在建立指标体系时,宜做到:

① 目标层设定为计量社会效益;

② 准则层分为节能环保和社会发展两个部分;

③ 次准则层及指标层宜根据评价对象的具体情况设计,应对评价中使用的每一个社会效益指标进行清晰的描述;

评价指标应尽可能准确地体现所测对象的主要特征。具有简单性、完备性、较低的信息资料收集成本。

(3)选择评价方法与判定依据

1)计量社会效益的评价方式

计量社会效益评价一般采用多级评价方式。以五级评价方式为例,用"显著""较显著""一般""不显著""非常不显著"五个等级对计量的社会效益进行描述,通过对指标层、次准则层、准则层和目标层依次进行五级评价最终确定计量社会效益的评价值。

2)权重确定

确定权重的方法主要包括主观赋权法和客观赋权法。两种方法的比较如表 17-4 所示。

表 17-4 两种方法的比较

分类	方法描述	主要方法	优点	缺点
主观赋权法	利用专家或个人的知识与经验,对权重做出判断	德尔菲法,层次分析法	计算简单,适用面广;且方法应用过程中解释较直观	易受到人为主观因素影响
客观赋权法	从指标的统计性质考虑,由实际测得数据作决定;无需征求专家意见	熵权法 CRITIC 法	基于统计,智能决策之上,很大程度上可排除人为因素干扰	忽略指标的重要程度,并且其约束条件太多;对数据有较高要求

注:CRITIC 法是以对比强度和评价指标之间的冲突性为基础确定指标的客观权重赋权法。

利用主观赋权法确定权重时应建立评价专家组。选取专家的标准为：

① 具有丰富的与评价内容相关的理论知识和实践经验；

② 熟悉计量作用；

③ 愿意回答征询问卷，并能持续参加评价的多轮征询。

3）指标层评价

① 定性指标评价

对定性指标的评价，如道德素质、社会秩序、公共安全等，计量对其影响的程度可采用五级评价的方法进行评价。定性指标评价的量化方法宜采用德尔菲法、层次分析法等。

② 定量指标评价

对定量指标的评价，如水资源节约、废弃物减少、专利增加等，计量对评价年影响的程度宜用实际值与基准年相比较，计算得出评价年的指标变动率。可将变动率分为相应的五个区域，每个区域分别对应五级评价中的一个等级。

③ 次准则层与准则层评价

利用五级评价方法得到的指标层评价结果，可按十分制分别赋予数值 10、8、6、4、2。对次准则层的指标加权平均，得到次准则层评价值。再对次准则层评价值加权平均，得到准则层的评价值。

④ 对准则层的评价值加权平均得到目标层评价值，即计量社会效益的评价值。判定依据如表 17-5 所示。

表 17-5　计量社会效益的评价值判定依据

计量社会效益的评价值(Y)	$0 \leqslant Y < 2$	$2 \leqslant Y < 4$	$4 \leqslant Y < 6$	$6 \leqslant Y < 8$	$8 \leqslant Y < 10$
计量社会效益判定结论	非常不显著	不显著	一般	较显著	显著

（4）数据资料的收集

定量指标数据应尽量利用企业现有的统计资料。定性指标数据宜通过访谈、设计问卷、专家咨询等方式获得。

（5）评价结果的分析

对计量社会效益的评价结果进行分析时，宜考虑以下三个方面：

① 评价结果的完整性、一致性、敏感性和不确定性；

② 得出结论、局限性和建议；

③ 比较计量社会效益的评价结果。

如果评价结果经分析存在明显不合理，则应重新选择评价指标体系，或重新选择评价方法。

（6）撰写评价报告

计量社会效益评价报告直接反映评价结果，应力求全面、准确和公正；应按照透明性原则将评价结果、数据、方法、假设和限制的细节充分展示给读者；评价报告的分析和结论应与计量社会效益评价的目标一致。

评价报告宜包括以下三方面的内容：

① 计量社会效益评价的基本资料：介绍评价对象的基本情况和评价的基本情况，说明评价的目的、评价标准、评价安排等；

② 计量社会效益评价的基本结论和主要发现：解释计量社会效益评价的结果，并做进一步分析说明；

③ 改善建议：说明进一步提升计量社会效益的对策建议。

（7）评价结果应用

评价结果的应用是实现评价目的的最后一环。结果能直接关系到评价目的能否达到。宜考虑在以下方面应用计量社会效益评价结果：

① 规程/规范修订；

② 计量体系的完善；

③ 计量战略的提升；

④ 计量相关公共政策的制定；

⑤ 其他。

建立规程/规范实施效益评价机制。研究建立规程/规范实施效益评价指标体系和评价模型。围绕提高规程/规范适用性和有效性，开展规程/规范实施效益评价试点。加强规程/规范实施效益评价结果运用，将评价结果及时反馈到规程/规范立项、起草、复审和技术委员会管理等工作中，形成规程/规范工作的良性循环。

六、计算实例

某公司为加强用电的管理，给各车间、班室安装了 100 个电能表。结果用电由每月 15000kW·h 下降到 5000kW·h。若每个电能表价格为 100 元，每 kW·h 电单价为 0.8 元，电能表使用寿命为 10 年，问这项计量措施的每年经济效益为多少？多少时间可回收？经济效果系数又是多少？

解：（1）每年可获经济效益：

$$X_n = (15000 - 5000)(\text{kW} \cdot \text{h/月}) \times 12 \text{月} \times 0.8 \text{元} - \frac{1}{10} \times (100 \text{元/个}) \times 100 \text{个} = 95000 \text{元}$$

（2）投资回收期：

$$T_K = \frac{100(\text{元/个}) \times 100 \text{个}}{(15000 - 5000)(\text{kW} \cdot \text{h/月}) \times 12 \text{月} \times 0.8(\text{元/个})} = \frac{1}{12} \text{年} = 1 \text{个月}$$

（3）计量投资经济效果系数：

$$R_K = \frac{\sum_{i=1}^{10} J_i}{K} = \frac{(15000 - 5000)(\text{度/月}) \times 12 \text{月} \times 0.8(\text{元/个})}{100(\text{元/个}) \times 100 \text{个}} = 9.6$$

即，说明计量工作上投入每 1 元钱就可收益 9.6 元。

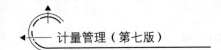

思 考 题

1.什么是计量工作经济效果？什么是计量工作经济效益？它们有何联系与区别？

2.评价计量工作经济效果的指标有哪些？它们分别如何计算？

3.计算企业计量工作经济效果时，应从哪些方面收集数据资料？

4.试结合一实例计算企业计量工作经济效果。

第十八章

计量管理发展趋势

现代计量管理有一个显著的特点,就是国际性。各国的计量基准、标准要按期送到国际计量局检定/校准、比对,从而保证各项计量量值在世界范围内准确一致,具有可比性。因此,我们应该了解一下国际计量组织及其发展趋势。

进入 21 世纪以来,新一轮科技革命和产业变革正在孕育兴起,全球科技创新呈现出新的发展态势和特征。信息技术、生物技术、新材料技术、新能源技术广泛渗透,带动几乎所有领域发生了以绿色、智能、泛在为特征的群体性技术革命,技术更新和成果转化更加快捷,产业更新换代不断加快,更加迫切需要计量技术的支撑和引领。

国外计量管理的模式由于受国家社会制度、经济体制的制约,基本上有两类。

一类是以政府计量行政职能部门的行政管理为主的计量管理体制,其计量模式的基本特点是:法规齐全,权利集中,组织健全。各种计量管理方法均实现标准化、规范化,做到有法可依,有章可循。同时,这些国家把计量工作同标准化工作,甚至把产品质量工作紧密结合起来,由一个政府职能部门统一管理。这种计量管理体制对保证全国量值的统一是很有利的。

另一类是由某个政府职能部门授权的计量学术或技术机构的计量技术管理为主的计量管理体制。其计量管理模式的基本特点是:机构层次比较简单,权利比较分散,组织比较松散。大多采用"董事会""顾问委员会""咨询委员会"等协商、咨询性质的专业组织(如美国的全国计量会议,日本计量行政审议会,英国检定与测量咨询委员会等)推动全国的计量管理工作。这些国家除了少数直接涉及消费者利益和影响环境条件的计量器具通过立法实行强制计量监督检定外,对各类大量测量仪器,特别是工业、科研、国防部门使用的计量仪器基本上是实行"自愿送检""自求溯源"的办法。

为了借鉴工业发达国家的先进计量管理经验。并把我国计量管理纳入国际计量管理体系之内。本章依次介绍国际与区域计量组织及其动态,发达国家的计量管理状况及其发展战略以及我国 21 世纪计量管理的发展趋势。

第一节　国际和区域计量组织及其发展动态

目前,与我国计量管理有密切关系的国际和区域计量组织主要有下列 4 个:

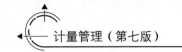

一、国际米制公约组织

1875 年成立的国际米制公约组织，是计量领域内成立最早、也是最主要的由各国政府参加的国际的国际计量组织。

国际米制公约组织总部在巴黎，现已有 56 个成员国，41 个附属成员国，我国于 1977 年参加该组织。

1. 国际计量大会（CGPM）

国际米制公约组织的最高权力机构是国际计量大会（CGPM）。国际计量大会每 2 年召开一次，会议的主要任务是：

（1）讨论和采取保证国际单位制推广和发展的必要措施；

（2）批准新的基本的测试结果，通过具有国际意义的科学技术决议；

（3）通过有关国际计量局的组织和发展的重要决议等。

2. 国际计量委员会（CIPM）

国际计量委员会（CIPM）是"米制公约"组织的常设领导机构，委员由 18 个成员国推荐 18 名计量学家并经国际计量大会选举产生，每届国际计量大会改选其中 1/3。

该委员会的主要任务是负责领导和决定国际计量局需进行的研究工作，监督国际计量基准的保存，制定年度预算等。

国际计量委员会的常设办事机构是秘书局，由主席、副主席和秘书等组成。

国际计量委员会为了更好地领导、协调国际计量局和各国的计量研究工作，促进计量科学的发展，先后成立了电磁、温度计量、米定义、秒定义、单位、质量和相关量、光度和辐射度、电离辐射计量基准、物质的量咨询委员会。

3. 国际计量局（BIPM）

国际计量局（BIPM）是执行国际计量大会和国际计量委员会决议的常设机构，其主要任务是：

（1）建立主要物质量基准，保存国际原器；

（2）进行国际间国家基准比对；

（3）组织计量技术的交流；

（4）进行有关基本物质常量数的测定工作。

如定期计量和发播标准时标国际原子时（TAI）和世界协调时（UTC），并积极参加其他时间传输技术的研究。

BIPM 的组织结构如图 18-1 所示。

从图 18-1 中可以看到，BIPM 主要开展长度（激光波长及频率）、时间（TAI 和 UTC）、质量、电学、光学和辐射度、电离辐射及化学等 7 个领域的国际基准及其复现溯源方法研究。

国际米制公约组织及其 CGPM、CIPM 和 BIPM 一直致力于改进和扩展米制体系（即 SI），采用国际比对、互认协议等方法确保其国际化发展。

2014 年 11 月召开的第 25 届世界计量大会大会通过了若干决议，涉及国际计量一系列重大改革：

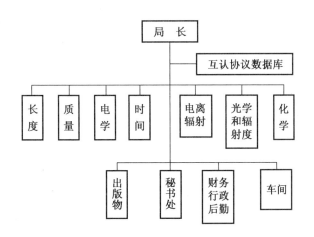

图 18-1 BIPM 的组织机构

（1）关于国际单位制（SI）的未来修订

用普朗克常数 h、基本电荷 e、玻尔兹曼常数 k 和阿伏伽德罗常数 NA 重新定义千克、安培、开尔文和摩尔的工作取得显著成果，所需数据已基本满足 SI 重新定义的要求。鼓励国家计量院、BIPM 和相关学术机构继续开展研究，以期在 2018 年第 26 届 CGPM 会议上通过关于 SI 修订的决议。中国计量科学研究院从 2005 年起开展了旨在应对 SI 修订的基本物理常数测量研究项目，经过近 10 年的努力，在玻尔兹曼常数、普朗克常数、阿伏伽德罗常数、精细结构常数测定方面取得了令人瞩目的成果。其中，玻尔兹曼常数测定，采用两种不同方法均获得令人满意的结果，并被 CODATA 收录，为该常数的国际定值做出了重要贡献。

（2）重新选举 CIPM 委员

依据会费贡献、区域平衡和学科互补等因素，选举产生了新一届 18 名 CIPM 委员，中国计量科学研究院副院长段宇宁再次当选 CIPM 委员，顺利延续了我国在 BIPM 最高领导机构的任职。

（3）关于 BIPM 2016—2019 年的年度会费

我国的 BIPM 会费比例为 6.18，在所有成员国中居第 6 位，年度会费约为 74 万欧元。

二、国际法制计量组织（OIML）及其战略规划

国际法制计量组织是一个从事法制计量工作方面的政府国际计量组织，由美国、德国等 24 国于 1955 年 10 月 12 日签署《国际法制计量组织公约》后成立，总部也设在巴黎。现有 60 个正式成员，还有 63 个联系成员。按该组织的规定，法制计量是指在强制性的技术法制要求方面从事计量单位、计量方法和仪器研究，以保障公众安全与适当测量准确度的计量部分，实际上就是指由政府计量行政部门进行的具有法制性的计量管理工作。

国际法制计量组织的主要任务是：

（1）成立文献和情报中心，搜集从事检定与监督的国家计量机构的各种文献与情报；搜集受某项法规管理或可能管理的计量器具的设计、制造和使用方面的文献和情报；

（2）翻译和编辑各国对计量器具及使用的现行法制及有关说明；

（3）确定法制计量的一般原则；

（4）研究法制计量的立法和规程；

（5）制定计量器具及其他使用的法律与法规；

（6）拟定计量器具的形式试验监督机构的具体组织计划；

（7）规定计量器具应具有的特性及质量，并推荐各国采用；

（8）促进本组织各成员国的计量部门或主管法制计量的部门之间的联系。

1. 国际法制计量大会（CGPM）

OIML 的最高权力机构是国际法制计量大会。大会每 4 年召开一次，负责审查通过技术政策和工作计划，批准和决定国际建议的使用、修改或废弃等。

2. 国际法制计量委员会（BIML）

国际法制计量委员会是国际法制计量组织的领导机构，由各成员国政府任命的一名代表组成，每两年开一次会。

3. 国际法制计量局（BIML）

OIML 的常设机构是国际法制计量局（BIML）。局机关由局长，2 名副局长和若干秘书组成。其主要任务是：为会议准备文件，拟定计划，决议草案；协助并检查各秘书处工作小组的工作；组织国际合作并帮助发展中国家改进计量工作。同时负责出版 OIML 公报，发给各成员国及有关读者。

我国于 1985 年 4 月 25 日起成为 OIML 的正式成员国。

OIML 通过技术服务委员会或与其他国际机构共同制定的计量技术法规有"国际规程"（即国际建议）"国际文件""国际导则"和"基本出版物"四类，分别用"R""D""G"和"B"（法文）表示。

至今，OIML 通过并发布的国际规程有：法制计量基本词汇、1g～10g 圆柱砝码、自动称重仪、玻璃量杯、医用水银温度计、压力真空计、里程表、医用注射器、测量冷水用水表、检定试剂的标准滴管等。此外，还发布了国际文件 20 多个，如表 18-1 所示。

表 18-1　OIML 国际文件

序号	名称	序号	名称
D1	计量法要素	D8	测量标准的选择、考核、使用维护和文件集
D2	法定计量单位	D9	计量监督的原则
D3	计量器具的法制鉴定	D10	测量实验室中使用的测量设备复校间隔的确定准则
D4	冷水表的安装和保管	D11	电子测量仪器的通用要求
D5	制定计量器具等级图的原则	D12	受检计量器具的使用范围
D6	计量标准器和校准装置的文件集	D13	制定双边或多边承认测试结果、型式批准和检定的协议的导则
D7	试验水表用的流量标准和装置的评定	D14	法制计量人员的资格

表 18-1（续）

序号	名称	序号	名称
D15	计量器具检定用特性的选择原则	D20	计量器具及测量过程的首次检定和后续检定
D16	计量管理保证的原则	D21	次级标准器剂量学实验室
D17	液体黏度计量器具等级图	D22	测定有毒废物造成大气污染的便携式仪器导则
D18	测量中标准物质的使用通则	D23	检定装置计量管理原则
D19	型式评价及型式批准	D24	全辐射高温计

OIML 的这些"国际规程"和"国际文件"基本上都被国际标准化组织（ISO）认可为"国际标准"，并给国际标准代号、编号，如：

OIML R51　重量分类自动秤；

OIML R61　重力式装料自动秤；

OIML R106　自动轨道衡器；

OIML R134　动态公路车辆自动衡器；

OIML D2　法定计量单位；

OIML D16　计量管理保证的原则等。

OIML 在 1985 年开始提出法制管理的计量器具国际认证问题，以减少计量器具国际贸易中各国重复进行型式评价和型式批准，保证计量器具质量以及计量器具检定规程的协调统一。经过 4 次征求意见和修改，已于 1990 年 10 月通过决议，自 1991 年开始执行 OIML 证书制度。

OIML 证书制度是指对列入发证范围的计量器具，在生产企业自愿提出申请后，经过检验，如证明其计量器具符合 OIML 标准要求，则发给生产企业一份由国际法制计量局统一制订的合格证书。然后由 OIML 登记注册并向世界各国和各地区公布。

2016 年 10 月在法国召开的第 51 届国际法制计量委员会（CIML）会议和第 15 届国际法制计量大会上，OIML 通过决议批准建立新的 OIML 证书体系（OIML-CS）及其组织结构。成立 OIML 管理委员会（MC），主要负责管理 OIML 证书制度，制定 OIML 证书制度的运行规则和程序等。新的 OIML 证书制度将于 2018 年 1 月 1 日起实施，将对 OIML 在全球推进 OIML 证书制度，中国及 OIML 各成员国积极参与国际多边计量互认安排产生重大影响。

4. OIML R5 国际法制计量组织战略规划

2006 年 10 月，在开普敦召开的第 41 届国际法制计量委员会会议批准 OIML B15：2006 国际法制计量组织战略规划，简单介绍如下：

（1）OIML 使命

OIML 使命是通过协调和建立互认，使各经济体实施有效的、互相兼容、国际认可的法制计量基础建设体系。

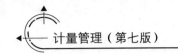

（2）战略目标和措施

OIML 战略目标和措施如表 18-2 所示。

表 18-2　OIML 战略目标和措施

序号	战略目标	战略措施
1	建立国际法制计量体系	1.1 保证计量基础体系建设（溯源性和认可）对法制计量的支撑作用
		1.2 提高成员国的参与度
		1.3 制定反映法制计量管理中各机构意见的出版物
		1.4 制定与其他国际认可组织和计量组织合作开展的 OIML 活动
		1.5 加强 OIML 认知度，维持与 ISO 的互补关系
		1.6 为从事特定领域活动的国际组织（如 WHO）提供技术支持
2	支持法制计量领域的所有利益相关方	2.1 建立多边互认框架协议（MAA）
		2.2 研究比较不同国家使用的方法，以保证仪器的符合性
		2.3 为协助法制计量管理领域的法规制定者，执行机构和各利益相关方提供相应的工具
3	促进计量器具、货物和商品等国内和国际贸易	3.1 与 WTO 和代表贸易方的其他国际组织开展对话
		3.2 研究国际贸易利益相关方的需求和 OIML 技术工作的优先发展领域
		3.3 开展型式符合性项目，保证产品仪器符合批准要求
4	促进 OIML 成员国间更广泛的信息交换和能力提升	4.1 为区域法制计量组织与 OIML 联系以及区域法制计量组织之间建立共同战略目标，提供一个论坛，共享资源
		4.2 增进成员国间的交流
		4.3 便于成员国间使用互联网工具
5	促进发展中国家参与 OIML 活动，并在 OIML 活动中反映他们需求	5.1 为发展中国家在建立和维护法制计量体系方面提供技术支持
		5.2 提高政府和发展组织对计量及法制计量在经济和社会发展中重要性的认识
		5.3 向发展中国家和发展组织供适宜的有关建立法制计量体系的指南
		5.4 促进发展中国家获取计量技术援助及开发法制计量项目
6	改进 OIML 技术工作的整体效率	6.1 为 OIML TC/SC 秘书处提供基于互联网的工具
		6.2 为 OIML TC/SC 秘书处提供培训，改进各工作项目的一致性
		6.3 简化技术工作程序，节约 OIML TC/SC 秘书处和参加成员的时间和资源，加快 OIML 出版物的制定工作

2015 年第 50 届 CIML 会议通过决议，决定在中国建立"国际法制计量组织培训中心（示范）"，并于 2016 年 4 月向中国正式签发了国际法制计量组织（OIML）的证书。2016 年 7 月 18～22 日非自动衡器培训班在北京举行。

三、国际计量技术联合会（IMEKO）

国际计量技术联合会原名"国际计量技术与仪器制造代表大会"，是 1958 年成立的，从事计量技术与仪器制造技术交流的非政府见国际计量学术组织（1965 年改为现名）。IMEKO 的宗旨和主要活动是：

（1）加强发展计量技术和仪器制造与应用方面的科技情报交流；

（2）加强本领域内科技人员的合作；

（3）召开 IMEKO 大会和技术委员会的学术讨论会；

（4）与其他有关国际组织或参加其他国际组织进行有关课题研究工作等。

IMEKO 大会每 3 年召开一次，其最高决策机构是总务委员会。每个成员国可有 1 名或 2 名代表参加，但是有一票表决权。总务委员会每年召开一次例会，选举主席、副主席、秘书长和司库，秘书长负责 IMEKO 的常设执行机构——秘书处的工作。

IMEKO 总部设在布达佩斯，现有 31 个成员国，我国是 IMEKO 的发起国之一，原以"中国计量技术与仪器制造学会"名义加入，1979 年 5 月后改由"中国计量测试学会"名义参加。

IMEKO 下设高等教育、光子探测器、力与质量等 24 个技术委员会，覆盖从教育和培训、检测科学到食品和营养计量、化学测量等领域。其部分组织机构如图 18-2 所示。

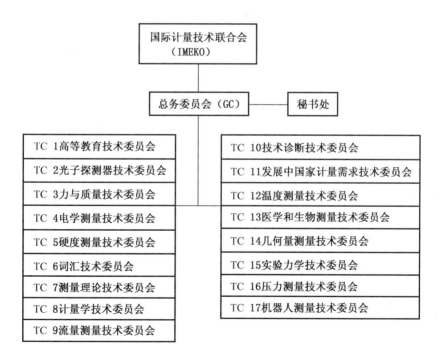

图 18-2 IMEKO 组织机构示意图

2017 年 9 月 4～5 日，国际测试技术联合会（IMEKO）与中国计量测试学会联合召开"国际测量技术研讨会"，主题为"计量测试：新工业革命的引擎"。

IMEKO 主办有重要的学术期刊《测量（Measurement）》，发表有关检测仪器仪表行业的重要进展方面的论文。

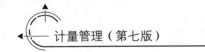

四、亚太地区计量规划组织（APMP）

亚太地区计量组织（APMP）是一个地区性的松散的民间计量组织。1976 年发起，1980 年成立，现有 22 个成员包括中国香港、台湾地区。

该组织每 3 年召开一次由全体成员参加的总结检查会。每年召开一次由 5 个成员国的 5 名代表组成的指导委员会会议。指导委员会成员由全体成员选举产生。

指导委员会每隔 1 年召开一次会议，以审查各项目进展情况，并布置下年度工作计划。

APMP 不设固定的秘书处，而由指导委员会的成员轮流承担协调人，任期 3 年，负责日常性的秘书工作。

APMP 的宗旨是促进亚洲太平洋地区内成员国之间的计量工作。主要活动内容是：

（1）交流情报、出版文集。出版的有会议报告集、各国计量情况和技术论文、有关检定服务机构名称地址录、计量词汇汇编等；

（2）培训计量人员；

（3）检定国家级基准；

（4）组织计量标准仪器比对等。

我国于 1980 年 12 月参加 APMP，1982 年 8 月在第二次总结检查会上选为指导委员会成员，在 1987—1989 年期间，担任协调人，主持 APMP 的活动。

在 APMP 的主持下，已完成了数十项国际关键比对。通过比对，绝大多数国家计量技术机构均取得了满意结果，有效地促进了亚太区域计量工作的发展。

2015 年亚太计量规划组织（APMP）全体大会秉承"创新、绿色、协调、开放、共享"的发展理念，共同研讨未来 10 年亚太计量的挑战与机遇。我国以国家质量基础设施（NQI）为基础，首次提出了亚太质量基础设施（APQI）和国际质量基础设施（IQI）的理念，体现了开放和共享的计量发展新理念。

第二节　发达国家的计量管理及其发展战略

美、英、德、日等经济发达国家都很重视计量工作都已基本建立了一个科学、先进的适应市场经济发展的国家计量管理模式，值得我们学习和借鉴。

一、美国的计量管理

美国实行联邦制，在计量管理方面，联邦议会没有统一的《计量法》，而是由各州依据《宪法》制定各州的计量法，但由于美国的国家计量技术机构即美国标准技术研究院（NIST）制订《统一计量法》作为国家计量法规，还制定了计量管理法规和计量技术规程，确保法制计量方面的统一性和公平交易。

1. 美国标准技术研究院及全国计量会议、全国计量标准所会议

计量管理的根本目的是要保证全国计量制度的统一，保证全国测量的统一，从而促进商业贸易、工业生产和技术的发展。美国各州各自立法，势必造成全国计量制度不协调，量值

不统一。为此,1905 年由美国标准技术研究院(原美国标准局)倡议发起,组织由各州政府计量管理部门代表参加的全国会议,制订"统一计量法规"作为国家法规,对各州政府制订计量规定具有法律准则作用。还制定了计量管理法规和计量技术规程。1961 年美国标准技术研究院又发起组织成立了美国计量标准所会议(又称美国标准实验室会议),以确保全国计量技术和测量条件的一致性。现分别简介如下。

(1) 美国标准技术研究院(NIST)

美国标准技术研究院是美国商务部下属的一个机构,其院长由总统任命,是美国权威性的计量中心。总部设在华盛顿的盖茨堡,占地 230 万 m^2;在科罗拉多州的博尔德设立一个研究时频、低温和电磁计量的研究所,占地约 83 万 m^2,每年开展 200 多个计量科研项目,总人数达 3300 多人,其中博士达 50%。

美国标准技术研究院的前身是美国标准局(NBS),成立于 1901 年。1988 年 8 月 23 日,当时美国总统里根签署了《贸易与竞争法令》,该法令要求 NBS 能更紧密地为美国经济贸易服务,以增强美国产品在国际市场上的竞争地位,同时把 NBS 改名为 NIST。

NIST 的计量研究机构包括:先进测量实验室、先进化学科学实验室和 NIST 中子研究中心。2004 年后,加强了对温度、振动、湿度、清洁度的控制,提高了纳米技术研究能力,建立了约 8400m^2 的超净实验楼。NIST 的工作领域涉及科学、技术改革、贸易和公共利益,每年有 2100 篇论文发表,通过 90 项型式试验,有 3200 项校准项目,826 项授权项目。它在计量方面的主要任务是:研究、保存和维护国家计量标准和标准;研究测量方法和测试设备;进行物理常数和材料特性的精密测定;研究材料结构、材料试验、材料机理的方法;与其他政府机构和民间组织合作制定各种标准、规程;向政府提供计量科技咨询和各种特殊设备等。

在美国的计量管理网络中 NIST 发挥了出色的组织协调作用。NIST 的度量衡办公室(即法制计量办公室)组织召集法制计量会议;NIST 的计量服务办公室(又名工业计量办公室)组织召集全国计量标准所会议。

度量衡办公室的主要任务是:制订计量技术政策和业务指导,保证商业贸易的双方公平交易,促进全国测量统一。具体工作有:

① 为各州提供统一的计量法规,协助各州制定和修改计量法和有关技术规程;

② 为各州提供质量、长度、容器计量标准器,对发展各地方计量管理工作提供技术指导,为各州计量实验室的现代化提供标准设计;

③ 组织制定检定规程和检定方法;

④ 组织研究和设计计量器具的性能试验和定型试验;

⑤ 对商品包装的质量(重量)、尺寸和数量进行监督;

⑥ 为计量管理员、实验室和工厂计量技术人员进行技术培训;

⑦ 宣传、编辑和发行有关计量单位制及有关技术标准资料;

⑧ 组织每年的全国计量会议,执行计量会议及其常设委员会秘书处的职能。

计量服务办公室是组织各工业、科研、国防部门进行有关量值传递和工业精密测试的办事机构。它的主要任务是通过美国计量标准所会议及其机构来推动工业、科研、国防部门的计量管理工作。

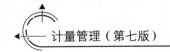

（2）全国计量会议（NCWN）

全国计量会议是对美国法制计量工作进行组织协调的全国性的管理机构。由于美国传统的法制计量是在商业部门，因此其主要工作领域仍然是商业系统的计量管理。其主要任务是：

① 为联邦政府官员、各州计管理官员讨论有关法制计量问题提供全国性的开会场所；

② 对有关计量的国内外问题制定政策并进行协商；

③ 制定计量仪器的管理办法、条例和规程，制订国家计量法并进行协调；

④ 鼓励并促进各计量管区的要求和管理方法的统一；

⑤ 促进计量管理人员以及工商业和使用部门之间的协商。

现在规定美国每个财政年度开始（即 7 月）的第一个星期召开一次全国计量会议。会议的具体组织工作由 NIST 的度量衡办公室承担，每次会议的会议主席由来自各州的计量管理局负责人轮流担任，另有 4 位副主席也由来自各个州的计量官员担任，并设立司库一人，管理会议的财务工作。

全国计量会议的会长由 NIST 的院长担任，并由 9 个州的计量官员代表组成执行委员会。全国计量会议内还有两个核心组织：一个是由每个州指定的计量官长组成的"州众议院"；一个是由各州地方计量法律的官员组成的"州代表会议"。参加"州众议院"的人不准参加"州代表会议"。

会议设有 5 个常设委员会：

① 国家计量政策与协调委员会。其主要任务是协调国内外计量工作的政策。

② 规程与公差委员会。其任务是制定商用度量衡器及其附件的规程、公差和技术要求，处理有关度量衡机构的标准及测试等问题。

③ 法律与条例委员会。其主要任务是制定和解释计量法、计量、法规、计量条例，研究和分析已颁布的法令，促进计量法的一致和实施。

④ 教育、管理和消费者事务委员会。其主要任务是进行度量衡工作的宣传、教育与培训计量官员，对计量管理程序提出建议。

⑤ 联络委员会。在联邦政府中作为本会议的代表，协调联邦政府与美国标准局的关系，每届年会提出建议。

参加全国计量会议的会员有 3 种：

第一种是正式会员，为立法机构和各州、联邦和领地计量管理的官员。

第二种是咨询会员，包括联邦政府中制定度量衡法律的代表，以及曾在各级政府度量衡部门工作过或退休的人。

第三种是非正式会员，是对会议的宗旨与活动感兴趣的度量衡制造部门、工业部门、商业界和消费者代表。

（3）全国计量标准所会议（NCSL）

全国计量标准所会议是一个非营利的面向美国所有计量所（室）的计量管理组织。1961 年 9 月 15 日有美国标准技术研究院哈维·兰斯发起成立。参加的单位已有 400 多个，主要是工业部门、国防部门和科研部门的标准实验室、计量（所）室等。

美国计量标准所会议的宗旨和任务：

① 举办会议和技术讨论会，讨论有关计量技术和管理等问题；

② 收集和报道计量标准所(室)的组织和工作评定情况；

③ 交流先进的检定方法和计量仪器；

④ 协助计量标准所(室)检查测量的一致性等。

全国计量标准所会议设理事长1人(NIST的人不得担任)，执行副理事长1人，理事5人，秘书1人，司库1人组成理事会。并还有4名工作人员负责行政事务、计量需求、实验室管理、交流和销售方面的工作。

全国计量标准所会议建立了很多技术委员会。如：

① 国家计量需求委员会。其任务是当物理量的范围、准确度已超出目前的计量能力时，研究并决定计量的需求，尽可能提前几年提出解决的方法和手段报告。

② 生物医学安全委员会。其任务是与其他医用电子器件专业组织建立密切联系，收集、整理和报道与"生物医用器件"有关的规定、标准和安全要求。

③ 实验室评定委员会。其任务是建立一套合理的规章，使计量标准所(室)得到客观评定。

④ 会议和计划委员会。负责组织和管理由理事会批准的各种会议及活动。

⑤ 荣誉和奖励委员会。负责管理由理事会确定与批准的荣誉称号和奖励等。

⑥ 教育与培训委员会。提供培训用的教材和教学大纲。

⑦ 检定装置管理委员会。负责收集整理和发布有关检定装置管理的资料。

⑧ 计量保证委员会。负责向会员提供各实验室计量标准，并提出改进方法，已改进计量检定所(室)的管理。

⑨ 产品设计和规范委员会。负责研究计量产品设计和规范对未来检定费用的影响。为用户和制造者提供减少检定费用的方法和指导方针。

⑩ 自动测试与检定装置委员会。负责向会员提供自动测试与检定方法的知识。

⑪ 新闻公报委员会。负责每季出一期"NCSL新闻公报"，向所有会员报道有关活动。

⑫ 情报和知道委员会。负责检定有关仪表、计量检定和管理方面的情报资料，并促成其使用。

⑬ 推荐实用方法委员会。负责整理和推荐管理标准和检定设备的方法，以及一些实际的技术操作方法等。

2. 美国地方计量管理概况

美国州以下的计量管理主要有下列三种形式：

(1) 州的集中统一管理

各个州政府也有独立的计量立法和管理权，均由州政府所属计量管理局(处)进行。在州计量管理局(处)的计量官员领导下，由州计量监督员根据计量法规，在商店营业时间内有权出示证件后，进入任何商店，对店内使用的计量器具进行检查，可以签发停用、扣留查封或拆除的通知；还可以出示证件，拦挡商业车辆，检查车内商品是否计量合格，计量官员对违反计量法规的人可处以罚款，甚至拘留。

（2）州监督下的地方计量管理

这种计量管理形式主要由州以下的县市计量机构进行计量管理。州计量管理局只对地方计量官员实行总的监督；计量执法属于各州、县、市政府的地方计量管理机构州内所有的计量监督管理工作。

（3）州与地方的双重管理

这种计量管理形式是由州和地方计量官员共同完成计量管理任务。地方计量官员可以是市、县的计量官员，也可以是常驻在居民密集区的计量官员，其费用均由政府负担。美国有55个法制计量实验室，分别设在50个州和5个特区。主要从事涉及贸易结算的质量、长度和温度等的检测，代表政府部门为工业企业提供计量校准服务，为制药、冶炼、生化、医疗、环境等提供技术服务。

从NIST到县、市计量技术机构，都以ISO/IEC 17025作为规范校准实验室的基本要求，并接受上一级计量技术机构的考核和监督，地方计量机构十分重视计量检查工作，如美国某个州计量局市场检查所仅有22人，负责对市场进行随机检查，一旦违法，处罚金额较大，如洛杉矶一个故意作弊的加油站，被处罚10万美元，但是，美国至今没有完全废除英制，成为世界上少数仍用英制的国家之一（还有缅甸和利比亚）。

3. 美国计量管理的特点

总的来说，美国计量管理有以下4个特点。

（1）美国法制计量管理的重点在零售商业部门，实行强制管理的面较窄，据NIST统计仅45种，主要是度量衡器（详见NIST的No.44手册）。

（2）工业计量不受政府部门的监督管理，由企业自行管理。除了NIST通过美国计量标准所会议与工业企业计量部门有组织的联络和情报交流外，美国政府计量部门与工业计量机构很少发生直接联系。但是由于NIST是美国计量技术权威，工业企业和科研部往往主动找NIST解决计量测试方面的技术问题，并通过送检、比对、咨询等方式主动向NIST寻求溯源，通过实验室认可和检定授权形式获得NIST的承认和批准，以提高企业的计量技术和计量管理水平，提高其产品在市场上的竞争力。

（3）在商业计量管理中重视商品包装的计量监督。美国是一个工业发达的国家，超级市场的商品，特别是食品和调料大多数采用包装。包装商品的质量（重量）是否符合规定，是美国地方计量管理部门经常关注的问题。他们经常突击抽检或秘密调查出售的零售商品的质量，同时定期公布检定结果，对违反计量法规的商场处以罚款或给予其他处分，以维护广大消费者的利益。

（4）重视现场计量监督管理，计量监督员被赋予特别警察权，计量管理人员持证可到管理区域内任何商店、市场检查，对严重违反计量法的任何人可以拘留。

二、日本的计量管理

日本的计量管理是以计量法律、法规为准绳，以日本工业标准（JIS）为依据，依靠各级政府计量检定所和计量人员来进行的。

根据JISZ 5013《计测用语》，日本的测量与计量是两个不同的概念。该标准规定，测量是"某一个量与同作标准的量相比较。用数值或符号表示其结果",而计量的定义却是:"使用公认的标准器作为基础而进行的测量"。由此可见,日本的计量工作也分成法制计量和工业计量(测量)两大部分分别进行管理的。

1. 日本的计量法规

日本是一个君主制国家,但计量立法却起步较早,早在明治 8 年(1875 年),日本就颁布了《度量衡管理条例》,1885 年加入《米制公约》,1891 年制定《度量衡法》,随着计量工作从度量衡发展到工业计量,1951 年又改为《计量法》。现在执行的《计量法》,内容包括总则、计量器具、计量安全的保证、检定、计量士、企事业场所的指定、复检及不服上诉和计量行政审议会共十章179 条。虽然是 1951 年颁布,1952 年实施的,但至今已经过了 20 多次局部条文的修改。

尽管日本的《计量法》规定得比较详细具体,但日本政府为了能全面实施《计量法》,又授权通产省大臣制定、颁布了很多具体的计量法令和法规,如:计量单位法、计量法实施法、基准器和标准器检定法、计量器具检定检查法、计量器具型式承认法、计量安全保证法、计量公证事业注册法、计量检定收费法等,据不完全统计,日本的各种具体计量法令、法规条文达3000 多条。从计量、计量器具等定义到计量单位,计量器具管理范围的确定;从计量机构的设置到计量士的职责权限以及各种计量违法行为的处罚,每个计量工作环节都作了非常详细具体的规定。可见其计量法规体系的完整、严密、细致,操作性很强。

从日本的计量法可知,日本把计量分成长度、质量、时间、电流、温度等 78 类。但依法管理的器具仅有 18 种,如商用尺、自动秤和半自动秤、天平、砝码、水表、汽表、油表、压力表等,如表 18-3 所示。对用于科研、生产等专门用途的计量器具及其他公立机关能进行检定的计量器具都不列入法制计量管理范围。

表 18-3 日本法制计量仪器一览表

目 录	范 围
1. 长度计量仪器	出租车计价器
2. 质量计量仪器	(1)非自动衡器 a. 分度值为 10mg 或大于 10mg 以及分度值为 100mg 或大于 100mg 的量衡 b. 手动天平以及灵敏度为 10mg 或大于 10mg 的等臂手动秤 c. 自动称重装置* *是指带有用于称重装载的车式称重仪器 (2) 10mg 或大于 10mg 的砝码 (3) 定量砝码,增重砝码
3. 温度计	(1)玻璃液体温度计,限于以下几种 a. 能测量零下 30℃ 及以上和 360℃ 及以下的(颠倒式温度计,接触式温度计,最大、最小温度记录式温度计,局部浸没式温度计,保护套管式温度计,遥控读数式温度计以及 b 条款中所提到的温度计除外)玻璃液体温度计 b. 用于测量温度上升的贝克曼温度计 c. 临床用玻璃温度计 (2)临床用电阻式温度计* *是指通过电阻的变化,并且具有最大温度保护功能的用于测量人体体温的温度计

表 18-3（续）

目　录	范　围
4. 皮革面积计	
5. 容器表	(1) 积分式容器表 a. 直径小于或等于 350mm 的水表 b. 直径小于或等于 40mm 的热水表 c. 直径小于或等于 50mm 的加油机*（不以销售为目的的除外，但容器大于或等于 50L 并用于提供燃料油的应属本表所列范围） * 是指用于测量汽油、煤油、轻油或重油容积的积分式容积表 d. 带有充装液体石油气装置，直径小于或等于 40mm 的液化石油气体表 e. 直径小于或等于 250mm 的气体表（正向位移湿气计除外） f. 排放气体积分容积表 g. 排水积分式容积表 (2) 安装在汽车上带有容积刻度用于测量容积的容器
6. 流速表	(1) 排放气体流速计 (2) 排水流速计
7. 密度计	(1) 非耐压密度计 (2) 用于测量液化石油密度的耐压密度计
8. 无液式压力表	(1) 能测量 0.1MPa 及以上，以及 200.2MPa 及以下，并具有能适应最大及最小测量压力变化量为 1/150 的最小分度的压力计（压力灭火器及无液血压计除外） (2) 无液血压计
9. 流量表	(1) 消耗气体流量计 (2) 排水流量计
10. 热量计	(1) 爆炸式热量计 (2) 容克水流式热量计 (3) 直径小于或等于 40mm 的积分式热量计
11. 最大需求式功率计	
12. 电能表	
13. 无功率计	
14. 照度计	
15. 声级计	
16. 振动计	

表 18-3(续)

目录	范围
17. 浓度计	(1)具有测量最小浓度不小于 5%,不大于 25% 的氧化锆分析仪 (2)具有测量最大浓度不小于 50% 的电导式二氧化碳分析仪 (3)具有测量最大浓度不小于 5%,不大于 25% 的磁性氧化分析仪 (4)具有测量最大浓度每百万不小于 50 个容器单位的紫外二氧化碳分析仪 (5)具有测量最大浓度每百万不小于 25 个容器单位的紫外二氧化碳分析仪等 (6)非扩散式红外二氧化硫分析仪 (7)非扩散式红外二氧化氮分析仪 (8)最小分度每百万小于 100 个容器单位,每百万不小于 100 个容器单位以及每百万小于 200 个容器单位,且具有最大测量浓度为每百万小于 5 容器单位的非扩散式红外一氧化碳分析仪 (9)具有最大测量浓度每百万为 25 个容器单位的化学发光式氧化氮分析 (10)玻璃电极氢离子浓度探测器 (11)玻璃电极氢离子浓度指示器 (12)酒精度液体比重计
18. 液体比重计	(1)液体比重计 (2)日本酒液体比重计

2. 日本的计量管理体制

日本已建立一个纵横交叉的计量管理网络,尤其法制计量管理体系更是严密。

(1)国家计量管理机构及技术机构

日本政府通商产业省统一负责全国的计量工作,下设计量行政室。日本计量研究所(NRLM)、日本电子技术研究所(ETL)、日本公害资源研究所等计量管理机构和技术机构,分别负责管理法制计量和工业计量工作。

通产省大臣每年亲自主持召开一次由地方计量部门参加的全国法制计量工作会议。但日常法制计量工作主要由计量行政办公室负责见图 18-3。

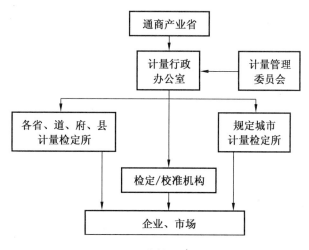

图 18-3 日本计量行政机构

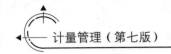

计量行政室的主要任务是：

① 代表通产省大臣负责管理日本的法制计量工作，以大臣的名义召开地方计量检定所所长会议；

② 组织计量管理法规和技术法规的制（修）订工作；

③ 协调、指导各地方计量部门和民间计量团体的计量检定和管理工作；

④ 负责计量士和计量器具的制造、修理和销售单位的注册登记工作；

⑤ 负责指导计量行政审议会议和计量讲习所工作；

⑥ 负责办理计量器具定型试验登记手续；

⑦ 负责与 OIML 的对口联系与有关涉外法制计量工作等。

日本负责全国法制计量工作的机构除计量行政办公室外，还有计量行政审议会和计量讲习两个辅助组织。

计量行政审议会是通产省的法制计量咨询机构，它由计量技术研究单位、计量器具生产企业、计量器具使用单位的工程技术人员和有关大学的教授组成（一般不超过 30 人）会长和委员均由通产省大臣任命（任期为 1 年）。该会的主要任务是承办有关法制计量方面的计量技术工作和重大问题的咨询，并提出建设性意见。一般每年召开两次会议。

计量讲习所是从属于通产省的一个常设机构，其主要任务是为通产省和个地方计量部门培训法制计量人才，每年开办两期培训班，每期 5 个月，但该所不设专职教师。

建于 1803 年的日本计量研究所（NRLM）和建于 1891 年的日本电子技术综合研究所（ETL）是日本主要的国家级计量技术机构。分别拥有国家计量基准，人数分别为 209 人和 630 人，其主要任务是研究、建立、保存国家计量基准，开展量值传递，研究计量方法，制定计量方面的技术法规和标准，开展精密测试，提供计量技术咨询服务等。

如日本计量研究所依据计量标准溯源体系设立了日本校准服务系统（JCSS），现已开展了长度、质量、温度等量值的校准服务，还准备对时间、湿度、流量、压力、振动、加速度、力、硬度等量值提供溯源的校准服务。

具体的计量技术机构网络图见图 18-4。

计量管理委员会的职能是研究并答复由通商产业省提出的有关计量问题或向其提出建议，作为决策依据。

（2）地方计量机构

日本的 47 个都、道、府、县均设有计量检定所，多达 150 个，其主要任务是负责计量器具生产、修理、进口、销售、企业和计量公证事业单位的登记和管理；负责计量器具的首次检定、周期检定、委托检定和仲裁检定；对使用中的商用计量器具进行监督检查；对被计量的商品质量和份量进行监督检查；办理计量人员登记，对计量人员进行考核和指导；开展计量咨询服务工作等。它们名义上规定由地方政府的知事直接领导，实际上由地方政府商工部领导，同时也受通产省的业务指导，为同级地方计量机构。

日本的 83 个特定市也设有计量机构，并与都、道、府、县计量检定所同级，业务也直接受通产省的指导，单其机构的名称不统一，有的叫计量检查所，有的称计量检查科（股），甚至叫工商股。

它们的主要任务与都、道、府、县计量检定所基本相同。

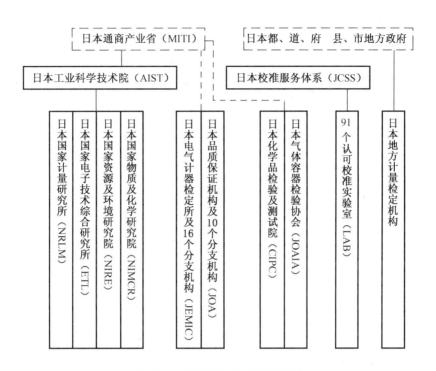

图 18-4 日本计量技术机构框图

由此可见,日本的地方计量机构齐全,并主要从事法制计量管理工作。

（3）工业计量机构

日本是一个工业发达国家,非常强调计量要与产品直接挂钩,强调生产部门工业计量应实行统一的管理。因此,日本每个工业部门都设有计量管理机构。

但是,日本工业企业的计量器具量值传递,一般采用按系统逐级溯源的办法,即通过实验室授权或自愿溯源的办法解决。显然,日本计量所、日本电子研究所等建立、保存国家计量基准的计量技术机构负责工业计量的协调和管理工作。

（4）民间计量团体

日本的很多计量活动,尤其是工业计量工作是通过民间的非官方机构来推动的。因此,日本的民间计量团体也比较多,主要有以下几个。

① 测试自控学会

原名"计测恳谈会",1950 年成立,是由一些关心计量测试工作的专家、科学家和科技人员组成的民间计量学术性团体。

② 1951 年 6 月 7 日,日本计量法公布后,为了推动计量法在全国的认真实施,由从事计量管理、计量器具制造的个人及都、道、府、县管辖地区的计量管理团体参加的一个非官方管理团体,其主要任务是协助政府从事计量管理研究,改进计量管理所需的计量器具,普及计量管理知识等。

此外,日本的民间计量团体还有:日本计量协会,日本计量士会,全国计量仪器贩卖事业联合会,全日本皮革计量协会,机械电子检查、检定协会等。

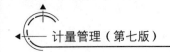

（5）日本的计量士制度

日本计量法的第七章为"计量士"，其中第 159 条规定："计量士是为保证配备计量器具、保持计量的准确、改进计量方法以及确保计量准确而采取必要措施的职务"。顾名思义，就是以计量为职业，专业从事计量工作，确保计量准确的专职计量技术管理人员。

计量士起源于 1917 年的"度量衡管理员"，1951 年制定计量法后又改称为"计量士"。但到 1974 年修改计量法时，又把"计量士"分成"一般计量士"和"环境计量士"两类。"环境计量士"负责与化学成分、噪声振动有关的计量，"一般计量士"负责与其他有关物理量的计量。

凡具有相当基础知识和计量业务水平的人员，经过专门考试或考核，符合计量部门规定的条件，在通产省计量士注册簿上进行登记注册以后，均可成为计量士。具体地说，一般计量士注册条件为：

① 从事计量工作 1 年以上，经国家考试合格；

② 从事计量工作 5 年以上，并在计量讲习所进行培训 5 个月合格后经过计量行政审议会认可；

③ 具有高等院校毕业文化程度，并通过计量讲习所的考试。

环境计量士的注册条件为：

① 从事环境计量业务工作 2 年以上，并在计量讲习所进修 5 个月，又专门学习 2 个月环境计量专门课程，再经计量行政审议会认可；

② 在计量讲习所进修 2 个月环境计量课程，并经国家考试合格。

计量士的国家考试由通产省大臣主持，自 1995 年以来，每年进行一次。考试的内容有计量法规、计量管理概论、计量基础知识、计量仪器和装置知识以及质量计量或环境计量等专业计量知识。

计量士的基本职责和权限有：

① 对各种计量仪器和装置进行检测，对生产过程中使用的计量器具进行管理。

② 对贸易与公证用的计量器具，市内 1 年一次、市外 3 年一次进行定期检定；经检定合格的计量器具盖上计量士印章并提交证书，可免去都、道、府、县计量检定所的定期检定；

③ 对登记使用单位简易修理的计量器具进行定期检查，检查合格的计量器具即可用于贸易和公证，不需经过政府计量机构的检定；

④ 凡标有净重、质量与体积的密封商品，其标称者可用计量士的姓名或代号；

⑤ 起草和贯彻计量管理规程等。

由于日本政府积极推动计量士制度，鼓励和支持计量士的工作，他们在工矿企业中深受重视，地位高、权力大，使报考计量士的人数逐年递增，到 20 世纪 80 年代中期，全国已有注册登记的一般计量士 9000 多人，环境计量士 4500 多人，成为日本计量事业的一支骨干队伍，发挥了很大的作用。

此外，每年 11 月 1 日是日本的计量日（Metrology Day），各地的计量检定部门都积极开展宣传活动，计量日当天，各个地方计量检定所在当地大商厦入口处等布置展台、发放宣传画，使广大消费者认识到计量与人们的日常生活密切相关。

三、其他发达国家的计量管理

其他发达国家在计量管理上也有先进科学的管理经验。

如德国在其 16 个州设立计量行政管理机构(计量局),并根据本州地域分布,下设分局和 13 个计量技术检定机构(检定局),在德国物理技术研究院(PTB)的技术指导下承担各类计量器具的强制检定工作。同时,授权建立冷、热水及电、煤气四表检定站,公正称重站,计量器具修理站,计量器具生产企业在通过计量部门组织的质量体系认证的前提下,产品可以自检,计量部门抽检合格后出厂。

英国是一个具有 800 多年法制计量的国家,1255 年制定《公平贸易法》,1866 年发布《度量衡法》。贸易部依据《度量衡法》等计量法律、法规,明确在贸易中使用的非自动衡器、自动衡器、加油机、容器、米尺等为法制计量器具(有明细目录)。由政府支持并出资的 168 个地方贸易标准协调机构(LACOTS)代表国家协调和管理法制计量工作,具体监督《度量衡法》等计量法律、法规的实施,其主要任务是:接受消费者投诉,执法检查,对法制计量器具和定量包装商品进行监督性抽查以及计量宣传教育等。此外,英国国家物理研究所(NPL)是最高的计量技术机构,依据国家经济发展的需要确定计量基准、标准研究任务分别负责化学量和流量方面的量值传递,并以高科技为社会计量的量值传递和校准提供服务,英国度量衡研究所(NWML)是为实施《度量衡法》,实现法制计量管理提供保证的技术机构,其主要任务是为各地方贸易标准机构传递量值,也为社会开展校准服务;承担计量器具的样机试验和型式批准,构成了一个科学的国家计量体系(NMS)。

2000 年英国贸易部发布英国 NMS 报告,认为计量工作为英国经济作出 60 亿英镑/年的贡献。

我国一直与发达国家计量机构保持密切联系与合作。与德、日、荷兰等国还签署了互认和合作协议。

第三节 计量管理发展态势

21 世纪计量科学将面临着新的突破,现把国内外计量发展的态势介绍如下。

一、国际计量工作发展态势

1. SI 单位制的七个基本单位正面临着重新定义

2005 年 10 月国际计量委员会作出如下决议:

(1) 批准关于准备用基本物理常数重新定义基本单位的建议;

(2) 请有关方面在 2007 年 6 月前向国际计量委员会提交准备用基本常数重新定义 SI 基本单位的具体建议;

(3) 密切关注有关新定义的实验结果,特别是那些用不同新方法进行的实验;

(4) 建议各国家计量实验室进行与新定义有关的基本物理量常数的测量工作以及有关实物基准的稳定性考察工作,为新定义的实施做准备。

2007 年 11 月 11 日～16 日，第 23 届国际计量大会通过了 3 个与 SI 相关的决议（决议 I、决议 J 和决议 L），其中：

决议 L 建议国家计量院和 BIPM 继续进行相关实验，一旦实验结果令人满意并满足用户需求，就可以向第 24 届 CGPM 大会（2011）提出改变这些定义的正式建议。同时要求相关工作组开展相应活动，并准备相关文件，用最适当方法向用户宣传、解释新定义，并认真讨论这些新定义及其实际复现可能产生的技术和立法影响。

关于修改米定义复现方法和研制新光学频率标准的决议 I，建议国家计量院投入资源研究光学频率标准及其比对技术，并建议 BIPM 组织和协调光学频率标准比对技术研究的国际活动。

这充分说明随着量子物理学在计量学的应用，质量的基准已逐渐由实物基准向自然基准演变，米、千克、秒、安培、开尔文、坎德拉和摩尔等七个 SI 基本单位都面临着重新定义。在 2011 年 10 月 21 日召开的第 24 届国际计量大会上，国际计量委员会决定淘汰千克原器，用基于普朗克常数 h 的数值来代替"千克"。2018 年 11 月召开的第 26 届国际计量大会上将通过关于 SI 修订的决议。我们将迎来计量单位全面量子化新时代。国际计量基准的量子化、量值传递溯源的扁平化，将可形成先进的多级全球计量量值中心或区域计量中心开展量值传递溯源。

2. 高新计量技术对计量管理提出挑战

21 世纪计量学的发展的重点是纳米计量、生物和医学计量及计量信息技术。纳米技术是研究了纳米尺度范围物质的结构、特性和相互作用，以及利用这些特性制造具有特定功能产品的技术，因而将在诸如新材料等高新技术产业中引起爆炸性的反应。未来全球所有的市场都将因纳米技术的发展而重新洗牌，尤其是材料、信息技术和能源等市场。为了适应这一形势，计量学应为纳米技术的发展以及其应用提供计量技术保障，以保证纳米测量的溯源性，并为纳米材料提供有效的测量方法和公认的测量数据。

生物科学和医学健康领域是高新技术和社会发展的焦点，它们对多学科交叉的测量方法、测量器具、测量数据及新的计量基标准提出了强烈的需求，而信息技术的高速发展已极大地改变了计量信息的采集、传输、转换和处理方式，对测量技术和计量标准也提出了新的更高要求。

第 23 届国际计量大会要求 CIPM、CIPM 成员国及其国家计量科学研究院认真研究如何提升纳米技术、生物科学、医学、食品和环境测量等领域的计量水平，并继续密切关注不断涌现的计量新需求。

上述计量技术的飞速发展对计量管理提出了更高的要求，我国通过计量基标准的国际关键比对，将逐步建立一个科学的全球计量体系（GMS）。法制计量已从度量衡领域拓展到与人类安全、健康相关的广阔范畴。呈现出下列 6 个方面的发展态势。

（1）法制计量得到政府部门的巨大有效支持，法制计量技术机构被授权实行严格的法制计量管理。

（2）计量测试技术与现代科学技术紧密结合，互相促进，共同发展。

21 世纪是以科学与技术创新为标志的知识经济时代。新材料、新能源、信息技术、生物

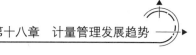

工程、空间技术、海洋技术等现代科学技术的迅速发展,催生了传感、遥测、纳米计量、计算机自动测试等计量测试技术,并又反过来促进了现代高新技术的进一步发展,如超导技术的发展,使得在超低温环境下获得约瑟夫森常数,从而使电压/电阻基准、准确度和稳定度得到2~3个量级的提高;纳米计量的发展又加快了纳米技术的发展和应用。因此,现代科学技术催生了激光测长技术,现代计量成就了数万亿美元的卫星导航定位市场,推动了信息技术、精密科技、纳米材料、装备制造、太空探测等领域的重大突破和发展。科学计量是第一生产力,科技要发展,计量须先行,成为各国科学工作者的共识。

（3）计量技术与管理与全球一体化密切联系在一起

全球计量体系的建立和完善有效地保障了广大消费者权益,而且能消除国际贸易中技术壁垒,适应了国际经济的发展。

20世纪末,在国际计量组织的共同努力和协调下,主要国家的国家计量基准和国家计量院(所)校准证书全球互认协议签订,标志着全球计量体系的建立。

（4）计量管理要和计量技术、计量科研相结合

日本、美国的计量机构都把计量管理和计量技术、计量科研工作紧密结合起来,统一规划和协调。只重视计量技术和计量科研而忽视计量管理,不可能达到量值统一的目的,同时还会影响计量科研的速度和效果。只有同时抓好计量技术和计量管理,才能实现计量保证。科学计量、工程计量和法制计量要紧密结合,共同支撑全球或全国计量体系。科学计量具有基础性、先进性,是法制计量和工程计量的基础,它为后者建立计量基础,科学研究测量方法。

（5）计量和标准化、质量管理、实验室认可紧密结合

标准是质量检验和质量监督的依据,而计量器具是保证实现产品标准、工艺标准、检验方法标准甚至管理标准的物质基础,它们都是国民经济中两项重要的技术基础工作,相互之间有密切联系,只有紧密配合,才能充分发挥技术监督和促进国民经济发展作用。

美国标准技术研究院(NIST)既是美国最高的权威计量技术机构,也是具体组织美国波多里奇质量奖并参与与相关美国标准(ANSI)的国家质量与标准化技术机构,由于其院长由美国总统任命,地位高,权威性大,使计量和质量管理与标准化协调结合将更好。

（6）计量测试技术人员素质要求高,对计量检定和监督管理人员实行注册考核制度,可以保证计量检定和计量监督管理工作的质量。

日本实行计量士制度,美国实行计量监督员制度。这些国家的计量技术、管理人员都要经过严格的教育、培训和考核合格后,才能持证检定和管理。这对保证其工作质量,树立计量管理的权威是非常重要的。

美国计量测试技术机构NIST、德国的PTB、英国的NPL、日本的计量标准物理研究所等,人员素质高,计量水平高。如NIST 3300多人中,专业技术人员和客座研究人员就达到1000多人,在专业技术人员中,物理学家占22%,化学家占12%,数学家占4%,博士占50%以上,硕士占23%,这些高素质高水平的计量测试专业技术人员使美国的计量科研工作处于国际领先地位。而美国基层的计量机构,主要承担法制计量监督,大部分是计量监督员,如洛杉矶县计量机构工作人员36名,就有29名为计量执法监督员。

二、我国计量工作发展态势

我国在计量领域，部分量子自然基准成果已经接近或超过国际最好水平，在长度、温度、电学等国际单位重新定义中作出了重要贡献，铯原子时间频率基准准确度已达 2×10^{-15}（1500万年不差 1s），为北斗定位系统提供技术保障；应对国际单位制重大变革的普朗克常数、阿伏伽德罗常数和波尔兹曼常数测量关键技术及相应的量子计量基准研究取得国际认可的可喜成果，大幅提升在国际单位制变革中的话语权；我国已具有国际互认的校准测量能力（CMC）1248项，上升为国际第四位，亚洲第一位，基本形成了国际一致、满足我国经济社会及国防各领域准确测量需要的计量基标准和溯源体系。

但是在技术水平上，国际领先且具有自主知识产权的现代前沿计量技术仍很缺乏，在质量重新定义相关技术研究、阿伏加德罗常数研究、超高温计量技术研究等前沿研究领域与发达国家相比仍有一定差距。例如，我国铯原子喷泉钟频率测量不确定度为 10^{-15} 量级，德国已达到 10^{-16} 量级；在作为下一代时间频率基准的光钟研究上我国初步实现了 10^{-16} 量级，美国为 10^{-18} 量级，国际互认校准测量能力（CMC）数量美国为 2169项、俄罗斯为 1606项、德国为 1541项，我国目前为 1248项。

我国的《计量发展规划（2013—2020 年）》中同时还制定了科学技术、经济社会和法制监管领域发展目标，这些目标指明了我国各方面计量工作发展方向。现简明介绍如下。

1. 科学技术领域发展目标

科学计量就是要用最新的科学技术成果精确地定义和实现计量单位，并为全社会提供可靠的测量技术基础。

科学技术领域发展目标为："建立一批国家新一代高准确度、高稳定性量子计量基准，攻克前沿技术。突破一批关键测试技术，为高技术产业、战略性新兴产业发展提供先进的计量测试技术手段。提升一批国家计量基标准、社会公用计量标准的服务和保障能力。研制一批新型的标准物质，保证重点领域检测、监测数据结果的溯源性、可比性和有效性。建设一批符合新领域发展要求的计量实验室，推动创新实验基地建设跨越式发展。"为此要做到以下几点。

（1）加强量子自然基准研究

开展填补国家空白的计量关键前沿技术研究，突破基本物理常数测量关键技术，以量子物理为手段建立复现国际单位制基本单位的新一代高准确度高稳定性计量基准，构建国家核心化学测量能力，实现国家计量科学的新跨越。

（2）建立统一、协调的量值传递（溯源）机制

重点提升与健康相关的量，动态量，综合参数量，对国民经济、社会发展、国家安全有突出影响的量以及在线测量、远程测量的量值传递（溯源）体系的水平；构建独立完善、先进可靠、开放统一的国家时间频率体系，满足人民生活、经济发展、国防安全和军队建设的需要，完善新材料、纳米、新能源、先进制造、信息、航空航天等高新技术领域，以及节能减排、环境保护、无碳能源、气候变化、智能电网以及食品安全、国防安全领域的量值传递（溯源）体系项目建设。计量基标准、标准物质和量传溯源体系覆盖率达到 95% 以上。

（3）提升国家计量基、标准水平

突破前沿领域量值传递关键技术，建立国际互认的新一代量子计量基准；瞄准国家经济和社会发展对计量的紧迫需求，加强生物、新材料与纳米、新能源、先进制造、信息、航空航天等现代产业和高技术领域急需的国家计量基标准建设，填补国家量值传递溯源体系的空白；将现有国家计量基标准向极值量、复杂量、动态量、多参数综合量等扩展。

国际承认的校准测量能力达到 1400 项以上，其中 90% 以上达到国际先进水平。

（4）加强社会公用计量标准及标准物质建设

按照科学合理，循序渐进的原则加大对社会公用计量标准建设的投入，基本满足量值溯源的需要，确保对用于贸易结算、安全防护、医疗卫生和环境监测方面的工作计量器具能够实施计量检定。瞄准生物、通信、材料、工程、医学等高端科技创新领域和高技术产业领域中的需求，建立高端计量标准，满足量值溯源需要。

针对节能环保、生物、新能源和新材料产业发展对准确测量的要求，开展能源、材料、环保、生物、生命科学、食品、药品、进出口检验与大众健康等重点领域国家有证标准物质和标准物质的研究，开展标准物质相关纯化分离与制备保存等技术研究，保障相关仪器测量结果的溯源性与有效性等。一级标准物质数量增长 100%，国家二级标准物质品种增加 100%。

（5）实用型、新型和专用计量测试技术研究

主要包括新能源、新材料及纳米、生物安全、环境计量、海洋计量、医学计量、国防计量、新一代信息技术计量等领域计量测试技术，以及智能和互联式及嵌入式等计量新技术。

2. 经济社会领域发展目标

量传溯源体系更加完备，测试技术能力显著提高，进一步扩大在食品安全、生物医药、节能减排、环境保护以及国防建设等重点领域的覆盖范围。国家计量科技基础服务平台（基地）、产业计量测试服务体系、区域发展计量支撑体系等初步建立，计量服务与保障能力普遍提升。为此要做到以下几点：

（1）根据企业计量管理基础和规模的不同，采取分类指导的原则，帮助企业通过不同级别的测量管理体系认证。向推行现代企业制度、企业计量基础水平高的大、中型企业颁发测量管理体系 AAA 认证证书；形成第一批工业计量标杆示范单位。

（2）对年综合能耗 5000t 标煤以上用能单位能源计量器具管理要求，即重点用能单位进出用能单位的能源计量器具配备率达到 100%，重点用能单位所属的进出主要次级用能单位的能源计量器具配备率达到 100%，重点用能单位所属的高耗能设备（锅炉）的能源计量器具配备率达到 100%。

（3）健全商品过度包装计量监督管理制度。进一步加强治理商品过度包装工作，全面启动并强化食品和化妆品包装计量监督检查工作，每年针对 5 种左右食品和化妆品开展商品包装计量监督检查等。

（4）加强量传溯源所需技术和方法研究

加强与微观量、复杂量、动态量、多参数综合参量等相关的量传溯源所需技术和方法的研究。加强经济安全、生态安全、国防安全等领域量值测量范围扩展、测量准确度提高等量传溯源所需技术和方法的研究。尤其是医疗安全、生态建设、环境保护、应对气候变化以及

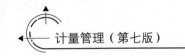

防灾减灾等领域的计量溯源技术和方法研究。

加强互联网、物联网、传感网等领域计量传感技术、远程测试技术和在线测量等相关量传溯源所需技术和方法的研究。加强计量对能源资源的投入产出、流通过程中的统计与测量，以及对贸易、税收、阶梯电价等国家政策的支持方式和模式研究。

（5）构建国家产业计量测试服务体系

通过产、学、研、用有效衔接，形成基础研究、应用研究、技术开发、人才培养、成果集聚平衡快速发展新格局，有效提升计量科技创新能力，促进科技成果转化应用，带动产业协同创新。

整合相关科研院所、高等院校、企（事）业单位等资源，在高技术产业、战略性新兴产业、现代服务业等经济社会重点领域，研究具有产业特点的量值传递技术和产业关键领域关键参数的测量、测试技术，开发产业专用测量、测试装备，研究服务产品全寿命周期的计量技术，构建国家产业计量测试服务体系。

3. 法制监管领域发展目标

法制计量是指政府机关通过制定、实施计量法律、法规，对一部分计量单位、测量方法、测量（计量）器具、测量（计量）数据和测量实验室实行的法定监督管理。我国的法制计量包括制定贯彻计量法律、法规，推行法定计量单位，建立和管理法定检定机构，建立和监督管理计量基准、标准，开展强制检定，监督管理市场计量行为，对制造、销售、进口、使用和修理计量器具依法进行计量监督管理。

其目标为："完成《中华人民共和国计量法》及相关配套法规、规章制修订工作。建立权责明确、行为规范、监督有效、保障有力的计量监管体系，建立民生计量、能源资源计量、安全计量等重点领域长效监管机制。诚信计量体系基本形成，全社会诚信计量意识普遍增强。"为此做到以下几点。

（1）完善计量法律法规体系建设

抓紧制定《定量包装商品净含量计量监督抽查管理办法》《计量校准监督管理办法》《计量技术机构监督管理办法》《国家计量技术规范管理办法》等一批部门规章，为新时期计量工作及时提供法律保障。

形成统一、协调的计量法律法规体系。制定强制管理的计量器具目录，强化贸易结算、安全防护、医疗卫生、环境监测、资源管理、司法鉴定、行政执法等重点领域计量器具监管。制修订能效标识监管、过度包装监管等方面的行政法规或规章，推动相关监管制度的建立和实施。

（2）深化民生计量工作

在大中城市的集贸市场全面推广"四统一"制度，其他地区全面实现"四落实"制度；在医疗卫生单位全面建立"医疗卫生单位管理、质监部门监督、患者投诉"的三位一体长效计量监管机制；在眼镜店全面建立"配备、检测、检定、保证、监督"制度；同时，在上述六大民生计量领域全面推行计量器具检定合格公示制度，全面落实计量监管职责。建立健全民生计量长效监管机制。重点对涉及公平交易、医疗卫生、安全防护等方面的计量器具进行产品质量跟踪监督抽查，产品质量总体抽样合格率达到90%以上；对与百姓生活密切相关的20种定量包装商品净含量计量监督专项跟踪抽查,净含量总体抽样合格率达到90%以上;进一步加强与人民群众生活密切相关的加油机、衡器、出租车计价器、民用四表以及涉及医疗卫生和安全防护方面的计量器具强制检定工作,国家重点管理的在用强检计量器具受检率达到95%以上等。

(3)推进诚信计量体系建设

在全国范围内引导并培育50000家集贸市场、加油站、餐饮业、商店、医院和眼镜店诚信计量自我承诺示范单位,初步形成以经营者自律、自理、示范为基础的诚信计量主导机制,建立起"以经营者自我承诺为主、政府部门推动为辅、社会各界监督"的三位一体的诚信计量运行机制。

建立和完善诚信计量档案,实施分类监管,建立守信激励和失信惩戒机制。对在承诺期间保持良好信用记录的经营者,要给予优惠或便利;对在承诺期间发现各类计量违法行为的,加大监督检查力度,增加监督检查频次。实行负面信息披露制度,建立以"参与、引导、监督、服务"为主要内容的诚信计量保障机制。

(4)完善计量器具制造许可工作

按照统一的全国制造计量器具生产条件考核要求来进行制造许可考核工作,建立计量器具型式评价、现场考核、许可发证、监督管理四分离的监管机制。进一步简化办理环节,缩短时限,提高办理效率和质量。强化进口计量器具型式批准监管,简化进口计量器具检定核准手续。建立全国计量器具型式批准和制造许可证数据库,实现全国计量器具型式批准和制造许可信息资源共享。

加强对型式批准和制造许可的监督检查,将企业自查、年度审核、日常监督检查和产品质量监督抽查相结合,对所发放的型式批准证书和制造计量器具许可证进行全面清理整顿,对重点管理的计量器具,实行关键零部件备案制度和年度核查制度,提高证后动态监管水平等。

思 考 题

1.与我国计量工作关系比较密切的国际计量组织有哪几个?目前它们有何发展?

2.简述日本的计量管理体制,从中我们可以学到哪些经验?

3.简述美国的计量管理体制,我们应学习其哪些经验?

4.面临21世纪的挑战,我国的计量管理方面应如何改革与发展?

参 考 文 献

[1] ISO/IEC Guide 99:2007 国际计量学词汇　基本和通用概念和术语(VIM 第 3 版).

[2] 丘光明. 中国古代度量衡[M]. 天津:天津教育出版社,1991.

[3] 国家技术监督局计量司/标准司. 量和单位国家标准实施指南[M]. 北京:中国标准出版社,1995.

[4] 国家技术监督局 OIML 中国证书处. OIML 计量器具证书制度[M]. 北京:中国计量出版社,1992.

[5] 国家质量监督检验检疫总局计量司. 国际计量管理文件[M]. 北京:中国计量出版社,2011.

[6] "当代中国"丛书编辑委员会. 当代中国的计量事业[M]. 北京:中国社会科学出版社,1989.

[7] 洪生伟. 现代企业管理(第 3 版)[M]. 北京:中国标准出版社,2018.

[8] GB/T 19022:2003 / ISO 10012:2003　测量管理体系　测量过程和测量设备的要求[S]. 北京:中国标准出版社,2004.

[9] GB/T 27025:2008/ISO /IEC 17025:2005 检测和校准实验室能力的通用要求[S]. 北京:中国质检出版社,2017.

[10] 洪生伟. 计量百问百答 [M]. 北京. 中国计量出版社,2011.

[11] 中国计量测试学会. 一级注册计量师基础知识及专业实务 [M]. 北京:中国计量出版社,2009.

[12] 洪生伟. 计量工程师实用手册[M]. 北京:中国计量出版社,2005.

[13] "计量测试技术手册"编委会. 计量测试技术手册(第一卷)技术基础 [M]. 北京:中国计量出版社,1996.

[14] 洪生伟. B 管理模式[M]. 北京:中国计量出版社,2001.

[15] 韩永志. 标准物质手册[M]. 北京:中国计量出版社,1998.

[16] 王立吉. 计量学基础[M]. 北京:中国计量出版社,2006.

[17] 陆志方. 计量管理基础[M]. 北京:中国计量出版社,2010.

[18] 耿维明. 国家产业计量测试体系[M]. 北京:中国质检出版社,2017.

[19] 国家质量监督检验检疫总局. 新中国计量史[M]. 北京:中国质检出版社,2014.

[20] 国家质量监督检验检疫总局计量司. JJF 1069—2012《法定计量检定机构考核规范》实施指南[M]. 北京:中国质检出版社,2012.

[21] 国家质检总局. 中国特色质检技术体系建设纲要[M]. 北京:中国质检出版社,2014.

● **标准化管理**

● 计量管理

● **质量管理**

策划编辑：李素琴

责任编辑：马　茜

封面设计：田小萌

销售分类建议：计量

中国质检出版社　　中国标准在线服务网

ISBN 978-7-5026-4670-7

9 787502 646707 >

定价：72.00元